KB218896

외교관이 본 인도네시아의 사회 / 문화 / 한류
Apa kabar?
인도네시아

제2부 가보고 싶고, 살고 싶은 나라

제3부 한류와 문화교류

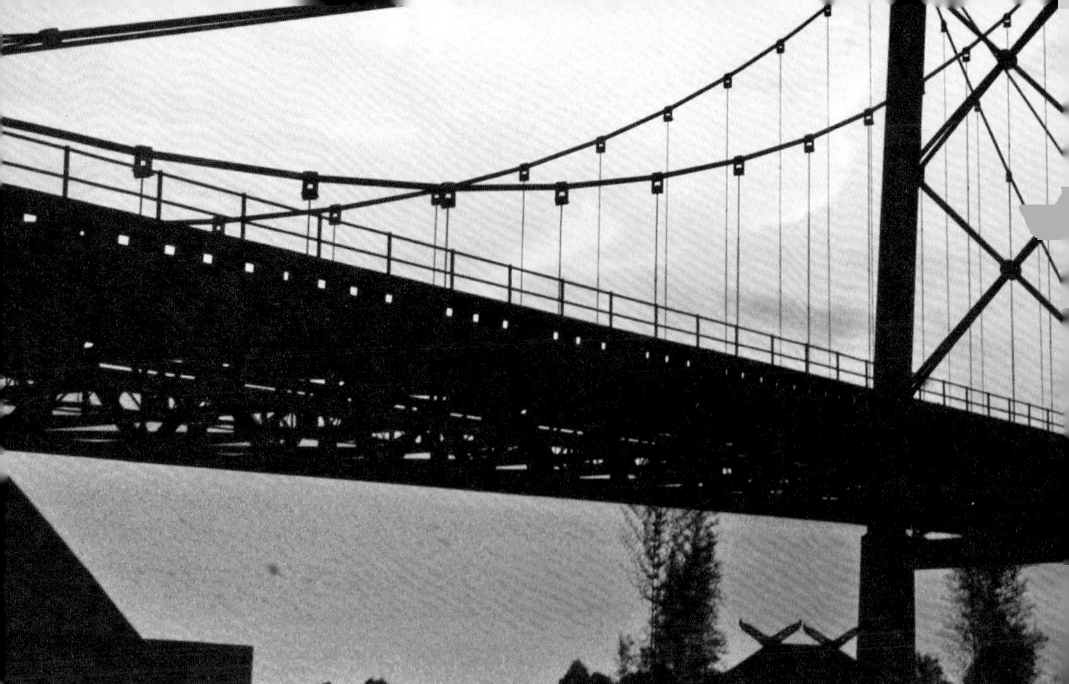

제4부 인도네시아의 한국 동포사회

추천의 글

서 말 구슬을 꿰어낸 보배

한국과 인도네시아는 급속히 가까워지고 있습니다. 양국 간의 인적·물적 교류가 활발하고 협력관계가 긴밀해짐에 따라, 인도네시아는 우리에게 가보고 싶고 살고 싶은 기회의 땅으로 다가오고 있습니다. 이 책에서는 천혜의 관광자원을 가진 아름다운 섬들의 나라 인도네시아의 자연 경관과 문화유산을 골고루 소개해 놓았습니다. 그리고 인도네시아 사람들의 사회적 관습과 이슬람사회의 특성을 이해하기 쉽게 설명하고 있습니다. 아울러 그곳에 여행이나 체류하고자 하는 모든 사람들의 안전과 신속한 적응을 위한 방법을 안내하고 있습니다.

저자는 본인이 인도네시아 주재 한국대사로 재임하는 동안 대사관에서 문화홍보업무를 담당하면서, 인도네시아에 우리문화를 심고 가꾸기 위해 많은 노력을 한 바 있습니다. 이 책에서는 인도네시아에 어느덧 뿌리를 내리고 있는 한류의 정착 과정과 향후 확산 방안을 제시하고 있습니다. 아울러 재임 시부터 그가 주장해 왔던 양국 간 쌍방향 문화교류를 통한 진정한 한류 확산과 국가브랜드가치 제고를 향한 일관된 견해를 드러내고 있습니다. 한편 우리 동포사회를 이끌어가는 주요단체와 교민들의 사회·문화적 활동을 소개하고, 한인사회의 이미지제고 노력을 부각하여 교민들의 선행동참을 역설하기도 합니다.

이미 우리는 문화의 세기이자 지구촌 시대에 살고 있습니다. 국경과 인종의 벽이 무너진지 오래 되었습니다. 오직 문화로 소통하는 시대에 살고 있습니다. 따라서 우리는 문화로 통하는 지구촌시대에 걸맞은 문화적 실천을 해야 합니다. 이 책에서도 저자는 지구촌시대의 문화적 실천방안으로 쌍방향 문화교류와 "다문화 포용정신"을 누차 강조하고 있습니다. 아울러 한-인니 친선협회가 주최한 '다문화 어린이 글로벌 캠프'를 소개하고, 이를 통한 양국 어린이들 간의 문화교류의 의미를 조명하였습니다.

우리 속담에 '구슬이 서 말이라도 꿰어야 보배'라는 말이 있습니다. 이 책은 한 외교관 출신 저자의 현지 경험에서 우러나오는 진솔한 생활 이야기를 비롯하여, 인도네시아가 안고 있는 장·단점 등을 간단하지만, 두루 살핀 책입니다. 안타깝게도 우리 국민들이 인도네시아에 대해 잘못 알고 있거나 아예 전혀 모르는 사람이 너무 많은 것 같습니다. 이 책은 인도네시아에 대한 일반적인 정보가 필요 하신 분이나, 여행 또는 장기체류 하고자 하시는 분들에게는 필독서가 될 것으로 생각합니다. 또한, 문화교류나 한류를 연구하는 모든 사람들에게도 일독을 권하고 싶은 책입니다.

2010년 2월

(사)아시아 문화발전센터 이사장, (사)한국·인도네시아친선협회장 윤해중

책머리에

기회의 땅 인도네시아

제가 인도네시아에 첫발을 내디뎠던 때는 2002년 한일월드컵대회가 끝나고 나서 얼마 안 되는 시점이었습니다. 그 당시만 해도 인도네시아가 한국인에게 잘 알려지지 않은 상태였고 한국문화도 인도네시아 사람들에게 잘 알려지지 않았습니다. 그 무렵 동남아 각국에는 한류 바람이 강하게 불고 있었지만, 인도네시아에는 한류가 막 태동하려던 참이었습니다. 자카르타 주재 한국대사관 홍보관으로 부임하게 된 저로서는 인도네시아에도 한류를 확산시켜야겠다는 의욕을 가지고 재임 4년 동안 쉴 새 없이 우리 문화를 심고 가꾸었던 기억이 납니다. 우리 교민들과 함께 크고 작은 문화행사를 개최하면서 한류가 자라나는 모습을 국내외 언론에 알리기도 하고 제가 느낀 점을 글로 남기기도 했습니다. 귀국 후 그동안 심고 가꾸어온 인도네시아 내의 우리 문화와 날로 성장해 가는 동포사회의 모습을 하루빨리 소개하고 싶었지만, 차일피일 미루다 이제야 정리를 하게 되었습니다.

제가 근무할 당시의 인도네시아는 경제·사회적으로나 정치적으로 격동의 시기가 아니었나 싶습니다. 정치적으로는 안정을 찾았지만, 경제위기를 극복하는 과정에서 테러, 지진, 쓰나미, 조류인플루엔자, 홍수 등으로 사회가 불안한 상태였던 것 같습니다. 하지만, 이러한 열악한 환경하에서도 인도네시아에 한류의 싹이 트고 줄기를 뻗게 된 것은 무척 의미 있는 시기가 아니었나 생각됩니다. 그 당시 우리 문화를 심고 가꾸는데 나름대로 열정을 쏟았던 저의 경험과 소감을 함께 공유하고, 앞으로 한류를 어떻게 관리해야 하는지를 함께 생각해 보고자 이 책을 발간하게 되었습니다.

인도네시아 재임 중 양국 간 문화교류를 추진하면서 각종 문화행사를 개최하거나 참가도 하였습니다. 그 과정에서 인도네시아의 아름다운 자연경관을 섭렵하게 되었고, 전통문화와 예술을 접할 기회를 통해 인도네시아 문화의 참모습을 보았습니다. 한마디로 인도네시아는 천혜의 관광자원과 문화유산이 풍부한 아름다운 섬들로 이루어진 나라입니다. 살아 숨 쉬는 땅에 울창한 숲이 있고, 그 속에는 각종 희귀 동식물이 보금자리를 트는 곳입니다. 한반도의 9배 크기의 인도네시아는 갈만한 곳도 많고 볼만한 것도 많으며, 자연과 함께 조용히 쉴만한 곳도 많은 나라입니다. 제가 보고 느낀 점과 혼자만 보기 아까웠던 비경을 이 책에 엮어 놓았습니다.

저는 인도네시아의 다양성과 조화를 눈여겨 살피면서 이슬람사회와 우리 동포사회의 전반적인 환경과 특성을 두루 정리해 보았습니다. 특히 우리 동포사회의 성장과정 및 한인사회를 이끌어가는 단체들을 중심으로 우리 교민들의 사회·문화 활동을 나름대로 조명하였습니다. 또한, 쌍방향 문화교류를 통한 한류확산의 필요성과 인도네시아 내 한인사회와 한국인에 대한 호의적 이미지 제고 필요성도 강조하였습니다.

귀임 후 인도네시아를 다시 방문할 기회가 있어서 재임 시절의 추억을 되새기며 한인사회와 인도네시아 경제상황 등을 파악해 보았습니다. 최근 몇 년간 한국과 인도네시아는 활발한 정상외교를 통해 경제협력을 가속하고 있습니다. 이를 바탕으로 교민 수도 늘고 투자기업도 급속히 늘어나고 있습니다. 그리고 인도네시아 정부의 외국인 투자환경 개선 노력에 힘입어, 투자가 활발하고 경제가 안정적으로 성장해 가는 것도 확인했습니다. 이에 따라 국내에서도 인도네시아에 대한 관심이 날로 증가하고 있고, 양국 간 인적 물적 교류도 더욱 활발해 지는 실정입니다.

인도네시아는 언론에 보도된 바와 같이 테러나 지진 등 불안요인이 다소 있지만, 국내에서 듣고 느끼는 것과는 달리 현지에서 적응하면서 살다 보면 불안을 피부로 느끼지 못합니다. 얼핏 보면 인도네시아는 위기의 땅처럼 느껴지기 쉽지만, 좀 더 들여다보면 광활한 영토, 풍부한 자연자원, 넘치는 노동력 등을 고려할 때 인도네시아는 성장 잠재력이 매우 큰 기회의 땅입니다. 멀고도 가까운 나라 인도네시아, 우리 한글을 고유문자로 표기하기 시작한 찌아찌아족이 있는 나라, 가보고 싶고, 살고 싶어지는 아름다운 나라 인도네시아로 이 책이 안내합니다.

저는 이 책을 집필하는 과정에서 인도네시아에 대해 더 많은 것을 배웠습니다. 그리고 미천하나마 4년간의 현지 경험과 그 당시 기고했던 기사 등을 토대로, 주인도네시아 한국대사관과 주한인도네시아대사관, 재인도네시아 한인회, 코트라 자카르타 무역관, 인도네시아관광청 한국사무소의 자료 및 관계자들의 고견을 반영하여 정리해 보았습니다.

한 나라의 모든 것을 책 한 권에 담는다는 것은 무리인 줄 알지만, 관심 있는 분들에게 인도네시아에 대한 시야를 넓혀주고, 커다란 방향을 제시해주는 나침반 정도의 역할은 할 수 있을 것이라는 생각에 고민 끝에 이 책을 발간하게 되었습니다. 이 책은 인도네시아에 여행하거나 사업투자, 장기주재나 체류를 희망하시는 분들의 안전한 여행과 현지적응에 큰 도움을 줄 것이며, 한류를 연구하는 분들에게도 유용한 자료가 될 것입니다. 또한, 우리 동포사회에 대한 개념을 이해하는데 조금이나마 도움이 될 수 있다고 확신합니다.

2010년 2월

저자 김 상 술

외교관이 본 인도네시아의 사회 / 문화 / 한류

아빠까빠르 인도네시아

일러두기

이 책에 나오는 인도네시아어의 한글 표기는 국립국어원 외래어 표기법에 따라 표기하였습니다.
한글로 표기된 외래어 중 'ㅊ''ㅋ''ㅍ''ㅌ'을 각각 'ㅉ''ㄲ''ㅃ''ㄸ'로 발음하시면 현지 발음과 가장 유사합니다.

Indonesia

멀고도 가까운 나라 인도네시아

1부

Indonesia

MALAYSIA
BRUNEI
MALAYSIA

반다이체
Bandar Aceh

Gunung
Leuser 국립공원

믈라카해협 Selat Melaka

메단
Mddan

Pulau
Simeulue

브리타스기
Brastagi

Dumai

토바호 Lake Tobai

싱가포르
빈탄
바탐

니아스
Nias

Pekanbaru

Rengat

베르박 야생생물 보호지

수마트라
SUMATRA

Padang

시베루트
Siberut

부키팅기
Bukittinggi

잠비

크린치 국립공원
Kerinci National Park

Lubuklinggau

팔렘방

Bengkulu

Tanjungkarang-
Telukbetung

크라카타우 화산
Krakatau

자카르타 JAKARTA

Merak

Semarang

반둥
Bandung

Cilacap

자바JAVA

우중쿨론국립공원
Ujung Kulon

INDIAN OCEAN
인도양

보고르
Bogor

탕쿠반 프라후 화산
Mt.Tankuban Perahu

보로부두르
Borobudur

족자카르타
Yogyakarta

프람바난
Prambanan

솔로
Solo

수라바야
Surabaya

마두라
Madura

말랑
Malang

브로모산
Mt.Bromo

우붓
Ubud

발리
BALI

덴파사르
Denpasar

쿠타해변
Kuta Beach

사누르
Sanur

롬복
Lomb

Matara

풀라우 스리브

GREATER SUNDA ISLANDS

JAVA SEA

마하캄
Mahakam Ri

칼리만탄
KALIMANTAN

폰티아낙

Sintang

Telukbatang

Samarinda

발릭파판
Balikpapan

Palangkaraya

Kendawangan

반자르마신
Banjarmasin

수도 / Country Capital
도시 / State Capital
마을 / Town
철도 / Rail Way
고속도로 / Highway
공항 / Airport
항구 / Port

Archipelago

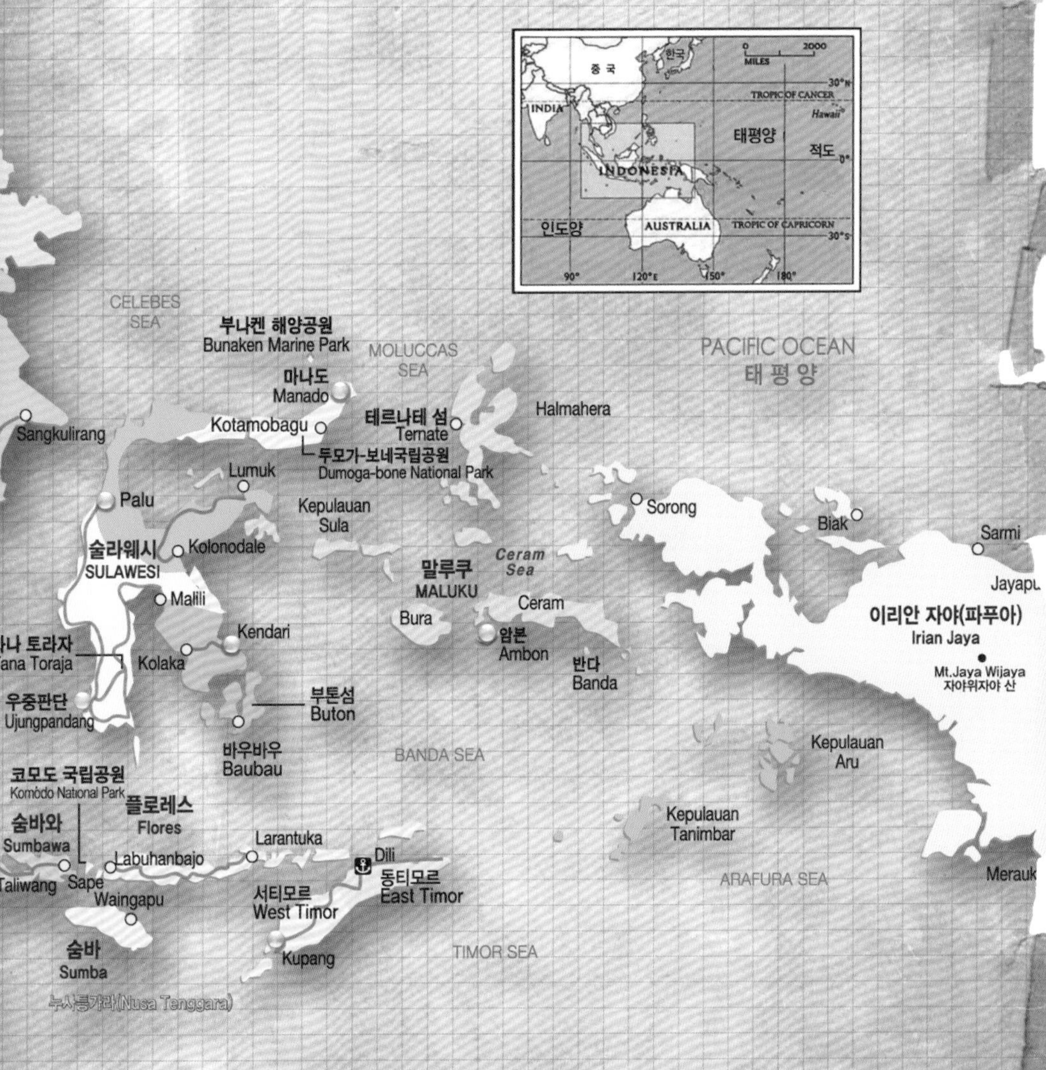

중국
한국
INDIA
TROPIC OF CANCER
Hawaii
태평양
적도
INDONESIA
인도양
AUSTRALIA
TROPIC OF CAPRICORN
CELEBES SEA
부나켄 해양공원
Bunaken Marine Park
MOLUCCAS SEA
PACIFIC OCEAN
태평양
마나도
Manado
Halmahera
Sangkulirang
Kotamobagu
테르나테 섬
Ternate
두모가-보네국립공원
Dumoga-bone National Park
Lumuk
Palu
Kepulauan Sula
Sorong
Biak
Sarmi
술라웨시
SULAWESI
Kolonodale
Ceram Sea
말루쿠
MALUKU
Malili
Ceram
Bura
Jayapu
이리안 자야(파푸아)
Irian Jaya
Kendari
암본
Ambon
Tana Toraja
Kolaka
반다
Banda
Mt.Jaya Wijaya
자야위자야 산
우중판단
Ujungpandang
부톤섬
Buton
바우바우
Baubau
BANDA SEA
Kepulauan Aru
코모도 국립공원
Komodo National Park
플로레스
Flores
숨바와
Sumbawa
Kepulauan Tanimbar
Larantuka
Labuhanbajo
Dili
Taliwang
Sape
동티모르
East Timor
ARAFURA SEA
Merauk
Waingapu
서티모르
West Timor
숨바
Sumba
Kupang
TIMOR SEA
누사틍가라(Nusa Tenggara)

지도:한-아세안센터 제공

Indonesia
적도가 통과하는
상하(常夏)의 나라

세계에서 가장 큰 아름다운 군도

동남아시아 남단 인도양 서쪽과 동태평양 사이 적도 부근 북위 6° 8′에서 남위 11° 5′에 걸쳐있는 인도네시아공화국(Republic of Indonesia)은 면적 190만 4,570㎢로 한반도 9배 크기의 광활한 영토와 그 주변을 둘러싼 넓은 바다(790만㎢)를 가진 아름다운 나라이다. 또한, 아시아대륙과 호주대륙 사이 적도 해 5,000㎞를 가로지르는 17,508 개의 섬(공인된 섬)으로 이루어진 세계에서 가장 큰 군도 국가이다. 최근 인도네시아 정부의 조사로는 인공위성으로 확인한 섬이 무려 18,108개에 이르고 그 중 무인도가 12,000개에 달한다고 한다.

인도네시아 섬들은 동서로 길게 펼쳐져(동경 94° 45′ ~ 141° 65′)있어 동쪽 끝에서 서쪽 끝까지의 거리는 5,100㎞나 되어 비행기로만 7시간 걸린다. 한국에서 자카르타까지 거리가 비행기로 7시간 걸리는 것을 고려하면 얼마나 큰 나라인지 상상이 간다. 유럽지도상에서 보면 인도네시아의 크기는 런던에서 모스크바까지 사이에 걸쳐있는 규모이다. 주요 섬은 수마트라, 자바, 칼리만탄, 술라웨시, 파푸아(이리안 자야) 등이며 수도는 자바 섬의 자바 해 해안에 인접한 자카르타(Jakarta)로 인구가 1,100만 명에 이르는 초거대 도시이다.

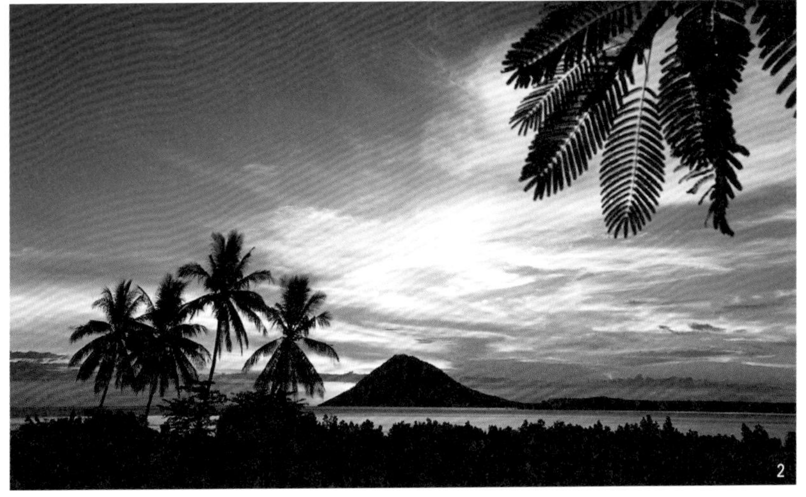
2

1. 남부 수마트라 방카 섬 Pasir Padi 해변

2. 북부 술라웨시 부나켄 국립공원 석양

다양성 속에 조화 이루어

최초 인류의 흔적인 자바원인이 발견된 곳으로 미루어 볼 때, 인도네시아는 인류의 발상지로서 인류가 모여드는 살기 좋은 요람이 되어 왔음을 짐작할 수 있다. 2천여 년 동안 국제 무역의 중심부에 있었던 인도네시아는, 세계 주요 종교와 다양한 문화가 쉽게 유입되면서 많은 영향을 받았다. 역사를 돌이켜 보면, 인도네시아 군도는 기원 전후 부터 인도에서 밀고 들어온 불교와 힌두교 문화의 영향을 받았고, 중세에는 이슬람교가 전파되어 현재는 총인구의 85.2%가 이슬람교를 믿고 있어, 단일 국가로서는 세계 최대의 무슬림(이슬람교 신자) 국가가 되었다.

인도네시아는 약 2억 4,000만 명의 인구와 480여 종족으로 구성되어 있다. 인도네시아 사람들은 종족과 지역별로 각기 다른 지방어(583개 방언)를 사용해 오다가 바하사 인도네시아로 언어가 통일되었으나 아직도 지방에서는 방언을 그대로 사용하는 곳이 많다. 언어는 종족 간 결속력을 강화함으로써 300여 민족공동체를 창조하는 데 이바지한 것으로 보인다. 베네딕트 앤더슨 미국 코넬대 교수의 관점에 따르면 인도네시아 민족은 수많은 종족으로 구성된 역사적 공동체이자 문화적 조형물 개념의 '상상의 공동체'라고 할 수 있다. (참고: 『상상의 공동체』, 베네딕트 앤더슨/윤형숙 역, 나남, 2002) 수많은 섬에 다양한 종족과 다언어를 가진 인도네시아가 국민국가로 통합될 수 있었던 것은 언어(바하사 인도네시아)와 신앙(이슬람교)의 동질성을 바탕으로한 민족 간의 교호작용의 결과로 보인다. 한편, 인도네시아는 다종다양한 민족문화를 계승 발전시키면서 사회적 통합을 추구해 나가고 있다. 이것이 오늘날 인도네시아의 국가 모토가 된 '다양성 속의 조화'의 배경이라 할 수 있다.

천혜의 관광 요람, 동식물의 보금자리

인도네시아는 환태평양 화산대에 속해 있어 지진과 화산활동이 활발하다. 육지와 해상 모두 수백 개의 화산활동으로 만들어낸 비옥한 땅에 울창한 숲, 웅장한 산과 계곡, 황홀한 해안선, 맑고 짙푸른 바다가 조화를 이룬 천혜의 관광 요람이며, 광활한 열대 우림은 다양한 동식물의 보금자리가 되고 있다. 사면이 바다로 둘러싸인 17,500여 개의 섬과 주변 바다는 다양한 해양생태계를 가진 해양레포츠의 천국이 되고 있다. 한편, 불안정한 지각변동으로 지진과 쓰나미가 발생하기도 한다. 지금도 붉은 마그마를 분출하며 기지개를 켜는 화산과 거친 숨을 내쉬며 흰 연기를 뿜어내는 화산들은 아름다운 풍광과 신비로움을 간직한 채 수많은 관광객의 카메라에 담기고 있다.

1. 자바섬 아이들
2. 소라올리오지역 찌아찌아족 어린이
3. 수마트라 아이들
4. 다양성속의 조화
5. 서핑보드를 즐기기에 좋은 롬복해안
6. 브로모 화산

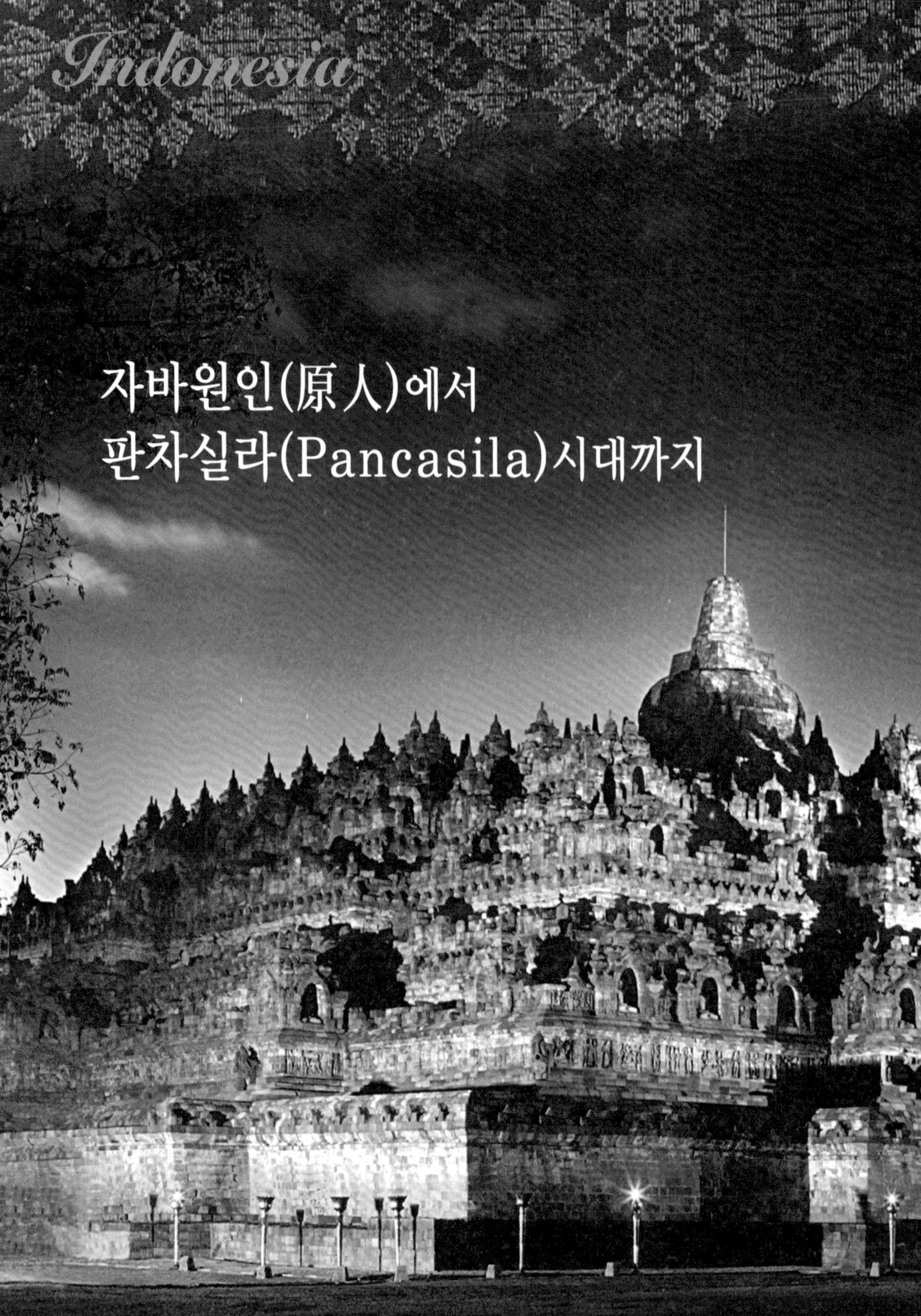
Indonesia
자바원인(原人)에서
판차실라(Pancasila)시대까지

인도네시아의 역사적 발자취

고대 원시 인류의 출현지

인도네시아 자바 섬 중부 솔로(Solo)지방을 중심으로 원시인류의 화석과 자바원인(호모 에렉투스)의 두개골과 화석 등 유물(50만 년 전 것으로 추정)이 발견되고 있는 것으로 미루어 자바 섬은 구석기 문화가 발전했던 좋은 환경이었던 것 같다. 자바원인은 직립보행을 하고 원시적 도구와 불을 사용 했던 것으로 추측되는 현생 인류의 먼 조상이다.

2 3

연대에 대한 학설은 여러가지가 있는데 일설에 의하면 기원전 약 5세기경부터 중국 남부에서 남쪽으로 내려오는 민족 대이동의 영향으로 남부에 살던 민족들이 말레이 반도를 넘어 서서히 인도네시아의 섬들로 이동해 왔으며, 1세기경 인도 동남부의 구자랏(Gujarat)으로부터 첫 인도 이주민들이 도착하기 시작했다고 한다. 이에 따라 인도네시아인의 선조는 다종다양하여 오스트로네시아인, 몽골로이드계, 네구리트인, 코카소이드계의 혈통도 있다. 현재 인도네시아 주민의 대부분은 크게 분류하면 말레이계에 속한다.

4

인도네시아는 기원 전후 인도와 중국과 교역을 하면서 그들로부터 많은 문화적 영향을 받았다. 특히 자바 섬과 수마트라 섬에는 기원 전후부터 인도상인들이 향신료를 구하러 진출하면서 불교와 힌두교를 중심으로 하는 인도문화가 유입되었다. 산스크리트계의

1. 보로부두르 사원
2. 진화된 원인(산기란 박물관)
3. 수마트라 바탁족 유적
4. 보로부두르 사원 부조

문자와 문학을 비롯하여 벼 재배 기술도 전해져서 종래의 원시문화에 새로운 문화가 융합되었다.

불교, 힌두교 왕국의 흥망

5세기에서 16세기까지 자바 섬과 수마트라 섬은 주요 무역지였다. 인도네시아에는 옛날부터 여러 가지 향신료가 많이 생산되어 외국상인들의 왕래가 빈번하였고, 이로써 자바 섬은 무역 중개지로서 번영하였다. 5세기에는 서부 자바에 다르마왕사 왕국, 칼리만탄에 꾸다이 불교 왕국, 6세기에는 중부 자바에 칼링가국이 나타났고, 7세기경에는 수마트라 섬의 팔렘방을 중심으로 스리위자야(Sriwijaya) 불교 왕국이 번성하였다. 그 세력은 8세기에는 자바 섬 중부 북쪽 해안에까지 진출, 사일렌드라(Sailendra) 왕국을 건설하여 융성하였으며, 인도를 능가할 정도로 불교문화의 꽃을 피웠다. 과거에 세계 7대 불가사의 중의 하나로 인정받아왔던 장엄한 보로부두르(Brobudur) 불교사원도 8세기 중반부터 9세기 중반에 걸쳐 건립되었다. 또한, 정교하고 세련미를 갖춘 힌두교 유적인 프람바난(Prambanan)사원도 자바 섬 중부의 남쪽 해안에 번성한 상자야 왕국이 지배하고 있던 마타람 왕조에 의해 9세기 중·후반에 건립되었는데, 당시는 중부 자바가 인도네시아 문화의 중심지였다. 그러나 그 뒤 문화의 중심은 중부 자바에서 동부 자바로 옮겨져 11세기 초부터 16세기 초까지 끄디리, 아이르랑가, 싱오사리(Singosari), 마자파힛(Majapahit) 등의 힌두교 왕국이 흥망을 거듭했다. 13세기 말 원(元)나라의 쿠빌라이는 자바 섬에 대원정

군을 출격했으나 마자파힛(Majapahit) 왕조에 패하였다. 마자파힛 왕조는 이 승리로 더욱 강성해졌고, 명재상 '가자마다'의 탁월한 영도력으로 동남아 도서지역 대부분을 지배하여 인도네시아 역사상 황금기를 이루었다.

이슬람교 전파와 세력 확대

13세기부터 인도 구자랏 지방과 페르시아로부터 이슬람상인들이 인도네시아를 방문하기 시작하여, 14세기 후반부터 믈라카나 팔렘방 등의 항구에 이슬람상인들이 들어와 무역하면서 이슬람교가 전파되기 시작했다. 그 후 이슬람세력은 지속적으로 남하 · 동진하여 수마트라 섬 북단의 아체와 믈라카 해협을 제압하고 15세기 중엽에는 자바 섬의 연안도시까지 세력을 확대했다. 마자파힛 왕국은 이슬람 세력에 밀려 1520년에 멸망하였고 힌두문화를 고수하던 귀족과 성직자들은 동부 자바, 롬복 섬, 발리 섬으로 피신하였다. 이슬람교의 본격적인 전파는 16세기를 통해서 이루어졌다. 자바 섬에는 마자파힛 왕국을 밀어낸 데막(Demak)이슬람 왕국이 반텐(Banten)과 치르본(Cirebon)에 이어 자바 섬 북부와 수마트라 팔렘방, 미낭카바우 등 지역으로 이슬람 세력을 확대해 나갔다. 데막왕국의 팔라트한 술탄은 클라파 순다(현 자카르타)에 수도를 두고있던 파자자란 힌두왕국을 1527년 정복한 뒤 이곳에 침투한 포르투갈 세력을 물리치기도 하였다.

1. 보로부두르사원 부처님 상의 손은 대부분 훼손된 상태
2. 보로부두르 사원
3. 프람바난 사원
4. 발리 힌두사원

1

외세 침투와 식민지 쟁탈전

16세기 무렵 포르투갈, 영국, 네덜란드 등 서유럽 국가들이 잇달아 이 지역으로 진출하여 향료무역의 독점과 식민지 획득을 노리고 서로 격렬한 싸움을 벌인 끝에 결국, 네덜란드가 승리하게 되었다. 네덜란드는 1602년 현재의 자카르타 항에 바타비아 성(城)을 건설하여 동인도회사의 중심기지로 삼아, 처음에는 향료 등 특산품의 독점무역을 하다가 점차 세력을 확대하여 현재의 메단, 마나도, 암본 등의 주요항구를 점령해 나갔다. 그 후 점차 반둥 등 내륙까지 지배하였고, 1910년 마침내 발리 섬 까지 지배하게 되었다.

네덜란드 식민통치 기간 중 영국은 유럽에서 나폴레옹 전쟁을 틈타 네덜란드가 지배하는 바타비아를 침공하여 1811년~1816년까지 6년간 지배했고, 나폴레옹 전쟁이 끝나고 열린 빈 회의의 결정에 따라 또다시 네덜란드가 자바를 지배하였다. 네덜란드는 식민통치 기간 중 자바 섬에서 원주민을 착취하였고, 19세기 후반부터는 수마트라 섬과 자바 섬을 중심으로 경제적 수탈을 감행했다. 네덜란드의 식민통치에 대한 저항운동도 가끔 일어났다. 1825~1830년의 자바전쟁, 19세기 말부터 20세기 초까지의 수마트라 섬의 아체 전쟁 등 대규모 전쟁이 있었지만 모두 네덜란드에 의하여 무력 진압되었다. 20세기에 들어오면서 자바 귀족의 딸인 여성운동가 카르티니(Raden Adjeng Kartini)의 영향과 젊은 지식인들로 구성된 부디 우토모(Budi Utomo)조직 활동으로 자바인들의 의식 개화운동과 독립을 위한 정치적 운동이 점차 활기를 띠기 시작했다. 이때부터 조직적인 저항운동이 시작되었고, 반 식민 독립 노력이 계속되었다.

한편, 일본은 서구 열강의 식민 지배와 수탈을 당하고 있던 동아시아 국가를 일본을 중심으로 하나로 통합한다는 구실을 내걸고, 소위 대동아 공영권을 주장하며 동아시아 국가들을 침략하는 전쟁을 감행했다. 그 당시 서구열강들은 태국을 제외한 동남아 각국을 지배하고 있었다. 일본은 대동아 공영권을 이루어야 한다는 궤변을 내세워 인도네시아 내의 일부 독립 세력을 이용하여 인도네시아에도 침투하여 점진적으로 강제 점령한 후 3년여 동안의 식민통치를 했다.

인도네시아의 독립과 발전

3세기 반만의 해방과 독립선언

제2차 세계대전으로 1945년 8월 15일 일본이 연합군에게 항복 선언을 하고 네덜란드 식민정권이 무너져 감에 따라, 그 이틀 후인 8월 17일 독립운동 지도자였던 수카르노와 하타는 인도네시아의 독립을 선언하고 8월 18일 헌법을 제정하였다. 헌법조항에 의거 1945년 9월 5일 초대 대통령에 수카르노, 부통령에 모하멧 하타가 선출되었고 수카르노를 내각 수반으로 하는 공화국 내각이 출범하였다. 1945년 9월 말에 영국군이 인도네시아를 침공하여 인도네시아군과 격렬한 전투를 치르면서 공화국 정부는 수도를 족자카르타로 1946년 1월 4일 이전했다. 전투가 진행되는 동안

1. 이슬람 왕궁유적(반텐)

2. 말루쿠 섬에는 식민지 쟁탈 전쟁흔적이 많다 (두루스테대 요새, 나사우 요새, 벨기짜와 롤라디아 요새 등)

자바와 수마트라 등 많은 지역이 이미 공화국으로 형성되었다. 마침내 1946년 11월 영국군이 철수하고, 네덜란드가 새 공화국에 자바와 수마트라의 지배권을 인정하는 Linggarjati 조약에 서명함으로써 인도네시아 연방은 구체화하였다.

하지만, 1947년 11월 네덜란드는 인도네시아가 조약을 위반했다는 구실로 침공하였고, 자바의 2/3와 수마트라의 유전지를 침범하여 많은 재산을 약탈했다. 이에 따라 유엔은 네덜란드 침공에 항의하였고 UN 감시단을 즉각적으로 구성하여 1948년 1월 양측의 Renville 조약에 의해 수습했다. 이 조약은 1947년까지 네덜란드가 자바와 수마트라 지역의 통치는 하되, 인도네시아인의 미래를 위해서 선거를 약속한다는 것이다. 하지만, 네덜란드는 인도네시아 영토를 봉쇄하고 경제를 압박하면서, 그들에 항거하는 인도네시아인과 협의하기보다는 오히려 박해를 가했다. 그 결과 군중 심리가 동요되었고, 1948년 9월 동부 자바 마디운(Madiun)에서 수카르노 정부에 반대하는 공산당에 의한 소요가 있었으나 성공하지는 못했다.

1948년 12월, 네덜란드는 유엔 정전 규약을 무시하고 다시 인도네시아를 침공하여 수도 족자카르타를 점령하였고, 수카르노와 하타를 포함한 대부분 지도자는 체포되거나 망명하였다. 네덜란드는 침공은 성공하였으나, 인도네시아 각지에서 게릴라식 투쟁과 국제사회의 비난에 직면하여 인도네시아에서 단계적으로 철수하게 되었다. 결국, 네덜란드는 1949년 헤이그 국제회의에서 파푸아를 제외한 모든 지역의 통치권을 그 해 말까지 인도네시아 공화국 연방에 이양하는데 동의하였다. 1949년 12월 27일 마침내 네덜란드 총독관저(지금의 대통령 궁)의 네덜란드국기가 내려지고 인도네시아국기가 공식 게양되었다. 이로써 인도네시아는 서유럽세력의 침략 이래 340여 년 만에 완전히 독립된 주권을 갖게 되었다. 네덜란드는 인도네시아의 독립을 인정한 이후에도 이리안자야는 포기하지 않은 채 통치를 해오고 있었으나, 이곳은 1969년 국민투표로 인도네시아 영이 되었으며, 포르투갈 영으로 남아 있던 동티모르는 1976년에 회수하였다가 1999년 8월 동티모르 자치 주민투표를 통해 독립을 인정했다. 인도네시아는 현재 33개 지방정부를 가지고 있는데 그 중 수도인 자카르타와 아체 및 족자카르타를 특별자치주로 관리하고 있다.

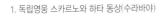

1. 독립영웅 스카르노와 하타 동상(수라바야)

2. 독립기념탑(자카르타)

판차실라 정신으로 뭉쳤다

인도네시아는 1945년 8월 17일 인도네시아 공화국 독립을 선포한 이후 초대대통령 수카르노의 통치 아래 판차실라(Pancasila)라는 다섯 가지 건국이념에 따라 강력한 민족주의를 표방했다. '판차실라'는 산스크리트어로 '판차'는 다섯이란 뜻이고 '실라' 는 이념이란 뜻이다. 즉 다섯 가지 기본 국가 이념은 유일신에 대한 믿음, 공정한 인본주의, 인도네시아의 통일(민족주의), 대중의 지혜에 의해 인도되는 민주주의, 사회정의이다. 그러나 광대한 영토와 다민족을 가진 이 나라의 건국과정은 진통을 겪어야만 했다. 아시아-아프리카회의 개최, 말레이시아와의 대결정책, 이리안자야의 탈환 등 대외정책에는 상당한 성과가 있었으나 이에 비해 국내경제의 건설은 미흡했으며, 인플레이션으로 인한 국민의 생활고도 커졌다. 이로 말미암아 수카르노가 이용한 국내 공산당 세력이 차츰 커져서, 1965년 공산반란군이 아흐맛 야니(Achmad Yani)중장 등 6명의 군장성을 살해한 '9월 30일 사건'이 발발하여 수하르토 장군이 군부를 장악하고 공산당 세력을 진압하여 반공적인 쿠데타에 성공함으로써 결국, 수카르노 정권은 실각하고 말았다.

1966년 3월, 수하르토 전략사령관이 수카르노 대통령의 실질적인 권한을 이양받은 후, 그 이듬해 대통령권한 대행에 취임한 데 이어 1968년 3월, 5년 임기의 대통령

에 취임하였다. 대통령이 된 수하르토는 국내경제의 안정과 발전에 주력하였으며, 공산당 세력을 철저히 배제하였다. 그리고 강력한 군대를 배경으로 하여 30여 년 동안 장기집권 해오다가 1997년 불어 닥친 IMF 경제위기와 함께 국민의 불만이 폭발하여 마침내 1998년 5월 시민폭동으로 발전, 민주화와 부정부패척결을 요구하는 국민의 저항에 부닥쳐 사임하게 되었다.

그 당시 부통령에서 대통령직을 승계한 하비비는 1999년 대선과 총선을 실시하겠다는 정치일정을 발표하고 새 과도정부를 구성했다. 1999년 6월 총선, 10월 대선에서 와히드가 승리해 정권을 교체하고 초당파적 거국내각을 출범하여 민심 수습과 분열된 국민통합에 주력했다. 그러나 2000년 말 와히드 대통령은 각종 부패혐의가 드러나고 실정을 거듭, 통치능력을 의심받아 국민협의회(MPR)에서 탄핵을 당하게 되었다. 이에 따라 수카르노 초대대통령의 딸인 메가와티 부통령이 와히드 탄핵 일인 2001년 7월 23일 제5대 대통령에 취임하여 부패정권을 청산하고 잔여 임기를 마친 후, 2004년 민주적인 방식의 국민 직접선거를 통해 수실로 밤방 유도요노 대통령에게 정권을 이양하였다.

정치 안정 바탕, 경제 성장 지속

수실로 밤방 유도요노 대통령은 메가와티 정부에서 안보조정장관을 역임하고 신생 소수당인 민주당을 이끌고, 메가와티 대통령과 결선투표 끝에 당선되어 2004년 10월 취임한 후 다수당인 골카르당과 연정을 통해 5년간의 임기 동안 국정을 원만하게 이끌어 왔다. 이에 따라 2009년 4월 9일 시행된 총선에서 민주당은 국회 총 의석 560석 중 150석(27%)을 획득하여 원내 제4당에서 제1당으로 부상했다. 이 여세를 몰아 수실로 밤방 유도요노 현 대통령은 2009년 7월 9일 시행된 대통령 선거에서 재선에 성공했다. 인도네시아 국내외 언론들은 지난 두 차례 치러진 대통령 선거와 총선에 대해 애초 우려와는 달리, 평화적인 분위기 속에서 선거가 원만히 시

1. 자카르타 시내 스나얀에 위치한 청년동상
-국가 건설에 활기찬 젊은이들이 앞장서서 횃불을 들어야 한다는 의미의 동상으로 1972.3월 건립
2. 성난 시민들 시위

행되어 앞으로 인도네시아 민주주의 발전을 위한 청신호가 켜졌다고 평가하고 있다. 재선에 성공한 현 대통령은 정치적 안정을 바탕으로 지속적인 경제성장을 이룩해 가고 있다.

아체 문제 해결

수마트라 섬 북부에 있는 아체주는 특별자치주로서 이슬람교가 타 지역에 비해 강한 곳이다. 1976년 조직된 무장 독립단체인 아체자유운동 (GAM)은 독립 이슬람국가 건설을 목표로 지속적으로 분리 독립운동을 펼쳐 왔다. 인도네시아 정부가 1989년 아체 전역을 군사작전 지역으로 선포한 이래 자유아체운동(GAM)과 정부군 간에 전쟁을 지속하여 왔는데, 1993년에는 치열한 교전을 벌인 바 있고 1998년까지 간헐적인 교전이 이어져 왔다. 그 후 정부군과 분리 독립주의자 간에 게릴라전이 이어지다가 급기야 2003년 5월 19일 아체 전역에 계엄령이 선포되고, 마지막 남은 자유아체운동(GAM)소속 반군 3천 명에 대한 정부군의 토벌작전이 전개되어 오다가, 2004년 12월 26일 예고없이 밀어닥친 쓰나미가 정부군과 반군은 물론 반다 아체 전역을 초토화하면서, 그동안 전개되었던 분리 독립운동과 아체전쟁은 사실상 막을 내렸다. 마침내 2005년 8월 15일 정부와 자유아체운동 사이에 아체평화협정이 체결되어 정부군은 모두 철수하였다. 오랫동안 정부군과 반군 간에 쌓였던 앙금 마저도 쓰나미에 쓸려 갔는지는 의문이지만, 아체 평화 협정을 계기로 항구적인 평화가 유지되길 기원해 본다.

쓰나미 흔적 - 지붕 위로 올라간 배
(반다아체)

Information

인도네시아 국기와 나라 문장

Indonesia의 어원은 그리스어로서 인도를 의미하는 'Indos'와 섬들을 의미하는 'Neosos'의 합성어로서 1850년 영국인 로간(J.R.Logan)에 의해 처음으로 사용 되었다.

인도네시아 국기는 '상 사카 메라 푸티(Sang Saka Merah Putih)'라고 부르며, 빨강과 하양은 국가상징 색으로, 빨강은 용기를 하양은 결백을 상징한다. 또한, 지구 위의 생명, 낮과 밤, 남편과 아내, 창조와 개성이라는 의미로도 해석된다. 기의 원형은 13세기 말 자바 섬에 있던 마자파힛(Majapahit) 왕국의 기에서 유래하였으며, 인도네시아 국기는 1945년 8월 17일 독립 선언과 함께 국기로 제정되었다.

인도네시아의 나라 문장은 양 날개를 펴는 독수리와 비슷한 모양의 가루다이다. 가루다는 번영의 신 위스누(Wisnu)가 타고 다녔던 시공을 초월한 새다. 가루다가 가슴으로 방패를 안고 두 다리로 국가의 염원을 옹위하고 있다. 방패는 국가를 방어한다는 뜻이며 방패에는 인도네시아의 건국이념인 판차실라(Pancasila)를 상징하는 그림이 그려져 있는데 방패 가운데 검은색 가로줄은 적도가 통과한다는 의미다. 그림 속의 별은 유일신에 대한 믿음, 쇠사슬은 공정한 인본주의, 나무는 국가 통일(민족주의), 소는 민주주의, 쌀과 목화는 사회 정의를 의미한다. 가루다 목 부분의 삼각 깃털은 45개, 몸통 끝 부분의 꼬리 깃털은 8개, 양 날개 깃털은 17개씩인데 이 숫자들은 인도네시아 독립일인 1945년 8월 17일을 상징한다. 가루다가 '다양성 속의 조화'라는 글귀(Bhinneka Tunggal Ika)를 발로 움켜잡는 모습이다.

Indonesia
조화로운 다문화 사회
신비로운 문화예술

다언어, 다민족이 일궈낸 다문화 국가

세계 4위 인구대국

인도네시아는 약 2억 4,000만 인구를 가지고 있는 나라로, 중국, 인도, 미국에 이어 세계 4위의 인구대국이다. 정부의 가족계획 정책에도 불구하고 인구증가율(약 1.4%)을 고려할 때 2050년에는 인구가 약 3억에 육박할 것으로 보인다. 300여 민족으로 구성된 인도네시아는 국토 총면적의 7%에 불과한 자바, 발리, 마두라 섬에 인구의 65%가 집중되어 있고, 나머지 인구는 수마트라 섬, 술라웨시 섬, 칼리만탄 섬, 이리안자야 순으로 인구가 분포되어 있다. 평균 인구증가율은 80년대 1.9%에서 90년대에는 1.4%로 감소하고 있는데, 그 이유는 인도네시아 정부가 인구 억제를 위해 가족계획프로그램을 적극적으로 추진해 오고 있기 때문이다. 많은 인구와 높은 인구증가율은 식량수입과 외화유출의 커다란 원인이 된다. 특히 수도인 자카르타에는 약 1,100만 명의 인구가 집중되어 있다. 이와 같은 인구과밀 현상은 토지의 부족과 토지분배의 불균형, 토지를 갖지 못한 많은 농민의 불만과 생산성 저하, 노동지대의 잔존, 농업기술의 낙후, 낮은 생활수준의 고착화 등 많은 문제점을 야기하고 있으나, 한편으로 풍부한 노동인구는 국가 경제가 성장함에 따라 산업역군으로 활용되고 있다.

인도네시아 정부는 1969년에 이주 프로그램을 시작하여 처음에는 자바 섬에서 수마트라 섬으로, 이후에는 자바 섬에서 칼리만탄 섬, 술라웨시 섬, 말루쿠 섬, 그리고 파푸아 섬 등 다른 섬들로 인구를 분산시켰다. 하지만, 이주 프로그램은 비용과 재정착을 위한 장소부족으로 이주 실적이 저조해지면서 2000년도에 중단 되었다.

480여 종족

인도네시아는 섬들이 많아 지역별로 각기 다른 종족이 살고 있는데 약 480여 종족에 이른다. 주요 종족으로는 자바족, 순다족, 마두라족, 말레이족, 아체족, 바탁족, 발리족 등이 있다. 자바족은 주로 중부 자바와 동부 자바에 살고 있고, 인도네시아 인구

1. 동남 술라웨시 Kendari시

2. 족자카르타 자바족

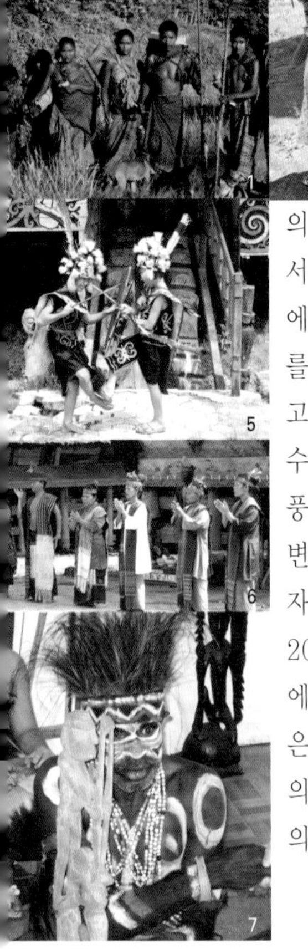

의 45%를 차지하는 가장 큰 종족 그룹이며, 두 번째로 큰 종족은 자바의 서부 끝 지역에 있는 순다족으로 인구의 13.6%를 차지하고 있다. 그 밖에 주요 종족으로, 자바 동북 해안에 걸쳐 분포된 마두라족은 인구의 8%를 차지하며, 여러 지역에 걸쳐 분포된 말레이족은 인구의 7%를 구성하고 있다. 인종그룹 중에 수마트라 섬에는 북쪽 끝지역에 아체족, 토바 호수 주위에 바탁족, 서부 고지대에 미낭카바우족, 그리고 남부지방에 람풍족이 살고 있다. 술라웨시에는 북부에 사는 미나하사족, 남부 해안 주변에 모여 사는 부기족, 마카사르족과 내부지방에 많이 모여 사는 토라자족이 있다. 칼리만탄은 다약족이라 부르는 여러 원주민 종족을 포함해 200개 이상의 다양한 종족들이 살고 있는데, 그들의 대부분은 내부지방에 사는 부족들이고 해안지역에는 주로 말레이족이 살고 있다. 파푸아족은 소수의 동부 섬 출신 외에는 대부분이 멜라네시안 혈통들이다. 인구의 약 3% 내외의 인도네시아 화교들은 주로 도심지에 살고 있으며 소수의 인도인, 아랍인, 유럽인들은 다도해 주위에 흩어져 살고 있다.

다양성 속의 조화와 양극화 문제

인도네시아는 다민족, 다언어국가로서 각 방면에서 다양성 속에 조화를 이룬다. 농촌사회는 마을단위로 하는 공동체적 상호부조와 주민생활을 규제하는 특유한 관습(아다트) 등이 있어 공존 공생의 문화 속에서 부의 균형과 조화를 이루고 있다. 하지만, 자카르타 등 도시사회는 농촌사회와는 달리 빈부격차가 심하고, 아직도 대도시 뒷골목에는 많은 빈민가가 병존하고 있다. 오랜 기간 식민 지배의 유산으로 봉건적 특성이 강하게 남아 있어 빈부 격차로 인한 과거 신분제도의 모습을 연상시키기도 한다. 인도네시아 사회는 이러한 이질성, 복합성, 다양성을 유지하면서도 이슬람문화뿐만 아니라 불교, 힌두교문화를 아우르고 전통을 유지하면서 현대문명을 받아들여 전통과 현대, 자연과 문명, 빈과 부의 조화를 이루어가고 있다.

큰 틀에서 보면 다양성 속에 조화를 이루는 가운데에서도 그 이면에는 종족 간, 사회계층 간, 빈부 간의 갈등이 내재되어 있음을 알 수 있다. 1980년도와 1990년도에 와서 풍부한 천연자원을 발판으로 경제성장을 하면서 중산층이 비교적 증가하였으나, 아직도 빈곤층이 많고 도농(都農) 간, 빈부 간 양극화가 심한 상황이다. 또한, 사회지배층 구조를 보면 관료와 군인, 화교 출신 인사가 주류를 이루고 있어 사회 계층 간 양극화가 심해 사회적 불만 요인이 되고 있다. 한편, 전체인구의 3% 정도를 차지하는 중국계 인도네시아인이 국가 부(富)의 70-80%를 차지할 정도로 종족 간의 빈부격차도 극심하다. 이러한 양극화 문제가 사회불안 요인으로 잠재하는 나라이기도 하다. 예를 들어 IMF 경제위기가 몰아 닥쳤던 1997년과 1998년 화교들이 인도네시아의 경제적 문제점들을 비난하자, 화교들의 부(富)의 편중에 대한 불만으로 자바 등 도시지역에서 폭동이 일어나기도 했다. 또한, 인종 간의 갈등이 상존하며 종종 폭발하기도 한다. 특히 정부의 이주 프로그램 하에서 많은 자바인들이 파푸아로 이동함에 따라 현지 원주민들과의 분쟁을 일으킨 바 있다. 2001년 2월에는 칼리만탄 원주민 다약족과 이주민인 마두라족 간의 유혈충돌로 400여 명이 숨지기도 했다.

세계적인 석학인 찰스 햄든터너 케임브리지대 명예교수가 "문화간 차이는 화해할 수 있다."라고 주장한 바 있다. 이 말을 마치 입증이라도 하듯 인도네시아는 문화적 다양성에서 오는 차이를 극복해가는 과정에서 진통을 겪기도 했지만, 다양성 속의 조화와 문화간 화해를 통한 국가발전을 도모하고 있는 것 같다.

1. 수마트라 잠비 원주민
2. 롬복 섬 사삭족
3. 술라웨시 토라자족
4. 누사틍가라 섬 여인
5. 칼리만탄 다약족
6. 북수마트라 바탁족
7. 파푸아 아스맛족
8. 동부 자바(마두라족)
9. 노동자 시민 집회

인도네시아 정부의 양극화 해소 노력

수실로 밤방 유도요노 대통령은 헌정사상 최초의 국민 직선제에 의해 당선된 대통령으로서 신생 소수정당의 난관을 딛고 최대 야당인 골카르당과 연정을 통해 정국을 안정적으로 이끌어가면서 제도 개혁과 부정부패 척결, 외국인 투자유치 노력을 병행하여 고용창출과 빈곤삭감 등 양극화 해소노력을 꾸준히 해오고 있다. IMF 이후 노동자들의 임금이 급격히 인상되었음에도 인도네시아 정부는 지속적으로 근로자 최저임금을 인상하여 임금 격차를 완화하고 있다. 또한, 인도네시아 정부는 종족 간의 갈등 해소 차원에서 화교 사회에 화답을 촉구하고 나섰다. 화교에 대한 차별은 1965년 수하르토 정권이 화교 문화를 금지하는 대통령령을 발표한 후 유교, 중국어, 중국문화가 철저하게 금지되어 온 바 있다. 와히드 대통령 이후 화교 문화 차별에 대한 대통령령은 철회되었지만, 아직도 일선 행정기관에서는 여전히 차별이 존재하는 상황에서, 유도요노 대통령이 화교문화를 포용하고 중국과의 경제협력을 강화하는 외교적 노력을 해오고 있다. 이로 말미암아 인도네시아를 떠나갔던 화교자본이 복귀하고, 점진적으로 경제가 회복되면서 사회적 양극화가 다소 완화되고 있는 것이다. 인도네시아가 안고 있는 구조적인 양극화 문제가 단기간 내에 해소될 수는 없지만, 경제적 안정과 더불어 차츰 해소될 것으로 보인다.

다언어, 다문화 사회를 소통시킨 인니어

인도네시아에는 583개의 방언이 있으나 30여 개 정도의 언어와 지방 사투리들이 아직도 사용되고 있다. 인도네시아어는 20세기 이전에는 아랍문자를 변형한 자위(Jawi)문자를 사용하였으나 1901년 문자개혁을 단행하여 로마자로 통일하였다. 현재는 바하사 인도네시아(인니어)가 정식 국어로 통용되고 있고, 학교 교과서나 교육도 지역을 불문하고 인니어를 사용토록 하고 있다. 언어의 통일과 적극적인 학교교육은 세계 최대 군도(群島)국가인 인도네시아의 문맹률 감소(2007년 문맹률 7.2%)에 기여하였으며 1945년 독립 이후 다종족, 다언어를 가진 다문화 사회를 소통시키고 국가를 통합해 가는데 지대한 공헌을 했다.

인니어는 중국어, 인도어, 네덜란드어 및 영어를 바탕으로 한 말레이어의 원조격인 멀라유(Melayu)어에서 비롯되었다. 이는 7-15세기경에 이르기까지 남부 수마트라 섬의 팔렘방을 중심으로 번성한 스리위자야 왕국 상인들이 주변 국가들과 교역하면서 생겨난 말인데 주로 해변 도시들에서 무역언어로 사용되었던 말이다. 이 말은 중부 자바지역에서 많이 사용되어 왔는데 20세기 초반 개화 및 독립운동과 함께 지식인 단체를 중심으로 통용되다가 1928년 민족주의 청년회의가 작성한 숨파 프무다(Sumpah Pemuda: 청년선서)에서 멀라유어가 국가공용어임을 천명하면서 전 지역으로 확산했다. 마침내 1945년 8월 17일 독립선언과 함께 바하사 인도네시아가 국가공용어로 공식 채택되었다.

다수의 인도네시아 사람들은 일상생활 속에서 종족의 고유 언어들을 인니어와 함께 사용하기 때문에 두 개 혹은 그 이상의 언어를 하기도 한다. 그러다 보니 소수종족은 고유 언어가 점점 소멸해 가고 특히 찌아찌아족처럼 고유글자가 없는 경우 고유문화 보존에 어려움을 겪고 있다. 8천만 명이 넘는 인구가 자바어를 쓰며, 자바 서부 지방 끝에 거주하는 사람들은 순다어를 한다. 그 외에 수마트라에서는 바탁어, 미낭카바우어, 말레이어 등이 퍼져 있다. 술라웨시에서 사용되는 언어들 가운데는 미나하사어, 부기어 그리고 마카사르어, 토라자 사투리 등이 있다. 동부 섬에는 발리, 롬복, 그리고 숨바와 지역의 언어들이 사용된다. 칼리만탄 사람들은 말레이 통용어, 이반어나 바리토어, 카얀어 등을 쓴다. 트랜스 뉴기니와 서부 파푸아 언어들은 파푸아와 말루쿠 북부지방에서 사용된다.

현대에 와서 인도네시아 지식층은 영어를 많이 쓰고 있고, 젊은 층에도 영어를 쓰는 사람이 늘어나고 있으며, 국제화에 편승 비지니스 분야에서는 영어가 폭넓게 사용되는 추세에 있다. 발음과 철자, 단어들이 영어와 유사한 점이 있어 접근하기 쉬운 것 같다.

동남 술라웨시 큰다리시

Information

여행에 필요한 인도네시아어

인도네시아어 발음 및 표기법

인도네시아어 발음은 독일어 발음과 흡사하며, 자음 중 C(쩨), K(끄), P(쁘), T(떼)는 된 발음을 내면 되며, r(르)은 혀 굴림소리를 내고, h는 아주 약하게 하거나 묵음 처리하며, ng는 부드럽게 '응'과 비슷하게 발음하면 된다. 모음은 로마자 발음처럼 a(아), e(으/에), i(이), o(오), u(우)로 발음된다. 인니어는 다른 언어처럼 문법이 복잡하지 않고 정관사도 없으며, 수식어는 뒤에 두고, 동사의 변화와 명사의 성(性) 구분이 없이 사용하기 때문에, 단어만 나열해도 쉽게 의사소통을 할 수 있다. 같은 단어를 두 번 쓰면 복수의 의미가 되는 등 간단한 원리만 이해하면 일상회화 정도는 쉽게 배울 수 있다.

인사말

안부인사말 (안녕하세요) 슬라맛 빠기[Slamat pagi: 아침 인사]
슬라맛 시앙[Slamat siang: 점심 인사]
슬라맛 소레[Slamat sore: 저녁 인사]
슬라맛 말람[Slamat malam; 밤 인사]
슬라맛 띠두르[Slamat tidur; 잘자요]
아빠 까바르[Apa kabar: 안녕하세요? 어떻게 지내십니까?

감사합니다 Terima kasih[뜨리마 까시]
미안합니다 Minta maaf [민따 마압], 실례합니다 Permisi[뻐르미시]
괜찮습니다 Tidak apa-apa [띠닥 아빠아빠]
다음에 만나요 Sampai jumpa lagi [삼빠이 줌빠 라기]

쇼 핑

얼마에요?/Harganya berapa?[하르가냐 브라빠?]
비싸다/Mahal![마할], **싸다**/Murah![무라]
할인해 주세요/Tolong tawarkan lagi[똘롱 따와르깐 라기]
깍아주실 수 있나요?/Bisa kurang[비사 꾸랑]
거스름돈/Uang kembali[우앙 끔발리]

음 식

식당/Rumah makan [루마 마깐], 생선/Ikan [이깐]
닭고기/Daging ayam [다깅 아얌], 소고기/Daging sapi[다깅 사삐]
돼지고기/Daging babi[다깅 바비], 국/Sop[솝]
죽/Bubur[부부르], 국수/Bakmi[박미], 밥/Nasi[나시]
물/Air putih[아이르 부띠], 음료수/Minuman[미눔안]

교통수단

비행기/Pesawat[쁘사왓], 오토바이/Sepeda motor[스뻬다 모또르]
기차/Kereta api[끄레따 아삐], 배/Kapal laut[까빨 라웃]
택시/Taksi[딱시], 버스/Bis[비스], 공항/airport[에어뽓]

방향과 지도용어

동쪽/Timur[띠무르], 서쪽/Barat[바랏]
남쪽/Selatan[슬라딴], 북쪽/Utara[우따라]
왼쪽/Kiri[끼리], 오른쪽/Kanan[까난]
위/Atas[아따스], 아래/Bawah[바와], 옆/Sebelah[스블라]
길/Jalan[잘란], 산/Gunung[구눙], 바다/Laut[라웃]
해변/Pantai[빤따이], 섬/Pulau[뿔라우], 강/Sungai[숭아이]
호수/Danau[다나우], 분화구/Kawah[까와], 정원/Kebun[끄분]

장 소

한국대사관/Kedutan Besar Korea[꺼두딴 브사르 꼬레아]
한인회/Asosiasi Rakyat Korea[아소시아시 라끼앗 꼬레아]
궁전/Istana[이스따나], 이슬람 사원/Mesjid[므스짓]
병원/Rumah sakit[루마 사낏], 화장실/Kamar kecil[까마르 끄찔]
공항/Bandara[반다라], 은행/Bank[방], 약국/Apotik[아뽀띡]
방/Kamar [까마르], 집/Rumah[루마], 시장/Pasar[빠사르]
PC방/Warnet [와르넷], 호텔/Hotel[호뗄], 값싼 숙소/Losmen[로스멘]

숫 자

1 Satu[사뚜]	2 Dua[두아]
3 Tiga[띠가]	4 Empat[음빳]
5 Lima[리마]	6 Enam[어남]
7 Tujuh[뚜주]	8 Delapan[들라빤]
9 Sembilan[슴빌란]	10 Sebuluh[스뿔루]
100 Seratus[스라뚜스]	1,000 Seribu[스리브]

종교의 자유와 종교를 가질 의무

인도네시아는 인종도 다양하지만, 종교도 다양하다. 인도네시아 문화의 특징 중 하나는 종교 단체에 대한 높은 평가와 오직 유일신에 대한 신앙이다. 인도네시아 헌법은 종교의 자유를 보장하고 있어 국교(國敎)가 없고 종교적 차별을 하지 않는다. 하지만, 무종교의 자유는 보장되지 않기 때문에 모든 인도네시아 시민은 본인의 선택에 따라 종교를 가질 의무가 있다. 따라서 인도네시아에서는 종교를 기재하는 난이 있는 서류 등에 무종교라고 표기하면 문제가 있는 사람으로 취급하는 경향이 있다. 또한, 모든 시민에게 어떠한 형태의 반종교 프로그램도 금지되고, 서로 타 신앙에 대해 상호 존중해 준다. 그래서 인도네시아 사람들은 자신의 종교와 다른 종교를 비교하거나 우열을 논하지 않고 오직 자신들의 종교와 율법에 충실할 뿐이다.

다양한 종교 보장 하지만, 이슬람 인구 절대적

인도네시아에서 공식적으로 인정되는 여섯 가지 세계 종교는 이슬람교, 천주교, 기독교, 힌두교, 불교 그리고 유교이다. 하지만, 종족 고유의 신앙이 있거나 문명의 교류가 적은 고립된 지역에서는 지금도 토속 신앙을 믿기도 한다.

인도네시아에는 14세기부터 이슬람교가 전파되기 시작하여 지금은 전 지역에 이슬람 사원이 널리 퍼져 있으며 인구의 약 85.2%가 이슬람교를 믿고 있다. 그중에서도 독실한 이슬람 신자가 많은 지역은 수마트라 섬 북부의 아체, 서부 자바의 순다 지방 등을 들 수 있다. 인도네시아의 이슬람교는 먼저 들어왔던 불교, 힌두교와 전통적인 토착 신앙의 바탕 위에서 조화롭게 뿌리내려 종교적 포용성이 있는데, 열악한 자연환경과 역사적 투쟁과 시련을 통해 발전한 중동의 이슬람교에 비해 융통성이 있다.

성마리아 대성당(자카르타)

임마누엘 교회(북수마트라)

불교사원(Tay Kak sie)

기독교 신자는 인구의 8.9% 이고 대부분의 기독교인은 프로테스탄트 교회 소속이다. 지역별로 조직된 또 다른 많은 기독교 단체들이 있는데, 동부 자바, 셀레베스 섬 북부, 수마트라 섬의 바탁 지방, 말루쿠 제도의 암본 섬 등에 많다. 특히 바탁의 기독교 교회에는 신도가 약 200만 명에 이른다. 인구의 3%가 로마 카톨릭교 신자이며, 불교는 전 인구의 0.8% 수준인데 화교들이 주로 불교 신자이다. 힌두교는 한때 전 지역에 많이 퍼져 있었으나 현재는 발리 주민의 90%가 힌두교를 믿고 있고, 전국적으로는 전 인구의 1.8%가 힌두교 신자이다. 기타 종교는 인구의 0.3% 정도이다. (인도네시아정부 홈페이지 자료 기준 http://www.indonesia.go.id/)

무슬림과 인도네시아 사회

종교적 문화적 갈등 존재

인도네시아사회의 가장 중요한 특성으로는, 다양한 종교의 포용에도 이슬람 인구가 절대적이며 단일 국가로는 세계최대의 무슬림(회교도)국가라는 점이다. 한편, 종교의 자유가 보장되어 타 종교를 선택할 수 있고 지역에 따라 기독교나 힌두교가 활발한 곳도 있다. 이에 따라 일부 지역에서 종교적으로 회교도와 기독교도가 서로 충돌하는 사례가 있어 사회적 우려가 되기도 한다.

인도네시아는 한때 유럽 열강의 무역거점이었고, 네덜란드의 오랜 식민 지배를 받았다. 이 과정에서 기독교가 전파되어 일부 섬이나 어떤 지역에는 기독교신자가 많은 곳이 있다. 그런 지역에서는 종종 종교적 충돌이 발생하곤 한다. 이것은 인도네시아만의 현상이기보다는 세계 어느 나라에서도 있을 수 있는 일이다. 세계인이 타 종교와 문화의 차이점을 서로 인정하지 않는 한 충돌 가능성은 상존하며, 종교적 갈등이 민족적 국가적으로 범위가 확대되면 전 세계는 문화적 충돌에 휩싸이게 될지도 모른다고 예언하는 사람도 있다.

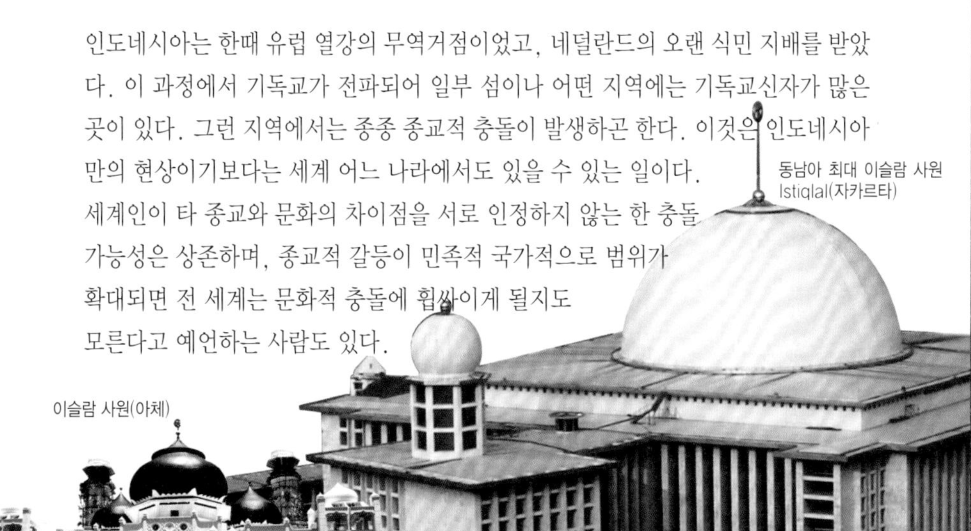
동남아 최대 이슬람 사원 Istiqlal(자카르타)

이슬람 사원(아체)

1

외국인 출입시설 경비 삼엄

중동과 서남아시아 등 이슬람 세계에서 발생하는 각종 분쟁과 2001년 미국에서 발생한 9.11테러 등 국제적 사건 발생 후, 인도네시아내의 일부 과격 이슬람 무장 세력들이 알 카에다나 제마 이슬라미아 등 국제 테러단체와 연계, 간헐적으로 서양인을 목표로 폭탄 테러를 감행함에 따라 사회적으로 긴장감이 감돌고 있다. 자카르타 시내나 발리 등의 외국인 출입이 많은 시설에는 경찰들의 경비가 삼엄하고 출입자에 대한 위험물 소지 검사가 철저하게 이루어지기도 한다. 2006년부터 몇 년간 조용한가 싶더니, 2009년 7월 17일 자카르타 J.W. 매리어트와 리츠칼튼 호텔에서 동시에 폭탄 테러가 발생해 또다시 사회적 불안을 야기하기도 했다.

여성의 사회참여 보장

인도네시아는 다른 이슬람 사회와 달리 여성의 사회참여가 비교적 개방된 이슬람 국가이다. 국가 경제가 발전하고 사회도 개방화와 국제화가 진전되면서 여성의 사회진출은 더욱 활발해지고 있다. 또한, 중동 이슬람 국가들에 비해 종교적으로 온건하고 관용적이며 여성들도 중동 국가들과는 달리 질밥(히잡)으로 얼굴을 가리고 다니는 사람이 적은 편이다. 일부 지방정부가 여성의 질밥 착용을 의무화하는 이슬람법에 근거한 조례를 공포하고 있으나 신앙의 자유를 보장하는 헌법에 위반된다는 비난을 받고 있다.

여성의 결혼은 지방으로 갈수록 학력이 낮을수록 20세 이전에 조혼하는 경향이 있으나 산업이 발달하고 여성의 사회적 진출이 늘어나면서 도시지역의 고학력 직장 여성들의 결혼 적령이 늦춰지고 있다. 이슬람 사회 관습상 남성우위의 사회 환경과 부인을 네 명까지 인정하는 풍습의 영향으로 이혼율이 높은데, 이혼 후 자녀 양육은 대부분 여자가 담당하고 남자들은 쉽게 재혼하는 경향이 있다. 하지만, 근래에는 정부와 공무원사회를 중심으로 두 번째 처를 갖는 것을 금하고 있다.

1. 각자 준비한 제물을 가지고 힌두사원을 찾는 사롱정장 차림의 힌두교 신자들(발리)

2. 여인들의 히잡착용 모습

이슬람교의 5대 의무 생활화

인도네시아 사회는 이슬람 율법이 일상생활을 규율하고 있으며 무슬림은 종교적 신앙심이 강한 특성이 있다. 무슬림은 아래 다섯 가지 종교적 의무를 생활화하고 있기 때문에 인도네시아에서는 현지인의 일상생활을 배려하고 이해할 줄 알아야 한다. 특히 라마단 기간에는 5대 의무를 철저히 이행하기 때문에 세심한 배려가 필요하다.

기도(Sholat)

무슬림은 알라에 대한 신앙심을 표시하고 반성하는 의미에서 성지 메카를 향해 하루에 다섯 번 기도하며 코란을 암송한다. 기도 시간은 새벽 4시30분, 낮 12시30분, 오후3시30분, 저녁6시, 밤7시이다.

신앙고백(Shahadat)

처음 무슬림이 될 때에 반드시 고백할 말이 있다. 아랍어로 '앗쉬하두 알라 일라하 일랄라, 앗쉬하두 안나 무함마다르 라쑤룰라'라고 선언해야 하는데 이 말은 '알라 이외의 다른 신은 없으며 무함마드가 선지자이다."라는 뜻이다.

금식(Puasa)

이슬람력으로 9월을 라마단 기간이라 한다. 이 기간에는 새벽기도가 시작되는 4시30분부터 밤 7시 기도가 끝날 때 까지는 금식과 금욕 등 절제와 기도를 하며, 밤에 이웃을 초청해 마음껏 먹는다. 금식의 근본 취지가 인간에게 고통을 주려는 것이 아니므로 몸이 허약한 사람이나 임산부, 수유부, 환자, 유아 등은 금식의무에서 제외

된다. 다만, 다음 라마단 전까지 못 한 금식을 보충해야 한다. 라마단이 끝나면 이틀간의 르바란(이둘 피트리)축제가 열리고, 통상 일 주간의 연휴가 있어 민족 대이동이 시작된다. 르바란은 우리나라의 명절과 같은 이슬람 고유의 축일로서, 이 기간에는 풍성한 음식을 만들어 가족, 친지, 이웃들과 나누어 먹는다.

희사(Zakat)

금식 기간이 끝나면 1년간 소득의 2.5%에 해당하는 금액을 의무적으로 헌납하여 국가재정의 기반을 강화하고 가난한 사람에게 자선을 베푸는 데 사용하게 된다.

성지순례(Haji)

하지는 이슬람력으로 12월을 말하고 성지순례하는 기간으로 신성한 달로 여긴다. 무슬림은 일생에 한 번 이슬람의 제1성지인 사우디아라비아 메카에 있는 카바 신전을 방문하는 것이 평생소원이다. 무슬림은 순례의식의 고행을 통해 신앙적 깨달음을 얻고 인내와 헌신을 배우는 실천적 의무를 다하게 된다. 그래서 매년 성지순례 시 사망사고가 자주 일어남에도 성지에서의 죽음을 영광스럽게 생각하는 경향이 있다. 하지는 하나님의 은혜이며 세계 이슬람공동체 의식을 공유하는 세계 최대규모의 종교행사로서 카바 신전에만 매년 300만 명이 모이는데, 인도네시아 인은 23만 명에 이른다고 한다.

환경이 국민성에 영향 미쳐

인도네시아에 고작 4년간 살고 와서 국민성을 논하기는 쉽지 않은 것 같다. 필자의 경험으로는 인도네시아는 정말 좋은 나라이며, 인도네시아 사람들은 친절하고 정이 많아 지금도 잊히지 않을 정도로 좋은 기억이 훨씬 많다. 하지만, 필자 개인의 편견을 가급적 배제하고 여러 사람의 공통된 경험과 시각을 토대로 인도네시아의 국민성에 대해 기술해 본다. 따라서 일부 다른 의견이 있을 수도 있음을 밝혀 둔다.

1. 회교사원(남부 칼리만탄)
2. 자카르타 이슬람사원(Istiqlal)내부
3. 라마단 기도
4. 사원 밖에서도 금식 기도하는 무슬림들

상호부조정신 투철

한 국가의 국민성은 그 나라가 처한 주변 환경의 영향을 받게 되는 것 같다. 인도네시아는 넓은 영토에 자원이 풍부하며, 계절 변화가 없고 무더운 기후의 영향에 따라 국민의 성격은 온순한 편이고 여유가 있는 것 같다. 하지만, 다소 게으른 편이며 남에게 의지하는 풍조도 있다. 또한, 가부를 명확히 표시하지 않고 매사를 긍정적으로 말하나 결과가 다른 경우가 종종 있다. 하지만, 영토가 넓고 인구가 많아서인지 국민성도 대국적 기질이 있다. 그래서 때로는 극단적이고 과감한 성격을 드러내기도 한다. 또한, 고통 로용(Gotong Royong) 정신이 투철해 서로 협동하여 일하고, 서로 돕고 나누는 관습이 친족 간은 물론 사회적으로 정착되어 있다. 인간과 자연과의 관계에서도 자연물에 대한 사랑과 배려를 중시한다. 따라서 자연물에 음식을 주는 의식이 있고 심지어는 개미나 새에게도 먹이를 주어야 한다고 생각하고 있다. 한편, 인도네시아 사람들은 예절을 중시하고, 참을성을 강조하며 자존심이 강한 편이다. 예절과 인내를 중시하기 때문에 상대방이 고성을 지르는 행위에 대해 쉽게 이해하지 못하는 경향이 있다.

인도네시아 사람들은 흰 피부에 대한 선호도가 높다. 따라서 여자들은 피부가 하얀 아기를 낳을 수 있다는 속설에 따라 임신했을 때 코코넛 밀크를 많이 먹기도 한다. 또한, 인도네시아 사람들은 긴 생머리를 좋아하고 여자들은 검게 빛나는 굵은 모발을 선호하는 경향이 있다. 또한, 인도네시아 사람들은 파티하기를 좋아하고 파티장 등에 갈 때는 화장을 진하게 하거나 겉치레와 체면치레에 지나치게 신경을 쓰기도 한다.

한편, 종족별로 다른 특성이 있다. 전체인구의 약 45%를 차지하는 자바인은 상대를 존중하면서 감정적 표현을 삼가고 사려 깊은 판단을 하는 특성이 있고, 권위의식이 강한 편이다. 또한, 서로 다투는 일이 드물며, 모든 문제를 서로 협의하고 상부상조의 정신으로 해결하려는 전통관습을 갖고 있기 때문에 대통령을 비롯하여 정계 주요 요직에 많이 진출해 있다. 한편, 수마트라인은 다소 직선적이고 거칠어 보이나 사귈수록 관계가 돈독해지며 군부, 종교계, 학계에 주로 진출해 있고, 한국인과 비슷하게 매운 음식을 좋아하는 특성이 있다. 말루쿠인은 사회지도층은 적지만 큰 골격과 체구를 바탕으로 바다를 무대로 한 항해와 수영을 통해 단련된 강인한 체력 때문에 체육선수로 선발되는 사람들이 많다.

외래요소가 가미된 신비로운 문화 예술

종족별로 상이한 문화와 전통 유지

인도네시아는 480여 종족별로 사용하는 언어도 다르고, 종족별로 서로 다른 문화와 전통을 유지하고 있다. 문화의 특징은 말레이민족 문화를 기반으로 인도, 중국, 이슬람, 유럽 등 각종 외래요소가 가미되어 다양성을 띠고 있다. 인도네시아문화에서 두드러진 특색 중 하나가 민간신앙, 주술, 수많은 전설 등을 통하여 전승되어 온 신비주의 요소로서, 아직도 일상생활에서 주술사의 점 등에 의존하는 사람이 많이 있다. 또한, 인도문화는 신비주의의 원주민문화와 깊이 융합하여 문화발달에 큰 영향을 미쳤다. 하지만, 지역과 종족에 따라 융합의 정도가 다르게 나타나기 때문에 통시적인 개념으로 해석하기 어렵다. 수마트라 섬 아체지방을 중심으로 발달한 사만 므수캇(Saman Meusukat)댄스 등은 이슬람 문화의 가치가 반영 되었지만,

1. 검은 머리에 진한화장을 좋아하는 인니 여인들 2. 바틱 그림

자바 댄스, 발리 댄스는 힌두문화의 전통을 살린 것으로 대조적이다. 그래서 인도네시아의 전통문화는 '아키펠라고(Archipelago)적 특성'을 지니고 있다고도 한다. 하지만, 종족별로 다른 문화와 전통 속에서도 통일국가를 유지하고 있고, 국민의 동질성을 유지해 온 것은 바로 인도네시아의 건국이념인 판차실라 정신 때문이 아닐까 싶다.

인도네시아 회화의 역사는 오래 되었는데 약 5천 년 이상 된 것으로 추정되는 인간과 동물의 형상을 그린 동굴벽화가 남부 술라웨시, 이리안자야 등에서 발견되었으며, AD 100년경의 천연색 그림이 남부 수마트라 등의 대규모 고분에서 발견되고 있다. 특히 양초와 염색을 이용한 바틱 기법은 일종의 그림 장르로서, 초기 자바인 문학에서는 바틱을 만드는 사람들이 화가로 명명되기도 했다. 현재는 족자카르타와 솔로, 프칼롱안, 치르본 등이 바틱으로 유명하다. 발리 풍 회화는 꽉 찬 공간을 활용하여 힌두 설화 및 전설 등을 소재로 시공 구도를 초월한 기법으로 그려 그 독자성을 인정받고 있으며, 1930년대부터는 서구의 양화 기법의 영향으로 색·구도 개념을 도입하는 한편, 전통적인 힌두 설화, 전설 그리고 일상생활상을 화폭에 담고 있다.

자바의 영혼 바틱(Batik)

바틱은 인도네시아를 대표하는 직물로 고대 페르시아나 이집트에서 도입되어 인도를 거쳐 자바에서 꽃피우게 된 무명 예술이다. 바틱은 19세기 초 솔로, 족자카르타의 왕궁 사람들만 입을 수 있었는데, 그 후 일반인에게

4

도 허용되었다. 따라서 격식을 차려야 할 행사에 참석할 때 한국에서는 양복이나 한복을 입는 것처럼 인도네시아에서는 양복 또는 바틱 의상을 입는다. 그만큼 자바인의 생활 속에 뿌리를 깊이 내렸고 예술 혼이 깃들어 있기 때문에 바틱을 자바의 영혼이라고 한다.

바틱의 어원은 서부 수마트라의 미낭카바우족의 언어 '점을 그린다.'에서 나온 말인데 작은 점 하나하나를 연결해 아름다운 무늬를 만들어 내는 예술로서, 정교한 손놀림과 세심한 정성, 그리고 인내를 가져야 완성되는 작품이다. 단순 색상의 손수건 크기의 바틱을 만드는데 2시간 정도 소요된다 하니 여러 색상의 옷 한 벌 만드는 데 필요한 크기의 바틱을 제작하는 데 족히 한 달은 걸린다는 계산이 나온다. 바틱의 문양은 꽃, 식물, 소라, 뱀, 독수리, 새, 용, 봉황 등 다양한 자연을 소재로 하여 기하학적 무늬와 함께 다양한 이미지를 표현한다. 생산 지역에 따라 특성이 있는데 프칼롱안이나 치르본 지역은 유럽과 중국의 영향을 받아 색상이 우아하고 화려한 특징이 있고, 인도의 영향을 받은 솔로와 족자카르타는 색깔이 부드러우면서도 어두운 특징이 있다. 바틱에 대한 수요가 늘고 염색기술의 발달로 손으로 직접 그리는 방식 외에도 스탬프를 이용해 찍어내거나 실크 스크린 방식의 염색기법이 있다.

자바인의 실생활과 관련된 와양(Wayang)

인도네시아의 전통 예술인 와양(Wayang)은 일종의 꼭두각시 인형극인데 일반적인 그림자극인 와양쿨릿(Wayang kulit)과 순다 지방에서 유행한 인형극인 와양골렉(Wayang golek)이 있다. 와양은 달랑(Dalang)이라는 변사가 고대인도의 대서사시 '라마야나(Ramayana) 이야기'와 '마하바라타(Mahabarata)' 등 전래 민속설화를 소재로 하여 가죽, 나무, 바틱으로 만든 꼭두각시 인형을 무대 뒤에서 조종, 표현하는 전통 연극이다. 와양은 자바인의 실생활과 깊은 관련이 있고 축제의 분위기에서 서민들의 애환을 표현하기도 하며, 권선징악을 주제로 하여 서민들에게 윤리의식을 심어주거나 생활의 지침이 되기도 한다. 주로 자바에서 매우 인기가 높으

1. 바틱
2. 바틱제조 체험
3. 바틱공방
4. 와양쿨릿
5. 와양과 달랑

며 최근에는 민주화 추세에 힘입어 표현방식이 은유적으로 현 사회상황을 풍자한 인형극이 자주 공연되고 있다. 한편, 중부자바에서는 '와양 오랑'이라 하여 사람이 직접 무대 위에서 공연하기도 한다.

특유의 와양(Wayang;그림자극), 가믈란 음악(Gamelan), 무용을 비롯하여 고전문학도 모두 인도문화의 영향을 받아 그 내용이나 표현방법이 한층 풍요롭고 완전한 것으로 발전하였다. 특히 '라마야나(Ramayana)', '마하바라타(Mahabarata)' 등의 민속설화는 현재도 각종 인도네시아문화에 널리 퍼져 있다. 또 바틱(Batik)의 무늬나 금은세공, 크리스(Creese;말레이인의 단검), 목각 등의 공예품도 인도문화의 영향을 받은 것으로 볼 수 있다.

천상의 소리 가믈란(Gamelan) 가락

가믈란은 우리나라 큰 징(가운데 둥근 혹이 붙어 있다.)을 엎어놓은 것 같은 청동타악기를 중심으로 북과 현악기, 목관악기, 목금 등과 함께 사람의 목소리가 한데 융합된 앙상블이다. 가믈란 음악은 악보가 없이 즉흥적으로 연주하는데 한 곡이 3분에서부터 한 시간 걸리는 것도 있으며 인도네시아의 각 지방의 특성에 따라 악기 편성이나 연주형태가 다르다. 하지만, 가믈란은 궁중음악에서부터 마을 축제, 결혼식 등 행사에 빠짐없이 등장하여 서민들의 애환을 달래주는 천상의 소리라 할 수 있다.

1

인도네시아 사람들은 감수성이 풍부한 민족으로서 대중가요를 즐겨 부르고, 크고 작은 행사나 잔치에서 노래 부르기를 좋아한다. 대중가요 곡은 하와이음악의 곡조와 비슷하여 말레이·폴리네시아 민족과 동질성을 느끼게 하는 것도 있고 이슬람 세계나 인도풍의 곡조도 있다. 특히 인도풍 영향을 받아 서민들 사이에 자생한 당둣(Dangdut) 음악은 서민의 사랑을 받는 대중음악이다. 당둣은 50-60년대에는 주

2 3 4 5

로 시· 운율 형식으로 만들어졌고, 70년대를 거치면서 기존의 음악 틀에 팝(Pop)과 록(Rock)이 결합하여 발전했다. 90년대에 이르러 당듯은 팝을 압도하는 대중의 인기를 얻었다. 인도네시아의 민주화와 함께 2000년에 들어서 당듯 가수들이 현란한 춤을 선보이기 시작하면서 대중의 인기를 더해 갔고, 대표적인 가수 '이눌 다라시스타'의 섹시한 춤 동작은 인도네시아 사회에 격렬한 찬반양론을 불러일으킨 바 있다. 이에 대해 주로 젊은 층들은 추종하는 반면 종교·사회단체는 반대하는 태도를 견지하고 있다. 하지만, 논란의 중심에 있는 이눌은 현재 인도네시아의 최고의 인기가수로 군림하고 있다.

1. 가믈란 악기와 연주자
2. 가믈란 청동악기, 공
3. 당듯
4. 가믈란 연주
5. 전통악기 연주, 롬복
6. 전설의 가루다 상

한편, 인도네시아는 서구문물의 유입에 다소 배타적인 성향이 있지만, 같은 이슬람국인 중동국가들과는 서구문화를 대하는 태도에 있어서 다소 차이가 있는 것 같다. 네덜란드 지배에 따른 유럽적인 요소가 조각, 회화, 건축, 의복 등 다양한 문화에 결합하여 나타나는 특징이 있고, 최근 서양문물의 영향으로 젊은이들을 중심으로 록(Rock) 음악, 힙합댄스, 아이돌(Idol) 문화 등이 토착문화와 융합되어 확산하고 있다. 화교들의 세력 확장에 따라 화교문화는 오랜 역사 속에서 소리 없이 현지문화에 동화 되어 있으며 우리의 한류문화도 확산 되어가는 추세이다.

전통문화의 계승과 생활화

인도네시아 문화는 역사적으로 볼 때 외래문화가 유입되어 꽃을 피웠다가 새로운 문화가 침투하면 새 문화로 대체되기는 하지만, 기존의 문화는 각 종족의 생활 속에 동화되어 전통문화로 계승 발전하고 있다. 인도네시아는 16세기 이후 이슬람문화가 지배해 왔지만, 과거 인도에서 들어온 불교와 힌두교문화의 전통을 살려가는 것이 그렇고, 바틱 복장과 전통무용, 인형극 등을 유지 발전시켜가는 것만 보아도 알 수 있다. 인도네시아는 국민이 전통문화를 잘 보존하면서 생활화하고 있기 때문에 인도네시아 고유의 문화적 색채가 뚜렷이 나타나고 있다.

인도네시아 각지를 여행하다 보면 지역별, 종족별, 종교별로 고유의 문화와 전통을 유지해오는 곳이 많이 있다. 특히 조상 대대로 내려오는 전통과 문화를 잘 보존해 오고 있는 종족으로는 자바의 바두이(Baduy)족, 수마트라의 바탁(Batak)족, 칼리만탄의 다약(Dayak)족, 술라웨시의 토라자(Toraja)족, 이리안자야(파푸아)의 다니(Dani)족과 아스맛(Asmat)족이 있는데, 지금도 이들은 종족의 특성을 보여주는 독특한 생활양식과 제례의식, 주거형태 등에서 전통을 고수해 나가고 있다.

---

1. 자바공연
2. 발리무용
3. 족자카르타 민속 공연
4. 자카르타시내 야경

Indonesia

날로 가까워 지는 양국관계

전략적 동반자관계로 긴밀한 협력

한국은 1966년 인도네시아와 영사관계를 수립하였고, 1973년 상주대사관을 설치하였다. 인도네시아는 북한과도 1964년 수교한 바 있다. 우리나라는 1970년대부터 건설업체와 원목개발 업체들의 인도네시아 진출과 1979년 마두라 유전개발 참여로 대 인도네시아 투자와 교역이 활발해지기 시작했다. 1980년대에는 섬유, 봉제, 신발 등 노동집약산업이 대거 진출했고 1990년대 후반부터 전자산업, 플랜트 건설, 자원개발 분야 진출이 활발해 양국 간의 교류와 협력이 증진되었다. 한편, 1980년대부터 양국은 정상 간의 국빈방문 또는 국제회의를 계기로 정상외교를 강화하여 2011년 말까지 총 22회의 정상회담을 개최함으로써 양국 간의 우의와 협력을 증진해 왔다. 특히 2000년대에 들어서 양국 간 정상회담이 빈번하게(15회) 개최되어 외교적으로 더욱더 긴밀해 지고 있다. 2002년에는 메가와티 인도네시아 대통령이 남북한을 오가며 교착상태에 빠진 남북대화의 재개를 위한 중재역할을 하기도 했다. 수카르노 초대대통령의 딸인 메가와티 대통령은 김정일 국방위원장과도 아버지 집권 시부터 친분이 있는 사이로, 남북대화재개와 북미대화를 촉구하는 내용이 담긴 김대중 대통령의 친서를 김정일 국방위원장에게 전달하고 김정일 위원장의 반응을 김 대통령에게 전달한 바 있다.

최근 수실로 밤방 유도요노 대통령의 한국 국빈방문(2007.7, 2009.6)과 노무현 전 대통령의 인니 국빈방문(2006.12) 및 이명박 대통령의 인니 국빈방문(2009.3)을 통해 양국 간의 외교관계는 전략적 동반자 관계로 격상되면서, 양국은 국방, 정치, 경제, 통상, 문화, 국제공조 등 여러 분야에서 더욱더 긴밀하게 협력해 오고 있다. 특히 2009년 3월 이명박 대통령의 인도네시아 국빈방문으로 양국정상은 산림, 바이오 에너지 산업 육성, 인도네시아 내 20만 ha(헥타르) 조림지 추가 확보, 동광·유전 등 주요 지하자원 개발 프로젝트 참여 등 양국 간 에너지, 자원, 산림 협력관계 증진을 논의하였고 교역·투자 증진, 원자력 등 과학기술 협력, 국제금융위기 대응을 위한 공조를 강화해오고 있다. 최근에도 양국정상은 하노이 ASEAN+3 정상회의, 서울 G20 정상회의, 발리 민주주의 포럼(2010년), 발리 ASEAN+3 정상회의(2011년)에 참석하여 정상회담을 갖고 양자 및 국제무대에서의 협력강화 방안을 협의하는 등 양국 간에 긴밀한 협력 관계를 유지해 오고 있다.

교역규모 날로 확대

인도네시아와 한국 간의 교역규모는 날로 확대되고 있다. 2010년 말 총 교역규모는 229억불에 이르며 전년대비 50% 증가한 수치이다. 한국의 대 인니 수출규모는 약 88억 9,700만 달러이고, 대 인니 수입규모는 139억 8,600만 달러이다. 우리의 수출품은 석유제품, 편직물, 강판, 합성수지, 합성고무, 전자기기들이 주를 이루며, 수입품은 석탄, 천연가스, 원유, 동광, 석유제품, 임산부산물, 제지원료 등 자원 및 원자재가 대부분을 차지하고 있다. (2010년 말 기준)

1. 태극기와 인도네시아 국기
2. 메가와티 인니 대통령과 김대중 대통령(2002.3.30) –청와대 정상회담 결과발표
3. 이명박 대통령 내외분 인도네시아 국빈방문(2009.3.6)
4. 컨테이너 항구

2007년 7월1일부터 한-아세안 FTA가 발효했고, 2009년 1월1일부터 일반품목에 대한 관세가 면제됨에 따라 양국 간 교역규모는 더욱 확대될 것으로 보인다.

한국기업 현지 투자 급증

양국 간 경제협력이 강화되면서 우리 기업들의 투자가 활발해 지는 가운데, 최근 취업비자 신청 건수가 급증하고 있다. 2010년도 우리 기업의 대 인도네시아 투자 규모는 356건 3.29억 달러로 투자건수로는 2번째로 많고, 금액상으로는 9번째로 큰 투자국이다. 투자 건수에 비해 투자액수가 많지 않은 것은 소규모 투자가 많기 때문이다. 최근 양국 간의 정상외교를 통해 경제 협력이 강화되고 있어 양국 간에 체결된 협력 사업이 이행되면 투자액수는 급증할 것으로 보인다. 한국의 대 인도네시아 투자는 미국이나 유럽국가연합 등 제삼국 수출을 위해 가공기지로 활용하기 위한 투자가 많았는데 근래에 와서 인도네시아 내수시장 공략이 활발해지고 대기업과 동반 진출한 업체들이 수출시장을 다변화해 가는 추세이다.

현재 약 1,300여개의 한국 기업이 진출해 있으며, 섬유관련 업체가 250여개, 전기전자 업체가 160여개사로 주종을 이룬다. 그 밖에도 IT, 자원. 에너지, 건설, SOC 분야, 가발, 신발 등 노동집약적 산업, 기타 서비스업 등 다양한 분야에서 활동 중이며, 50만 명 이상의 인도네시아 근로자를 고용하고 있다. 인도네시아 제조업 중 전기/전자산업은 최근 정부의 첨단산업육성정책과 외국자본 투자유치에 힘입어 연간 25%의 고성장을 해오고 있다. 전자산업 다음으로 비중이 높고 인도네시아 정부가 핵심산업으로 선정하여 재정지원책을 펴는 제조업은, 실업률을 낮추고 풍부한 노

동력을 효과적으로 흡수할 수 있는 섬유산업이라 할 수 있다. 인도네시아에 진출하여 이미 확고한 기반을 구축한 LG전자와 삼성전자를 비롯한 많은 중소 전기전자업체와 섬유, 신발, 봉제, 조미료 등 분야에 진출한 동포기업들의 현지인력 고용과 수출실적은 인도네시아 경제발전에 상당 부분 이바지하고 있다.

기회의 땅으로 다가와

2004년 수실로 밤방 유도요노 대통령의 집권 이후, 인도네시아는 성숙한 민주주의의 모습을 보여주면서 경제 위기를 극복하여, 글로벌 경제위기 하에서도 2008년도 경제 성장률이 6.1%에 달했다. 2010에도 약 5% 이상의 경제성장률과 함께 안정적인 인플레이션으로 경기호황을 지속했다. IMF는 2011년도 인도네시아 경제 성장률을 6.2%로 전망한 바 있고, 인도네시아 정부는 외국인 직접투자 급증으로 경제성장률이 7%에 이를 것으로 예측하고 있다. 유망산업 분야로는 대통령의 선거공약 실천을 위해 국방 장비현대화, 도시환경 개선, SOC 확충, 의료 인프라개선과 관련된 산업이 될 것으로 내다보았다.

자원, 에너지, SOC 분야 투자 기대

인도네시아는 넓은 영토와 많은 인구, 풍부한 자원이 있는 나라이면서도 도로, 교량, 항만, 공항, 철도, 발전소 등 사회기반시설의 확충이 미흡하다. 이에 따라 지난 대통령선거에서 유도요노 대통령은 선거공약으로 도심 교통난 해소, 항만시설 개선, 발전소 현대화 등 SOC 사업을 중점 추진하겠다고 공약한 바 있어 2010년부터는 다수의 SOC 사업이 신속히 진행될 예정이며 지역경제 활성화 지원에 따른 SOC 사업 발주가 기대된다.

---

1. CJ 인도네시아 공장
2. SK에너지 두마이 정유공장
3. 봉제 공장 노동자들
   -섬유관련 진출 기업이 250여 개에 이른다.
4. 미원 인도네시아 공장

최근 몇 년 동안 세계 각국의 뜨거운 자원확보 경쟁 속에서 인도네시아에 대한 우리 정부와 기업들의 관심과 투자가 늘어나고 있다. 석탄과 석유, 천연가스 등 자원개발 분야는 물론 전력 등 에너지 분야와 철도, 교량, 제철소 등 사회기반시설 분야에 대한 진출로 투자 규모도 점점 확대되고 있다. 몇 가지 사례를 보면 ㈜삼탄은 일찍이 석탄개발에 뛰어들어 우리나라 석탄공급에 크게 이바지해 오고 있고, 서부발전과 PT. KBB는 수마트라 잠비의 탄광입구에 화력발전소 건설을 추진하고 있다. 한국전력 자회사인 한수원은 인도네시아 MEDCO와 원자력발전소 건설 협력을 위한 MOU를 체결하는 등 투자노력을 하고 있으며, 한국석유공사, 한국가스공사, 한국광업진흥공사는 자원개발분야에 투자를 진행하고 있다. 특히 SK 에너지는 국영석유회사인 페르타미나사와 손잡고 2억 3천만 불을 투자하여 수마트라 섬 리아우에 두마이 정유공장을 준공(2008.5)하는 등 에너지·자원 분야 협력사업을 강화해 가고 있다. 포스코는 케네텍과 함께 동부 칼리만탄에 철도 건설과 석탄 개발사업을 동시에 추진하는 한편, 포스코는 인도네시아의 국영제철소인 크라카타우 스틸(Krakatau Steel)사와 공동으로 자카르타 서부 칠레곤 지역에 총60억 불 규모의 일관제철소 건설 프로젝트를 진행하고 있다. 자동차시장이 급성장하고 타이어시장이 성장을 거듭하고 있는 인도네시아에 한국타이어가 진출했다. 한국타이어는 찌까랑 공단에 연간 600만개 생산능력을 갖춘 타이어공장을 건설 중이다. 롯데그룹도 Banten지역에 30~50억 달러 규모를 투자하여 석유화학 공장을 건설할 예정이다.

또한, 유가 상승으로 바이오디젤이 대체연료로 급부상하면서 팜, 자트로파(아주까리) 농장이나, 카사바, 사탕수수 등 바이오에탄올 원료 농작물 재배에 대한 우리 기업들의 관심과 투자도 늘어나고 있다. 삼성물산은 수마트라 섬에 2만 4,000ha 규모의 팜 농장을 2008년 7월 인수하고, 연간 10만톤 규모의 팜유 생산에 이어 바이오디젤 및 바이오에탄올 등 신재생에너지 사업을 단계적으로 추진하고 있다.

투자 환경개선

인도네시아 정부는 낙후된 사회간접자본 확충을 위해 외국인 투자유치에 심혈을 기울이고 있으며 외국인의 투자환경을 적극적으로 개선해 가고 있다.

▶ 투자에 대한 법적인 확실성을 보장하고 면허취득 절차를 간소화하는 내용의 규정과 제도를 정비하고
▶ 금융기구의 개선을 통해 투자지원 제도를 만들어 인프라 투자를 활성화하며, 10억 달러 이상 직접투자 시 특별 인센티브를 제공하고 있다.
▶ 인프라구축 투자절차를 지속적으로 개선하고 있으며, 토지소유권 법률 개정도 추진하고 있다.
▶ 투자기업에 대한 세제지원 방안으로 2009년 법인세율을 30%에서 28%로 낮춘 데 이어 2010년에는 25%로 인하 하였다.
▶ 세금우대 품목도 23개로 확대하고 자유무역지대를 본격화하는 등 친 기업적 환경을 조성해나가고 있다.

세계은행은 인도네시아의 미래 성장 잠재력을 토대로 2020년 G8국가 범주에 드는 나라로 평가한 바 있고, 최근 보고서에 따르면 2025년까지 인도네시아를 포함한 브라질, 중국, 인도, 한국, 러시아 등 6개국이 세계경제의 절반을 지배하고, 더 이상 달러가 단독으로 기축 통화 역할을 하지 못할 것으로 전망했다. 인도네시아의 '국가 지성'으로 존경을 받는 가자마다 대학(UGM) 수자 와르디 총장도 "21세기 아시아 시대를 이끌고 갈 아시아 5개국은 인도네시아, 한국, 중국, 일본, 인도"라고 밝힌 바 있다. 광활한 영토, 풍부한 자연자원, 세계 4위의 인구를 가진 인도네시아는 우리나라와 날로 가까워지고 있고, 우리에게 기회의 땅으로 다가오는 나라인 것만은 분명하다.

1. 동부 칼리만탄 지역 유전/천연가스개발
2. 남부 술라웨시 탄중교
3. 남부 수마트라 암페라교

Information

투자 유의사항

인도네시아는 기회의 땅인 만큼 기회를 잘 살리지 못하면 위기가 올 수도 있다. 모든 투자에는 위험이 따르게 마련이다. 그동안 이곳에 진출하여 한때 잘나가던, 상당한 규모로 성장했던 동포기업들이 인도네시아 경제위기를 계기로 쓰러져 버린 가슴 아픈 사례도 많이 있다. 또한 주위 말만 듣고 무작정 투자했다가 빈털터리가 되거나 투자과정에서 중개인에게 사기를 당하거나 사업허가를 받지 못해 돈만 날리고 되돌아가는 사람들도 있다는 사실을 명심하고, 투자는 반드시 전문가의 협조로 좀 더 신중하게 해야 한다.

인도네시아에서 사업을 하기 위해서는 사업개시 전 반드시 짚어 보고 가야할 내용이 있다.우선 사업구상을 하게 되면 인도네시아의 기본지식을 습득하고 기초언어를 배우고 현지 시장조사를 철저히 해야 한다. 그리고 관련 투자법 및 인허가 관련 규정들을 사전 숙지해야 한다. 이 과정에서 KOTRA 자카르타무역관을 접촉하여 안내를 받는 것도 좋은 방법이다. 또한, 정식 허가를 받은 컨설팅 업체의 자문을 받아 투자를 결정하는 것이 좋다. 투자가 결정되면 사무실이나 공장 부지를 확보해야 하는데 계약을 하기 전 지역 및 본청에서 허가를 받을 수 있는 곳인지 확인을 해 봐야 한다. 공장의 경우 사업 성격에 따라 지역별로 조건이 달라 허가가 안 나오는 곳도 있기 때문이다. 외국인 투자 시 투자조정청(BKPM)은 물론 해당 지방행정기관의 허가를 반드시 얻어야 한다. 따라서 사전에 전문대행업체를 통해서 투자허가 본청 및 공장부지 예정지 해당 행정기관에 허가 가능여부를 조사한 후 계약을 해야 한다. 공장 소유주나 현지 동사무소 직원 말만 듣고 아무런 확인 절차 없이 계약을 하다 보면 계약금을 날리는 경우가 종종 발생한다고 한다. 그리고 소규모의 부동산 투자의 경우도 마찬가지로 현지법인 설립 후 매입할 수 있는 자격이 있음을 알아야하고, 성급하게 또는 투기의 목적으로 타인을 통해 사 놓을 때 항상 문제의 소지가 있음을 알아야 한다.

인도네시아에 투자기회가 많다는 것은 앞으로 발전의 여지가 많다는 것을 의미하기도 하고 현재의 사회적 인프라 구축이 미흡하다는 것을 의미하기도 한다. 철도, 도로 등 교통사정이 안 좋고, 인터넷, 전화 등 통신 사정도 속도가 느려 답답하고, 전력용량이나 전력공급시설도 한정적이다. 따라서 신규투자 시 입지조건에 따라 전력공급, 도로개설, 수돗물 공급 등 기반시설 구축비용이 뜻밖에 많이 들 수 있고, 추진과정에서 관련 공무원이나 현지주민들과의 원만한 관계유지를 위한 기회비용을 부담하게 될 수 있다는 점을 염두에 두어야 한다.

칼리만탄 다약족 가옥

롬복

발리 농촌가옥

수마트라 미낭카바우족 가옥

하라우

발리가옥

힌두스타일 문

인도네시아의 전통 가옥

칼리만탄 가옥

수마트라 가옥

칼리만탄 가옥

술라웨시 토라자족 가옥

수마트라 바탁족 가옥

롬복 마유라 공원 문

누사 퉁가라 섬 가옥

술라웨시 수상가옥

자카르타

발리 여인들

자바족

술라웨시 찌아찌아 어린이들

파푸아 아스맛족

족자카르타

족자카르타

수마트라 바탁족

오랑 오랑 인도네시아(인도네시아 사람들)

수마트라

칼리만탄 다약족

롬복 사삭족

다약족 어린이

족자카르타

술라웨시 토라자족

동부자바 마두라족

가보고 싶고 살고 싶은 나라

2부

Indonesia 갈만한 곳과

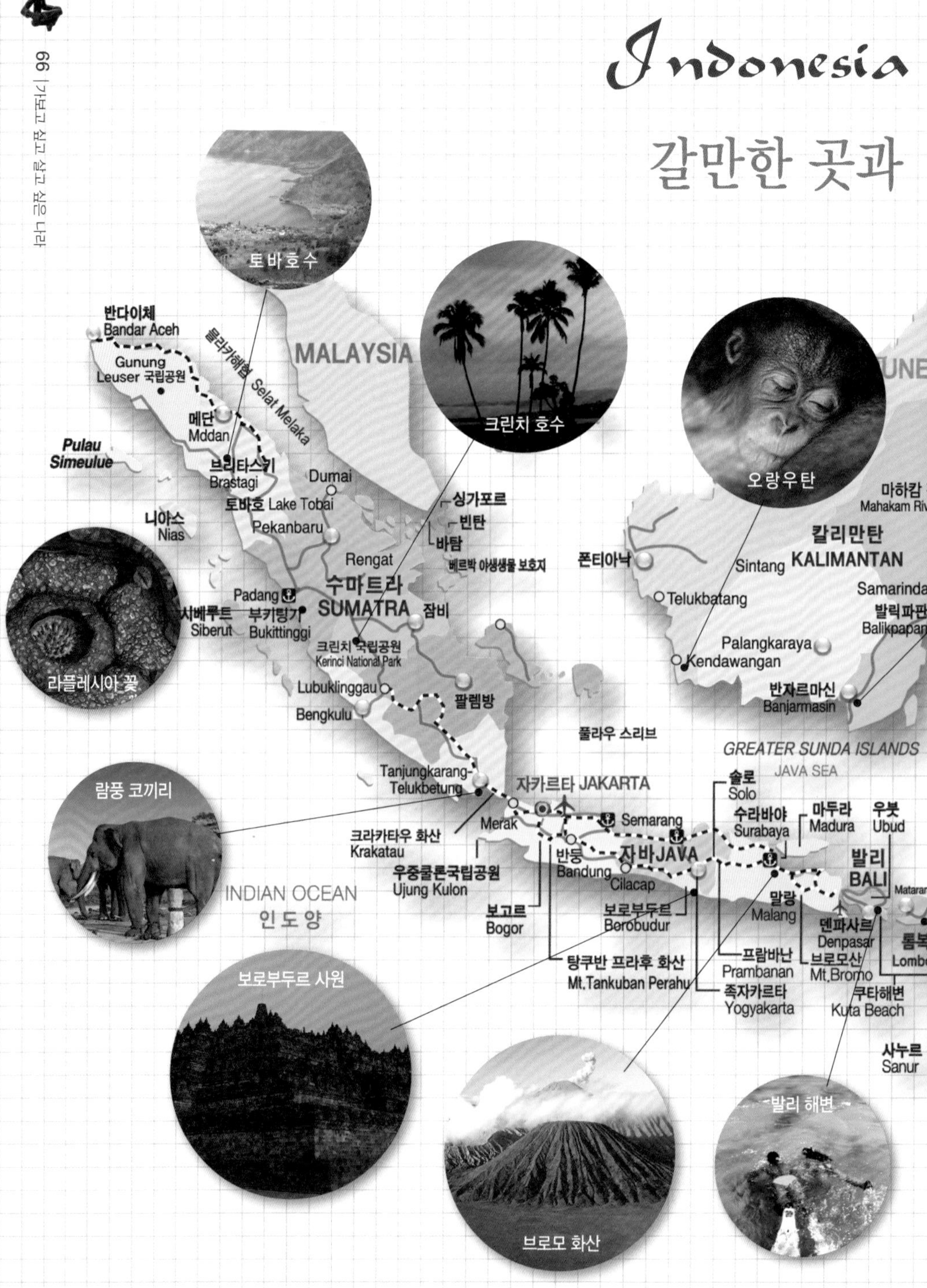
토바호수
크린치 호수
오랑우탄
라플레시아 꽃
람풍 코끼리
보로부두르 사원
브로모 화산
발리 해변
반다이체
Bandar Aceh
Gunung Leuser 국립공원
말라카해협 Selat Melaka
MALAYSIA
메단
Mddan
Pulau Simeulue
브리타스기
Brastagi
Dumai
토바호 Lake Tobai
니아스
Nias
Pekanbaru
싱가포르
빈탄
바탐
베르박 야생생물 보호지
Rengat
Padang
수마트라
SUMATRA
시베루트
Siberut
부키팅기
Bukittinggi
잠비
크린치 국립공원
Kerinci National Park
Lubuklinggau
Bengkulu
팔렘방
풀라우 스리브
Tanjungkarang-Telukbetung
자카르타 JAKARTA
Merak
Semarang
크라카타우 화산
Krakatau
우중쿨론국립공원
Ujung Kulon
INDIAN OCEAN
인도양
반둥
Bandung
자바JAVA
Cilacap
보고르
Bogor
보로부두르
Borobudur
탕쿠반 프라후 화산
Mt.Tankuban Perahu
프람바난
Prambanan
족자카르타
Yogyakarta
솔로
Solo
수라바야
Surabaya
마두라
Madura
우붓
Ubud
발리
BALI
Mataram
말랑
Malang
덴파사르
Denpasar
브로모산
Mt.Bromo
쿠타해변
Kuta Beach
롬복
사누르
Sanur
GREATER SUNDA ISLANDS
JAVA SEA
폰티아낙
Sintang
Telukbatang
Kendawangan
Palangkaraya
칼리만탄
KALIMANTAN
마하캄 강
Samarinda
발릭파판
Balikpapan
반자르마신
Banjarmasin

Archipelago

볼만한 것들

수상시장
부나켄 국립공원
모로타이 섬
만년설
부나켄 해양공원
Bunaken Marine Park
MOLUCCAS SEA
PACIFIC OCEA
태평양
마나도
Manado
Sangkulirang
Kotamobagu
테르나테 섬
Ternate
Halmahera
두모가-보네국립공원
Dumoga-bone National Park
Lumuk
Palu
Kepulauan Sula
Sorong
Biak
Sarmi
술라웨시
SULAWESI
Kolonodale
말루쿠
MALUKU
Ceram Sea
Jayapura
Malili
Bura
Ceram
이리안 자야(파푸아)
Irian Jaya
Kendari
암본
Ambon
반다
Banda
Kolaka
Mt.Jaya Wijaya
자야위자야 산
부톤섬
Buton
우중판단
Ujungpandang
바우바우
Baubau
BANDA SEA
Kepulauan Aru
코모도 국립공원
Komodo National Park
플로레스
Flores
숨바와
Sumbawa
Kepulauan Tanimbar
Larantuka
Labuhanbajo
Dili
동티모르
East Timor
Sape
ARAFURA SEA
Waingapu
서티모르
West Timor
Kupang
TIMOR SEA
숨바
Sumba
와카타비 섬
코모도 왕 도마뱀
승기기 해변
린자니 화산

Indonesia

천혜의 자연경관,
다양한 문화유산

섬마다 색다른 분위기

2

인도네시아는 17,500여 개의 섬으로 이루어진 천혜의 자연자원을 가진 아름다운 섬나라이다. 또한, 역사적으로 오랫동안 불교와 힌두교 왕국이 흥망을 거듭하면서 남긴 다양한 문화유산이 이슬람 고유의 문화와 융화되어 볼거리를 제공하고 있다. 종족별로 전통의식이나 의상, 가옥형태, 민속 무용 등 고유문화가 있어 섬마다 색다른 분위기를 느낄 수 있다. 인도네시아의 전통문화와 아름다운 자연을 감상할 수 있는 섬은 신혼여행지로 각광을 받는 발리 섬을 비롯하여 롬복 섬, 코모도 섬, 술라웨시 섬, 플로레스 섬, 말루쿠 제도, 니아스 섬 등과 자카르타 인근에 있는 슬리브 섬 등이 있다. 인도네시아의 섬 중에는 아직도 개발의 손길이 미치지 않은 채 원시형태를 띠고 있는 섬도 많이 있다. 이에 따라 자연 그대로를 즐기는 관광객은 물론 인류학자나 고고학자들의 관심도 이어지고 있다. 최근 에코 투어리즘(생태관광)이 테마관광으로 부상함에 따라 인도네시아는 자연의 숨결을 느끼고 자연과 하나가 될 수 있는 다양한 프로그램을 마련하여 51개에 이르는 국립공원이나 해양공원에서 제공하고 있다.

3

해양 국가인 인도네시아는 8만㎞의 해안선에 육지보다 4배나 넓은 바다를 가진 나라이다. 인도네시아의 산호초는 세계에서 가장 다양한 생태계를 이루고 있어 해상국립공원으로 지정되거나 세계문화유산으로 등록되어 보호되고 있는 곳이 많다. 이곳 섬들의 해변은 맑고 투명한 에메랄드 빛을 띠고 수천 종의 열대어와 산호초가 서식하고 있어 스노클링이나 스쿠버 다이빙하기에 안성 맞춤이다. 형형색색의 바다 속 생명체는 아름다움을 넘어 자연의 신비로움을 만끽하게 해준다. 인도네시아 최고의 산호초

1. 쿠타 해변의 석양(발리)
2. 발리해변(누사두아)
3. 부나켄 자연생태 국립공원 (술라웨시)

는 동남 술라웨시 와카타비(Wakatabi)섬에서 볼 수 있다. 또한, 북부 술라웨시 섬의 마나도 지역에는 세계 각국의 스쿠버 다이버들이 몰려들고 있고, 인접한 부나켄 자연생태국립공원(Bunaken National Park)부근의 다이빙 포인트에는 세계적으로 정평이 나있는 총천연색의 다양한 어종과 산호초가 장관을 이룬다. 다른 해양 관광지는 발리 인근의 롬복 섬, 푸창 섬, 자바의 서쪽 끝에 있는 우중 쿨론(Ujung Kulon)국립공원의 파나이탄 섬, 북부 술라웨시의 탕코코 섬, 말루쿠 암본 근처의 카사 섬, 서부 발리의 멘장안(Menjangan) 비치 리조트 등이다.

세계 문화유산 많아

중부 자바의 솔로(Solo)강 유역의 트리닐(Trinil)은 자바 원인의 머리뼈, 넓적다리뼈, 이빨 화석이 발굴된 유적지가 있고, 솔로 강 인근 산기란(Sangiran)에는 자바 원인(Java Man)의 화석이 발굴된 유적지가 있다. 이곳은 UNESCO 세계문화유산으로 지정되어 보호되고 있다. 자바원인의 유골 및 화석 모형을 비롯하여 고대 불

교, 힌두교 왕조의 역사 유물과 인도네시아 조상의 삶의 흔적 등은 자카르타의 국립 박물관(Museum Nasional)에서도 볼 수 있다. 대표적인 역사적 문화 유산은 유네스코 세계문화유산으로 관리되고 세계적 관광지로 널리 알려진 족자카르타의 보로부두르 불교사원과 웅장하고 섬세한 프람바난 힌두사원이 있다.

천혜의 관광자원을 훼손시키지 않는 가운데 그대로 보전하면서 개방하는 것이 인도네시아 정부의 관광 정책이다. 이와 관련 이그데 아르디카 전 문화관광부장관은 필자와 만난 자리에서 "인도네시아가 추진하는 자연자원 보존을 통한 관광자원화 정책은 그 자체가 지적재산권에 해당한다."라고 주장하며 천연자원 보존에 대한 남다른 소신을 피력했다. 아울러, 인도네시아 정부는 풍부한 자연자원을 바탕으로 친환경적 생태관광 프로그램을 만들고, 세계적인 관광지로 개발하기 위한 정책을 강화하고 있다. 그 일환으로 전국적으로 116개 지역을 관광지로 지정하여 숙박, 관광 시설을 개선하고, 각종 관광 프로그램을 더욱 발전시키는 등 관광 인프라 구축과 함께 국가의 관광 산업 활성화에 총력을 기울이고 있다.

1. 동남 술라웨시 산호초와 스쿠버 다이버
2. 말루쿠 모로타이 산호초
3. 산기란 박물관
4. 맑은 물이 흐르는 계곡(동부 칼리만탄)
5. 발리 해변 리조트

Indonesia

만물이 생동하는 곳

살아 숨 쉬는 땅

인도네시아는 지형적으로 세계에서 가장 복잡한 지각 구조로 되어 있어 지금도 가끔 주변의 산과 바다가 꿈틀거리고 거친 숨을 내쉬고 있다. 인도네시아에는 400여 개의 화산이 있는데 대부분이 휴화산이거나 사화산이고, 그 중 78개가 활화산이다. 대표적인 활화산으로는 수마트라의 크린치 화산, 자바의 머라피 화산, 브로모 화산, 수메르 화산, 발리의 아궁 화산 등이 있는데 지금도 연기를 내뿜고 있다. 이러한 화산활동은 우리 인간에게 불안도 안겨 주지만 한편으로 신비로움을 느끼게 한다. 그래서 지금도 하얀 연기를 내뿜는 브로모 화산의 장관을 구경하기 위해 세계 각국의 관광객들의 발길이 끊이지 않고 있다.

지진과 화산활동이 일어나는 이유는 지리적 위치가 아시아·오스트레일리아 양 대륙의 연장부에 해당되는 얕은 대륙붕들 사이에 있고, 지형적으로 서북부에는 히말라야산계(山系)의 연장인 테티스구조선(構造線)이 뻗어 있어 수마트라 섬과 자바 섬, 누사 텡가라 열도에 영향을 미치고 있기 때문인 것 같다. 또한, 동부에 있는 말루쿠 제도, 셀레베스 섬 북부, 서 파푸아 등지에 화산활동이 일어나는 원인은 필리핀에서 뉴기니 섬 방면을 관통하는 환태평양지진대가 통과하기 때문이라고 한다. 불의 고리(Ring of Fire)로 불리는 환태평양 지진대는 뉴질랜드에서 인도네시아 동부, 필리핀, 대만, 일본열도와 알래스카, 아메리카대륙의 안데스산맥, 칠레해안까지 태평양을 둘러싼 지역을 통과하는 지진대로, 최근 쓰나미를 동반한 서 사모아 지진을 시작으로 이 지진대 통과 지역에서 연쇄적인 지진이 발생하는 등 활동이 활발해지고 있다.

1. 칼리만탄에 코린도가 조성한 숲
2. 머라피 화산(중부 자바)
3. 브로모 화산(동부 자바)–분화구에 불의 신이 살고 있다고 믿는 참배객들의 발길이 이어진다.

지진과 쓰나미

1

이러한 지형과 지각운동 때문에 인도네시아에도 지진이 자주 발생하고 있다. 2004년12월에 발생한 세계 최악의 남아시아 지진해일 참사는 23만여 명의 인명피해와 150여만 명의 이재민, 107억 3,000여만 달러의 재산 피해를 입히고 지구촌을 슬픔과 공포로 몰아넣은 바 있다. 이 쓰나미의 원인도 수마트라 섬 부근의 불안정한 지질구조에 기인한 강한 지진(리히터 규모 9.15 정도) 발생 때문이었다. 쓰나미의 최대 피해지였던 북부 수마트라 섬 반다아체주는 사망자 12만 6,000명과 실종자 3만 7,000명의 인명피해와 막대한 규모의 재산손해를 입었다. 또한, 2005년 3월에는 서부 수마트라 니아스 섬에서 진도 8.7규모의 강진이 발생하여 주위를 공포의 도가니로 몰아넣었고 2006년에는 족자카르타 인근 머라피 화산이 붉은 마그마를 분출하면서 폭발 위기를 넘기기도 했다. 급기야 2006년 5월 족자카르타 인근 해저에서 리히터강도 6.3의 강진이 발생해, 반툴(Bantul)지역을 강타하여 사망자 5,135명, 중상자 2,192명, 경상자 1,700명 등 모두 9,000여 명의 인명 피해가 발생했고 가옥 4만 5,289채가 파손되는 등 재산피해액이 3억여 달러에 이르렀다. 또한, 유네스코 지정 세계 문화유산인 프람바난 힌두사원의 시바신전에 금이 가는 피해를 입었다.

2

2009년 9월 2일에는 자카르타 남부 반둥에서 약 30㎞ 떨어진 해저에서 리히터규모 7.4의 지진이 발생하여 인근 '따식 말라야'지역의 100여 채의 가옥을 붕괴시키고 수백 명의 사상자를 낸 바 있고, 같은 해 9월 30일에도 수마트라 파당(Padang)시에서 서북쪽으로 53㎞ 떨어진 해저에서 리히터 규모 7.6의 강진이 발생해 수백 채의 건물이 붕괴하고, 인근 파리아만 지역의 산사태로 4-5개 마을이 매몰되는 등 수천여 명의 인명피해를 냈다. 최근 수마트라 섬이나 자바 섬 인근에서 발생한 지진은 환태평양 지진대 중간에 끼어 있던 인도네시아 자바 섬 판이 다른 판과 충돌하여 생긴 것으로추정 하고 있다. 최근 몇 년간 발생한 지진을 보면 진앙이 수마트라와 자바 섬 인근 해저이기 때문에 진앙에서 가까운 해안가 마을이나 산간마을의 피해가 심하다. 필자는 쓰나미와 족자카르타 지진이 발생했던 당시 자카르타에 살고 있었는데 천장에 매달린 등이 약간 흔들렸고, 건물의 움직임은 거의 느끼지 못했던 것 같다. 하지만, 최근 자카르타 인근 도시인 반둥 부근 해저에서 지진이 발생했을 때는 자카르타에서도 건물의 진동을 약간 감지할 수 있었다고 한다. 지진과 쓰나미로 말미암은 피해 사례를 고려할 때 지진을 감지하면 비상계단을 통해 건물 밖으로 빠져나가 쓰나미와 여진에 대비해야 하고, 건물 내부에서는 머리와 신체를 보호할 수 있는 안전한 곳으로 피하는게 좋다.

고온 다습한 기후

인도네시아의 기후는 적도 바로 밑의 열대우림 기후와 적도 남북의 열대몬순 기후로 크게 나누어진다. 기온은 전역이 항상 고온다습하고 연평균 기온은 약 27-30℃, 습도는 73-87%이며 연교차가 극히 적다. 수도 자카르타의 기온은 32-33℃로 한국의 무더운 여름 날씨와 같다. 그러나 섬나라이기 때문에 동일온도의 내륙국가 기후보다 훨씬 견디기 쉽다. 인도네시아의 높은 고산지대에서는 고도에 따라 기온 차가 커진다. 이리안자야의 해발고도 4,000~5,000m의 고산에서는 만년설을 볼 수 있고, 해발 700m의 반둥 고원은 연평균 기온이 22℃ 정도로 서늘하여 살기 좋은 도시이며, 기온 차를 이용한 비열대성 고랭지 농작물이 많이 재배된다. 또한, 동부 자

1. 밀려오는 쓰나미에 밀려오는 배

2. 쓰나미가 휩쓸고 간 자리에서 방황하는 소녀(반다아체)

바의 브로모 화산 부근은 해발고도 2,200m로 연평균 기온이 16℃ 정도로 한국의 봄, 가을 기후와 비슷하다.

인도네시아는 적도가 관통하는 상하(常夏)의 나라인데 적도 바로 아래 지방은 비가 자주 내리지만, 계절풍의 영향으로 우기와 건기가 있어 강우량 차이가 뚜렷하다. 우기는 12월-3월 기간이며 한국의 여름 장마처럼 하루 종일 비가 내리는 것이 아니라 하루에 한두 번 비가 내리며 주로 오후에 내리는 경우가 많다. 건기는 매년 6월-9월간으로 비가 거의 내리지 않고 강우량도 적다. 최근 몇 년 사이 기후 변화때문에 우기와 건기의 경계가 모호해지고 있다. 인도네시아의 연평균 강우량은 2,286mm로서, 지역적으로 보면 수마트라 섬 남서안과 자바 섬 서부는 우기에 강우량이 많아 저지대는 자주 범람하며, 자카르타도 우기 철에는 가끔 시내가 범람하여 보트가 등장하기도 한다. 하지만, 동부의 발리, 롬복, 누사 틍가라 열도로 갈수록 차츰 강우량이 줄어들고 건조한 편이다.

울창한 산림 동식물의 보고

탄소배출권 시장에서 각광받는 숲

인도네시아는 국토의 62.6%가 산림인 세계 2위의 산림자원 보유국으로 야생동물, 열대성 식물, 천연자원의 보고이다. 고온 다습한 기후의 영향으로 모든 지역에 아열대 식물이 자생하고 해발고도 차에 따라 지역별로 식물 분포가 다양하다. 해

안 저지의 맹그로브림(紅樹林)과 상록 우림도 볼 수 있는가 하면 고산지에서는 다양한 고랭지 식물과 알프스산맥에서나 흔히 볼 수 있는 에델바이스도 볼 수 있다. 식물 종류가 다양하여 4만여 종에 이르는데, 야자나무만 해도 백여 종이 넘고 난(蘭)이 5천 종에 달한다. 인도네시아 주요 섬 지역 중 이리안자야, 칼리만탄(보르네오)섬은 삼림분포비율이 섬 전체 면적의 80%에 이를 정도로 산림이 울창하여 아마존지역의 산림과 함께 지구의 허파로 불리기도 한다. 울창한 숲은 지구에 신선한 산소를 공급해 주고 지구온난화의 주범인 이산화탄소를 흡수하는 천연자원인 것이다.

지금 세계는 지구온난화에 따른 급속한 환경파괴에 긴장하고 있다. 온실가스 배출이 급증하여 지구온난화가 가속화되고, 빙하가 급속하게 녹아내리고, 해수면이 높아지는 등 문제가 심각하다. 이에 따라 유엔 기후변화협약의 부속협정인 교토의정서의 탄소배출권 거래협약에 따라 탄소배출권 시장이 활성화되고 있다. 바로 인도네시아의 숲은 지구온난화를 방지하는 온실가스 감축시설과 다름없어 선진 각국의 관심이 늘어나고 있다. 2009년 덴마크 코펜하겐에서 개최된 유엔기후변화협약(UNFCCC) 총회에서는 지구 상의 숲을 보호하기 위해 선진국이 인도네시아처럼 숲을 잘 보전하고 있는 개도국들에게 실질적인 재정지원을 해야 한다는 주장이 제기 된 바 있다.

최근 몇 년 사이 인도네시아의 산림자원개발에 대한 한국기업들의 관심이 부쩍 늘고 있는 것과 함께 우리 정부가 인도네시아내 50만ha 조림지를 확보하고 신규조림 및 재조림 청정 개발사업을 하기로 한것도 탄소배출권과 자원확보 때문이다. 일찍이 인도네시아에 진출해 산림개발 및 조림사업을 통해 저탄소 녹색성장의 신화를 이루어낸 동포기업인 코린도그룹의 성공사례는 국내언론을 통해 여러 차례 소개된 바 있다. 2009년 1월에는 한국의 SK네트웍스가 인도네시아 남부 칼리만탄 지역에 약 28,000ha 규모의 산림개발권을 확보하여 원목생산과 조림사업을 병행하면서 약 15,000ha 규모의 고무농장 조성을 추진하는 등 친환경 녹색사업에 진출한 것도 시대적 트렌드의 반영이라 할 수 있다.

1. 칼리만탄의 숲과 나무

2. 아름드리 나무들(칼리만탄)

희귀동물과 아열대 식물의 전시장

인도네시아는 각종 희귀 동물과 아열대 식물의 보고이다. 울창한 숲이 많아 3,500여종의 야생동물이 서식하고 있는데 인도네시아에만 서식하는 진귀한 동물도 많다. 동물들의 서식분포를 보면 인도네시아의 서쪽 섬들에는 아시아계 동물이 많지만, 마카사르 해협에서 롬복해협을 경계로 한 동쪽 섬들에서는 오스트레일리아계의 동물이 두드러지며, 셀레베스 섬 동쪽 해안과 티모르 섬 동쪽 끝을 경계선으로 사슴서식지가 구분된다. 인도네시아 특유의 동물로는, 칼리만탄의 오랑우탄(Orang Utan), 반텡(들소), 자바의 코뿔소, 야생 조랑말, 코모도 섬의 왕 도마뱀, 수마트라의 호랑이 등이 유명하며, 뉴기니 섬 방면의 극락조, 북부 술라웨시 탕코코(Tangkoko)의 화려한 투구모양의 붉은 혹을 가진 코뿔새와 세계에서 가장 작은 원숭이인 안경원숭이 등이 있다. 특히 탕코코에는 세계적으로 희귀한 동식물들이 많이 서식하고 있는데, 희귀동물은 222종이나 되고, 희귀식물은 600여 종에 이른다.

오랑우탄은 우리말로 '숲 속의 사람'이란 뜻으로 지능지수가 높은 동물이며, 코모도 섬 주변에 사는 왕 도마뱀은 몸길이가 3m, 체중은 100㎏ 이상이다. 수마트라 호랑이(하리마우)는 영악하기로 유명하다. 얼마 전에도 하리마우가 벌목하는 사람들을 습격하여 3명이 사망한 사건이 보도된 바 있다.

이 보도에서 인도네시아의 산림보호관계자는 "수마트라의 산림이 무분별하게 벌채 되어 하리마우가 멸종위기에 있다."라고

소개하면서 "수라트라 호랑이는 숲을 해치는 사람을 공격한다."고 말하기도 했다. 안타깝게도 오랑우탄이나 하리마우, 왕 도마뱀 등의 숫자가 점점 줄어들고 있어 인도네시아 당국이 일부 지역을 야생동물 보호지역으로 지정하여 적극 보호 및 관리를 하고 있다.

이러한 동식물을 한데 모아놓은 곳으로는 타만 사파리, 라구난 동물원, 그리고 보고르 식물원이 있는데, 자카르타에서 1시간 정도 소요되는 거리에 있다. 타만 사파리에 가면 승용차를 타고 다양한 아열대 동물들을 가까이 구경할 수 있고 기린, 낙타, 코끼리, 원숭이 등에게 직접 먹이를 줄 수 있다. 호랑이, 사자, 곰 등의 맹수들을 풀어놓은 지역에도 들어갈 수 있지만, 창문을 닫고 구경을 해야 한다. 남부 자카르타의 라구난 동물원에는 코모도 섬의 왕도마뱀과 수마트라 호랑이, 칼리만탄 섬의 오랑우탄을 비롯하여 각종 원숭이, 흑 표범, 뱀, 조류 등을 볼 수 있다.

자카르타 남부 근교에 있는 보고르 식물원(Kebun Raya)은 자연의 숨결을 느낄 수 있는 세계에서 가장 완벽한 열대식물 박물관으로 평가되고 있다. 이곳에서는 인도네시아 고유 식물뿐만 아니라 세계각지에서 들여온 15,000여 종의 식물을 볼 수 있다. 특히 인도네시아 고유의 식물로 지름이 1m나 되는 세계에서 가장 큰 꽃인 라플레시아 아르놀디(Rafflesia Arnoldii)도 구경할 수 있다.

1. 물소
2. 오랑우탄(칼리만탄)
3. 수마트라 호랑이, 람풍 코끼리
4. 흰귀새
5. 숲과 맑은 공기(보고르)
6. 인도네시아 동식물들 (보고르 식물원, 타만 사파리)

섬, 섬, 섬, 섬들...

1

자바 섬

인도네시아 역사와 문화의 중심

자바 섬은 인류의 조상인 자바원인의 화석이 발견된 곳이며, 이미 2000년 전 프톨레마이오스의 세계지도에 '야바디우'라는 섬으로 기록되어 있을 정도로 인도네시아 역사와 문화의 중심이 되는 섬이다. 자바 섬의 면적은 전 국토의 7%에 지나지 않지만, 토양이 비옥하고 다산의 풍습이 있어 인구가 많다. 자바 섬의 주 종족인 자바족은 전 인구의 약 45%를 차지하고 있으며, 인도네시아의 정계를 주도해 가고 있다.

자바 섬은 일찍부터 인도에서 들어온 불교와 힌두교 문화가 융성하여, 이를 바탕으로 독자적인 문화·예술이 발전하여 왔다. 자바 섬은 보로부두르 사원, 프람바난 사원 등 인도네시아의 대표적인 세계적 문화 유적지가 많고, 바틱, 인형극, 음악, 무용, 공예품 등 예술이 발달한 곳이다. 자바 동부에서 마두라 섬에 이르는 지역에는 마두라족이 살고 있고, 서부 자바의 산간지대에는 순다족이 살고 있는데, 이들 세 민족은 저마다 다른 민족어를 사용하며 성격이나 생활풍습에서 많은 차이가 있다. 자바족 대다수는 순수 이슬람교와 토착 종교와 혼합된 이슬람교를 믿기도 하고, 힌두교의 영향을 받아 자신들 주변에 성공과 행복, 병, 죽음을 가져오는 혼령 슬라 마딴(영혼)이 존재한다고 믿기도 한다. 순다족은 대부분이 이슬람교도이고 기도와 금식을 철저히 지키고 성격이 온순하며 피부색깔은 흰 편이다.

---

1. 롬복의 작은 섬들(Gili 삼총사)
2. 구시가지-중부 자바
3. 보로부두르 사원

자바 섬에는 인도네시아 수도인 자카르타와 제2의 도시이자 제1의 항구도시인 수라바야, 첨단공업도시이자 30여 개 대학이 있는 '자바의 파리'로 불리는 도시 반둥, 이슬람 왕족의 전통을 이어가는 문화와 학문의 도시 족자카르타가 있다. 이 도시들은 인도네시아의 대표적인 도시들로서 산업이 발달했고 대학들이 많아, 각지에서 많은 젊은이가 꿈과 희망을 찾아 모여드는 곳이다.

바두이족 현대문명과 단절한 채 살고 있어

자바 섬의 도시지역 외에 주변에도 볼거리가 많이 있다. 자바 섬의 가장 서쪽 해안의 '안예르'비치에서 반텐의 '라부한'까지 이어지는 해안선은 해변 리조트로 유명하다. 자바 섬 남서부의 끝 지점인 우중 쿨론은 뿔 하나 달린 코뿔소의 고향이다. 동부 자바의 '수카마데' 해변에서는 거북이들이 알을 낳기 위해 해변으로 올라오는 것을 볼 수 있다. 반텐 남부 산간지대에 사는 바두이 부족은 조상의 관습과 믿음을 고수하고 정부의 개발촉구를 거부하면서, 현대 문명과 단절한 채 500년 전의 모습으로 살아가고 있다.

수마트라 섬

아시아에서 가장 큰 국립공원 구농 레이서르(Gunung Leuser)

수마트라 섬은 세계에서 다섯 번째로 큰 섬으로 섬 서쪽 해안으로는 높은 화산대가 이어지고 있다. 현재도 화산활동이 활발해 지난 2004년 말 엄청난 인명피해를 입혔던 쓰나미를 동반한 지진이 발생한 곳이다. 동해안에는 바탄하리 강, 무시 강, 인드라기리 강 등의 큰 강이 통과하고, 믈라카해협과 가까워서 오래전부터 외래문화가 유입되어 팔렘방 등 하항도시가 발달하고 무역이 성행하였다. 수마트라 섬의 북쪽 끝에는 아체족이 거주하는데, 이곳은 원리주의 이슬람 국가들과 인도양을 경계로 인접해 있어 동남아에서 이슬람교가 가장 먼저 확산된 곳으로 이슬람 규율이 엄격하

게 적용되는 곳이다. 아체족은 민족성이 용감하여 20세기 초까지 네덜란드 지배에 저항해 왔고, 2005년 8월 15일 아체 평화협정이 맺어질 때까지 오랫동안 정부군에 저항하는 반군 활동을 전개해 왔다. 평화협정 체결 후 아체는 쓰나미의 아픈 상처를 딛고 도시복구 및 재건이 한창이다.

수마트라 섬은 문화유산이 풍부하고 정령숭배의 종교의식이 북부 수마트라 지방에서 관찰되기도 한다. 또한, 아시아에서 가장 큰 국립공원 중의 하나인 구눙 레이서르 국립공원이 있으며, 우뚝 솟은 시바약 산과 시나붕 산이 트래커들을 유혹하고 있고, 알라스와 왐푸 강에서는 급류타기를 하면서 각종 야생 생물들을 볼 기회도 가질 수 있다. 세계에서 가장 깊은 호수인 토바 호(湖)의 푸른 물은 주변의 산과 어우러져 열대지방에서 보기 드문 한 폭의 동양화를 보는 듯하며 이 호수에서는 수영과 낚시를 즐길 수 있다.

1. 자카르타 프라자 인도네시아
2. 족자카르타 물의 궁전
3. 시바약산
4. 시나붕산
5. 남부 수마트라 팔렘방 박물관
6. 토바호수
7. 수마트라 미낭카바우족 가옥

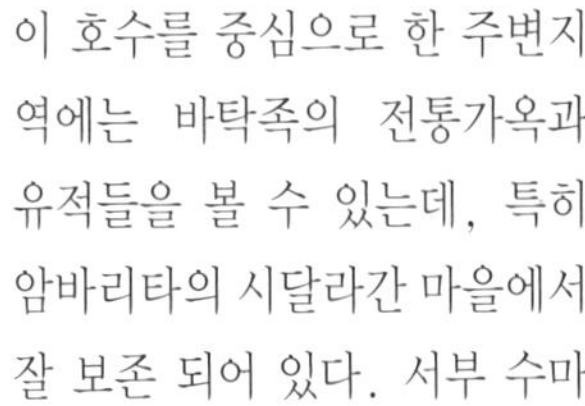

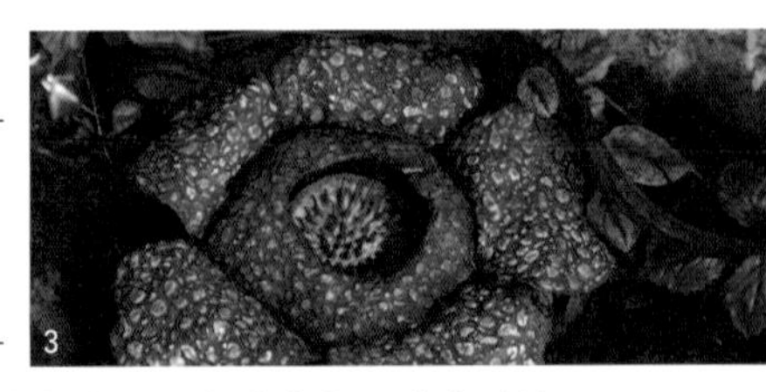

이 호수를 중심으로 한 주변지역에는 바탁족의 전통가옥과 유적들을 볼 수 있는데, 특히 암바리타의 시달라간 마을에서 잘 보존 되어 있다. 서부 수마트라의 먼타와이 섬에서는 고립된 부족들이 여전히 고대의 생활양식과 관습을 유지하면서 살고 있다. 서해안 중부의 고원 부근에 사는 미낭카바우족은 수마트라 최대의 종족집단으로서 특유의 가옥형태를 가졌으며 모계사회의 전통이 남아 있다. 서부 수마트라의 부키팅기에서 16㎞ 떨어진 펄루푸 마을에 가면 세계에서 가장 큰 꽃인 '라플레시아 아르놀디'를 매년 8월에서 11월 사이에 구경할 수 있다. 이곳에서 빼놓을 수 없는 곳이 하라우 협곡과 시아녹 협곡이다. 잠비의 크린치 산과 주변 호수는 천혜의 자연 경관을 간직한 곳으로 생태관광을 즐길 수 있는 최적지이다.

과거에는 밀림지대였던 수마트라 섬은, 산림자원과 석탄, 천연가스, 석유, 철광석 등 지하자원 개발이 활발하다. 아체, 잠비, 팔렘방 지역을 중심으로 양질의 유전이 개발되고 있고, 중·남부 수마트라 지역은 석탄, 석유, 천연가스, 철광이 생산되고 있다. 이곳은 에너지자원 확보를 위한 외국자본이 들어오면서 개발이 활발하고, 인구도 많이 늘어 제2의 자바로 성장하고 있다.

술라웨시 섬

세계에서 가장 아름다운 수중환경

셀레베스해와 반다해 사이에 위치한 섬으로 셀레베스 섬이라고도 불리는데 지질활동 결과로 특이하게 알파벳 K자 형상을 하고 있다. 술라웨시 섬은 서부·북부·중부·남부·동남 술라웨시와 고론탈로(Gorontalo)의 6개 주로 구성되어 있으며, 세계에서 가장 아름다운 수중환경을 가지고 있다. 북부 술라웨시의 마나도 부근해안의 조

4

그만 섬인 부나켄(Bunaken) 해양보호구역은 하얀 백사장과 풍부한 어종, 산호초, 깊은 해저계곡이 있어 세계적인 스쿠버 다이빙의 명소이다. 술라웨시의 드라마틱한 자연환경은 풍부한 전통문화를 만들어 냈으며 각종 포유류 동물과 230여 종의 조류들이 서식하고 있고, 거북이 섬으로 알려진 파소소 섬은 초록 거북이의 집단 서식지이다. 반티무릉에서는 150여 종의 희귀 나비들이 발견되고 있다.

이 섬의 주도(主都)인 마카사르(과거명칭: 우중 판당)시를 중심으로 한 남서부 반도와 마나도를 중심으로 한 북동부반도의 두 지역만이 잘 개발되어 있다. 특히 남서부는 예로부터 무역의 중심지를 이루어, 마카사르 왕국이 있었던 곳으로 비단 장갑, 은장식 및 금 수공예품으로 유명하다. 기후는 열대몬순 기후에 속하며 밀림지대도 많이 있다. 중부 술라웨시에는 방대한 산림자원이 있고 최고급 목재로 인정을 받고 있는 흑단이 생산된다. 남부에는 마카사르족과 부기족 등 여러 종족이 있는데, 부기족은 예로부터 전통적인 배 건조 술이 뛰어나며 전통 배를 타고 남아프리카와 호주까지 항해하기도 했다. 북동부에 살고 있는 미나하사족은 네덜란드의 영향으로 대부분 기독교를 믿고있어 이슬람교 문화권 지역과는 다른 문화를 보이고 있다. 특히 포소(Poso)지역은 여고생 참수 사건과 폭발 사건 발생 등 기독교도와 무슬림 간의 종교적 분쟁이 잦은 곳이다. 한글을 고유 문자로 채택한 찌아찌아족이 사는 동남 술라웨시는 인도네시아 문화의 보고이다. 무용, 조각, 회화, 음악, 악기 등 분야의 전통 예술이 잘 보존 되어있다. 특히 이곳은

5

6

1. 바탁족 묘지
2. 잠비 크린치 산과 호수
3. 라플레시아 꽃
4. 수상가옥(고론탈로)
5. 동남 술라웨시 스쿠버다이빙
6. 마카사르시 해안

지역별로 방언이 다양하며 찌아찌아 언어 그룹 내에도 9개의 방언이 있어 문화를 더욱 풍성하게 한다. 또 술라웨시 섬 중앙의 산간지역은 토라자족의 거주지로 독특한 산악 문화를 유지하고 있다. 토라자족은 장례식 때 부의 상징인 물소를 산 제물로 바치고 장례식을 성대하게 치르며 암굴묘와 배모양의 가옥 등 독특한 문화를 가지고 있다.

칼리만탄(보르네오) 섬

거대하고 신비로운 열대 우림의 세계

보르네오 섬은 수마트라 섬을 능가하는 세계 제3의 큰 섬으로 전체 섬 중 70%가 인도네시아 영토(칼리만탄주)이고 30%는 말레이시아 영토이다. 양국 간의 국경은 높은 산맥과 해안 쪽으로 펼쳐진 저지대를 경계로 하고 있다. 보르네오 섬 본래의 원주민은 동부 칼리만탄의 다약(Dayak)족으로 수렵이나 화전 농업에 종사하는 사람이 많다. 다약족은 '라민' 이라고 불리는 전통가옥에서 대가족을 이루고 산다. 다약족은 작은 구슬을 세밀하게 엮어 만든 장신구를 즐겨하며, 특히 꾸냐인이나 이방인의 부인 중에는 링모양의 귀걸이를 여러개 달아 귀가 늘어져 있다. 다약족은 매년 9월 뚱가룽 지역에 모여 춤, 의식, 노래와 카누 경기를 벌이는 이라우 축제를 벌인다.

칼리만탄은 대부분이 밀림지역으로 제2의 아마존으로 불리고 있다. 이곳은 광산물도 풍부하여 오래전부터 금과 다이아몬드가 채굴되어왔고, 근래에는 철광, 석탄, 석유 등의 지하자원 개발이 활발하다. 특히 동부의 발릭파판, 타라칸 지역의 유전 개발이 활발하고 동부 칼리만탄 지역에는 천연가스도 풍부하게 매장되어 있다. 이에 비하여 해안의 저지대와 교통이 편리한 일부 지역에서는 대농장이 발달하여 고무, 커피, 팜 오일 등을 생산한다. 이곳 기후는 적도가 섬의 중앙부를 통과하여 전체적으로 고온 다습한 적도 우림 기후로, 섬 전체가 밀림과 습지로 덮혀 있다. 동물은 오랑우탄(숲에 사는 사람이라는 뜻)을 비롯하여 각종 원숭이가 서식하며, 조류와 악어, 뱀 등 파충류도 많이 있다. 남부 칼리만탄의 중심 도시인 반자르마신은 수

상시장이 유명하며 수상 가옥과 수상 교통이 발달해 있다. 칼리만탄은 거대하고 신비로운 열대 우림의 세계와 맹그로브 숲, 이국적이고 자생적인 꽃들과 동물생태계를 보전하는 곳이다.

누사 틍가라 · 말루쿠 제도

해상레포츠의 천국

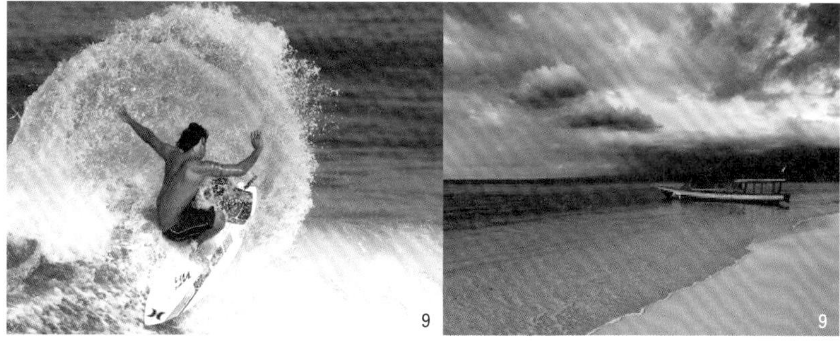

발리 섬에서 동쪽으로 이어지는 누사 틍가라 열도는 약 566개 섬으로 구성되어 있다. 그 중 주요 섬으로는 발리 섬, 롬복 섬, 순바와 섬, 코모도 섬, 숨바 섬, 플로레스 섬, 알로르 섬, 티모르 섬 등이 있다. 누사 틍가라는 최고의 스노클링과 다이빙 등 해상 레포츠에 적합한 곳이다. 롬복 섬에는 인도네시아에서 세 번째로 높고 아름다운 경관을 가진 린자니(Rinjani) 화산(3,726m)이 있어 자연생태관광지로 유명하다. 코모도 섬은 국립공원으로 지정되어 있고 세계에서 가장 큰 왕 도마뱀이 서식하고 있다. 섬 기후는 동쪽으로 갈수록 건조해지고 사바나 경관이 나타나는 곳도 있다. 동쪽 여러 섬의 주민은 원 말레이계, 멜라네시아계 종족이 많고, 원시농업인 화전(火田)방식으로 곡물들을 주로 경작하고 있다. 누사틍가라에는 '이캇'이라는 수직물이 유명하다.

말루쿠 제도는 모로타이, 마유, 할마헤라, 오비, 세람, 부루, 암본, 웨타르 등 약 1,000개의 섬으로 이루어져 있으며 술라웨시 섬과 파푸아(이리안자야) 섬 사이에

1. 암굴묘와 제물로 바친 소
2. 미나하사족 묘지
3. 토라자족 창문 문양
4. 토라자족 가옥
5. 동부 칼리만탄 다약족
6. 반자르마신 수상시장
7. 오랑우탄과 노는 사람들
8. 코린도 조림지
9. 해변과 해상레포츠(롬복)

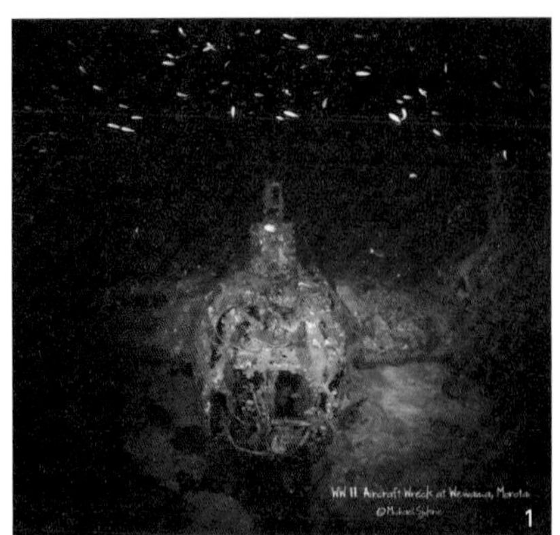

1

자리잡고 있다. 말루쿠 제도는 옛날부터 각종 향료의 생산지로 유명하여 유럽 열강들의 동인도회사 독점권 확보를 위한 쟁탈전이 치열 했던 곳이기도 하다. 모로타이 섬은 제2차 세계대전 때 격전지로서 비행기의 잔해와 무기의 파편들을 섬 여기저기서 볼 수 있다. 이곳에는 아름다운 바다공원과 다양한 종류의 고유식물과 동물이 살고 있는데 앵무새와 진홍 잉꼬새의 고향으로 유명하다. 그리고 반다해 가운데 솟아있는 구눙 아삐와 테르나테 섬에 있는 가말라마 산은 등산 애호가들에게 매력적인 산이다.

주민들의 생활 모습은 아주 다양하다. 음악, 춤, 종교 등은 동서양의 문화가 매혹적으로 잘 어우러져 있다. 말루쿠 제도의 주변지역은 이슬람교를 믿고 있으나 중심부인 암본 섬에 사는 암본 족은 네덜란드 영향으로 주민 대부분이 기독교인으로 민족적 종교적 분리의식이 강해 종교적 분쟁이 종종 발생하기도 한다.

파푸아(이리안자야) 섬

적도 우림의 만년설

파푸아(이리안자야)는 세계 제2의 큰 섬인 뉴기니 섬의 서반부를 차지하여 동반부의 파푸아 뉴기니와 접하고 있으며, 인도네시아의 가장 동쪽에 있는 지역이다. 중앙부에 마오케 산맥이 동서를 가로질러 있고, 4,000~5,000m의 고산에서는 만년설을 볼 수 있다. 특히 자야 위자야 산맥의 두 개의 눈 덮인 높은 봉우리는 적도가 통과하는 지역에서 볼 수 있는 몇 군데 안 되는 만년설경을 자랑한다. 또 남쪽 저지대에는 광대한 대 습지가 전개되며 섬 대부분이 적도 우림으로 덮여 있어서 녹색 사막이라고 불린다. 이러한 원시림을 그대로 간직한 산과 호수, 계곡이 주변 해변과 어우러져 천혜의 경관을 간직한 곳이다.

이런 자연환경은 외부와는 단절된 독특한 멜라네시아(Melanesia)종족 문화를 형성하게 하였다. 이들이 바로 전통적인 생활방식과 독특한 문화를 지닌 니그로이드계의 파푸아 종족이며 주로 화전경작을 하고 있다. 이곳에는 193종족과 각기다른 193개의 언어를 가지고 있다. 여러 종족 중 아스맛족, 다니족, 카모로족, 센타니족의 전통예술은 세계에 잘 알려져 있다. 종교적으로는 기독교인이 가장 많으나 무슬림도 점점 늘어나는 추세이며, 각 종교의 선교활동이 활발한 곳이다. 파푸아는 1969년 주민투표에 의해 인도네시아 영토로 완전 귀속되었고, 서 파푸아 지역인 첸드라와시 반도를 중심으로 유전 개발이 활발하다.

1. 비행기 잔해(모로타이)
2. 파푸아 아스맛족
3. 린자니 산과 칼데라호(롬복)

Indonesia
꼭 가볼만한 곳
603

세계적인 휴양지 '발리'

발리는 위도상 남반구에 있어 호주대륙과도 가까운 소순다 열도의 아름다운 섬이다. 이곳은 기후가 자카르타보다 시원한 편이고, 특히 남반구의 겨울철에는 시원한 바람이 불어 가족단위 휴양객이 모여들며, 호주의 관광객이 추위를 피해 즐겨찾는 곳이다. 이러한 기후 요인도 발리가 세계인의 휴양지로, 그리고 우리나라 젊은이들의 신혼여행지로 사랑을 받는 이유 중의 하나가 아닐까 한다. 또한, 발리 해변에서는 수영은 물론 스노클링, 제트스키, 바나나보트, 스킨스쿠버 등 해양스포츠를 마음껏 즐길 수 있는 곳이기 때문에 더욱 그렇다. 해변을 따라서 세계 최고 수준의 특급 리조트가 300여 개소나 된다.

필자는 2003년 아세안+3 문화관광장관 회의를 계기로 발리와 처음 인연을 맺었다. 우리나라 문화관광부장관이 불가피한 사정으로 회의에 불참하게 되어, 대신 참석하게 되면서 발리의 역사적 문화적 특성을 자세히 살펴볼 수 있었다. 그 해 세계관광협회(PATA)총회가 발리에서 개최되어 우리나라의 문화관광부장관, 제주도지사, 관광관계자 등을 비롯하여 세계 관광계 인사들이 대거 참석한 가운데 한국의 문화와 관광지를 소개하기도 했다. 당시 필자는 차기 총회 개최지였던 제주도를 '한국의 발리'라고 현지 언론에 적극 홍보를 했었다. 또한, 그 해 10월 아세안+3 정상회담이 발리에서 개최되어 프레스센터 설치 등 행사준비를 하느라 두 달 동안이나 현지에 머무르게 되었으며, 2003년 12월에는 드라마 '발리에서 생긴 일' 촬영지원차 발리에 머문 적이 있었다. 그 후 개인적으로 가족 친지들과 다녀온 적도 있는 인연이 깊은 섬이다.

1. 롬복 섬 가옥
2. 아세안+3 문화관광장관 회의에 참석한 필자(맨 우측)
3. 레공 크라톤 무용(발리주지사 공관)관람 후 기념촬영

자연 그대로를 관광 자원화

이처럼 여러 차례 발리를 드나들며 느꼈던 점은 발리의 모습이 변하지 않았다는 점이다. 발리는 문명의 화장을 거부한 채 자연 그대로를 관광자원화 하고 있다. 발리는 태국이나 싱가포르, 말레이시아, 필리핀, 괌 등 다른 동남아 관광지처럼 화려하게 꾸며놓은 곳이 아니었다. 모든 사람이 생얼 미인을 진정한 미인이라고 하듯이 발리도 생얼 미인과 다름없는 것이다. 처음에는 너무 조용해 재미가 없다는 생각이 들기도 했다. 특히 젊은 사람일수록 그렇게 생각할 수 있다. 하지만, 위락 관광보다 휴식을 취하면서 미래를 설계한다든가 장기간 휴양을 하는 사람들에게는 더없이 좋은 곳이 아닐까 생각한다. 특히 관광객들의 피로를 풀어주는 발리 고유의 스파(Spa)는 세계적으로 유명하다. 그래서 한국의 신혼부부들이나 중년부부들이 조용히 미래를 설계하고 남국의 추억을 만들거나 인생의 뒤안길에서 과거를 회상하며 새 출발을 위한 재충전의 장소로 이곳을 많이 찾는지도 모른다.

발리는 야자수의 최고 높이를 넘어서는 건물 신축을 규제하기 때문에 발전이 더디게 보일지는 모르지만, 천혜의 관광자원을 살리면서 지역전통과 문화를 보존하여 인위적인 관광지가 아닌 살아있는 관광지로 보전되고 있는 것이다. 발리를 찾는 우리 관광객들 대부분이 발리 시내 인근 바닷가 또는 주요 문화 유적지 몇 군데를 둘러보고 스파를 즐기거나 쇼핑을 하는 정도이다. 그런데 발리관광의 진수는 섬 동쪽 끝에서 서쪽 끝을 가로지르는 도로를 따라 문명의 혜택을 덜 받은 자연 그대로를 보는 데서 묘미를 느껴야 한다. 블도져가 들어가지 않은 계단식 논에 한쪽에서는 모내기하고 한쪽에서는 추수하는 모습이 흥미롭고, 70년대 한국의 농촌풍경을 연상하게 한다. 쟁기질하는 농군의 모습, 소달구지 덜컹대는 농로, 원시림과 천연호수가 어우러진 천혜의 풍광은 자연 그대로를 꾸밈 없이 보여 준다. 가는 곳마다 지역 전통의 문화 공연, 힌두교 의식 등을 감상할 수 있다. 서부 해안의 국립공원에는 멘장안(Menjangan) 리조트가 있는데, 그곳에서는 사슴이 뛰어노는 모습을 보면서 마차

1. 바닷가에서 오손도손
2. 발리의 계단식 논
3. 발리 모내기
4. 발리 바투르 호수

5. 힌두교 장례의식
-마을 공동으로 장례의식을 거행하기도 하며, 장례식은 축제 분위기에서 치러지기 때문에 오달란 축제와 함께 발리의 꽃이라 부른다.

도 타보고, 열대 우림의 정글과 함께 한데 어우러진 해변의 아름다운 풍광을 만끽하면서 해양스포츠도 즐길 수 있다.

힌두교 전통문화 보존

발리 섬 관광을 위해서 몇 가지 역사적, 문화적 배경 등을 사전에 알고 가면 발리를 이해하기 쉽다. 발리 섬은 인도네시아에서 유일한 힌두교문화가 절대적인 섬이다. 섬의 크기는 제주도 크기의 약 2.7배이며 인구는 약 400만 명 규모의 큰 섬으로 세계인의 휴양지로 일컬어질 만큼 아름답고 조용한 섬이다. BALI라는 단어는 산스크리트어로 WARI 즉 제물을 의미하는데, 섬 자체가 신들에게 바치는 제물이다. 그래서 발리에서는 신을 기쁘게 해주고 신에게 선물을 바치면서 신에게 다가가기 위해 크고 작은 종교의식이 일 년 내내 벌어지고 회화, 춤, 조각 등 제물이 풍성한 것이다. 그래서 발리(Bali)는 '신들의 섬'이라고도 하고 '지상 낙원'이라고 불리기도 한다.

발리에 힌두문화가 꽃을 피우게 된 배경은 한때 자바 섬에서 융성했던 힌두교 마자파힛 왕조가 이슬람 세력에 망하게 되자, 1515년경 아궁왕자가 승려를 데리고 발리 섬으로 도망쳐와서 정착하여, 고도의 힌두문화를 밀도 있게 계승 발전 시켰기 때문이다. 발리에 가면 중심부에 높이 솟아 가끔 연기를 뿜어내는 아궁 산이 있다. 이곳 사람들은 이 산이 세계의 중심이며 신들이 머무는 성스러운 산이라고 믿는다. 발리에는 2만 개 이상의 힌두사원이 있는데 마을마다 반드시 3개의 사원이 있고 심지어는 각 가정에도 사당이 있다. 발리에서 사원을 참배하려면 사롱정장을 하고 허리에 긴 띠를 매야 한다. 관광객도 허리끈만은 반드시 매야 하며 다리를 드러내는 것은 금기사항이므로 사롱을 빌려 입고 참배해야 한다. 그리고 생리 중인 여성은 사원에 들어가지 못한다고 한다.

전통무용은 생활의 일부

4

발리 섬 사람들에게는 춤이 생활 일부로 되어 있어 이곳 여행 시 어디를 가도 각종 전통 무용을 접하게 된다. 발리에서는 힌두문화의 전통에 따라 각종 축제와 기도, 악마나 역병, 재난을 내 쫓기 위한 의식이 계속되기 때문이다. 발리에서는 힌두력으로 1년(210일)마다 각 사원에서 창립기념행사를 벌이는데 이것을 오달란(Odalan)축제라고 한다. 오달란 축제를 위해 각 가정에서는 화려한 장식의 시루떡을 만들어 이를 머리에 이고 사원으로 향하는 여인들의 행렬은 진풍경이다. 발리의 대표적인 무용으로는 레공 크라톤(궁중무용)이 있는데 세 명의 여성이 화려한 의상과 함께 우아하게 춤을 춘다.

5 6 7

8

바롱 댄스는 힌두교의 성스러운 짐승 바롱이 악령을 내쫓기 위해 마을을 누비고 다니면서 추는 춤이다. 발리에는 토벵이라는 가면 무용극이 있는데, 발리 섬 역사를 소재로, 한 명이 몇 개의 가면을 갈아 쓰며 사원 제례의식 때 춤을 추기도 하고, 다섯 명이 각각 다른 가면을 쓰고 발리왕조의 역사를 춤으로 보여주기도 한다. 또 케착(Kecak)이라는 전통 무용은 일종의 남성 합창극으로

1. 멘장안 리조트에서 이그데아르디카 문화관광장관(좌)과 함께
2. 힌두사원
3. 베두굴 사원
4. 공연
5. 오달란 축제
6. 힌두교 제례의식
7. 사룡정장의 장례식 행렬
8. 바롱댄스
9. 토벵이 가면 무용극

1

2

원숭이 춤이라고 불리기도 한다. 이 무용은 주로 관광객을 상대로 공연하고 있는데, 흑백의 격자무늬 천만을 허리에 두른 남자 수십 명이 모닥불 주위에 둥글게 에워싸고 원숭이 소리(챠챠)를 내며, 양손을 동료 어깨 위로 올리고 반복적으로 율동을 하는 춤이다. 이는 발리의 전통 상양(집단최면에 의한 종교의식)과 원숭이 영웅 하누만(Hanuman)이 등장하는 인도서사시 '라마야나 이야기'를 결합해 네덜란드 화가가 외국 관광객의 기호에 맞게 각색한 춤이다. 발리 섬 남서부 해안에 있는 울루와투 사원(Pura Luhur Uluwatu)내의 노천극장에서 펼쳐지는 케착 댄스 공연은 외국관광객들의 눈길을 사로잡는다.

3

발리는 세계인의 발길이 끊이지 않는 섬으로 쇼핑 천국이라 할 수 있다. 대표적인 특산품으로는 흑단이나 백목 티크를 사용한 각종 목각은 섬세하고 예술적이다. 그리고 은 세공품이 많고 값이 싼 편이다. 발리의 회화는 독특한 색채와 구도가 특징이며 수준 높은 예술로 세계의 주목을 받고 있는데 우붓 회화 촌에 화랑이 많이 있다.

4

발리의 거리 곳곳에는 노상상인이 많이 있는데 관광객 뒤를 졸졸졸 따라다니며 물건을 내민다. 만일 눈길을 주거나 반응을 보이면 흥정을 시도하고 끈질기게 달라붙는다. 이런 때는 관심이 없는 것처럼, 제품이 마음에 안 드는 것처럼 시간을 끌면서 가격을 절반 이하로 흥정해 들어간다. 그래도 절충이 안 되면 단호히 거절하고 두말없이 돌아서 갈 길을 재촉하면 된다. 어디쯤 가고 있으면 바로 그 상인이 달려와서 정말 싼 값을 제시하기도 한다. 이쯤해서 흥정을 마치고 꼭 필요한 물건이면 사주어도 후회하지 않게 될 것이다.

5

1. 발리 전통 무용(레공 크라톤)
2. 물소 경주(마두라 섬)
3. 케착댄스
4. 공예품 제작
5. 흑단 목공예품

발리에서 가볼 만한 곳

누사 두아(Nusa Dua)

1

누사 두아는 고급호텔과 쇼핑센터 등 각종 시설이 많은 곳으로 교통이 편리하고 안전한 곳이다. 섬 주변의 수려한 해변과 풍요롭고 한가한 분위기가 장점이지만 다른 곳에 비해 물가가 비싼 경향이 있다. 드라마 '황태자의 첫사랑'이 촬영된 바 있는 이곳 리조트는 스노클링, 윈드서핑, 번지 바운스, 카약, 비치 발리볼 등 레포츠와 아로마 향이 그윽한 스파를 즐기면서 조용히 휴식을 취하기에 좋은 곳이다. 이곳에서 약 40분 거리에 울루와투(Uluwatu)사원이 있다. 울루와투 사원은 발리 섬의 최남단 부킷 반도의 돌출부 절벽 위에 있으며 과거에는 힌두성자의 명소였다. 사원 너머로 내려다 보이는 절벽과 하얗게 부서지는 파도는 장관을 이룬다. 울루와투 사원의 절벽은 드라마 '발리에서 생긴 일'의 배경으로 소개된 곳으로 한국 사람들에게 그리 낯선 곳이 아니다. 이곳에는 원숭이들이 집단 서식하면서 관광객들의 모자, 사진기, 선글라스 등을 낚아채 갔다가 돈을 주면 되돌려 주기도 한다.

2

사누르(Sanur)

3

사누르는 누사 두아 보다 다소 값싼 중 고급 호텔이 있는 곳으로 조용히 쉴 수 있는 해변이 펼쳐져 있고, 제트스키, 수상스키, 카누, 낚시, 다이빙 등 수상 스포츠를 즐길 수 있는 곳이 많다. 가까운 곳에 스랑안 섬과 렘봉안 섬이 있는데 푸른 바다를 바라보며 흰 백사장에서 조용한 시간을 보내기에 안성 맞춤이다.

쿠타 와 러기안 해변(Kuta & Legian)

응우라 라이(Ngurah Rai) 국제공항에서 가까운 해변으로 중저가 호텔이 많고 관광객이 많이 몰리는 곳이며, 관광객을 상대로 한 상점들이 즐비하여 값싼 물건들이 관광객들의 시선을 사로잡는 곳이기도 하다. 이곳에서는 노상이나 해변에 행상들이 득실거리는데 가격이 인근 슈퍼보다 훨씬 비싸므로 단호히 거절하는 게 좋고, 낯선 사람의 불필요한 친절을 경계해야 한다. 쿠타 해변은 낮에는 가슴을 드러낸 여체가 익어가는 푸른 해변이지만 저녁 무렵 붉게 물든 석양은 장관이다. 드라마 '발리에서 생긴 일'의 명장면이 이곳의 저녁노을을 배경으로 촬영되었다. 러기안 해변에서 서쪽으로 올라가면 발리 힌두사원 중 단연 으뜸인 타나롯 사원(Tanah Lot)이 있는데 16세기 '니라르타'에 의해 바다 속 바위섬에 세워졌다고 전해진다. 파도가 삼킬 듯 에워싸는 타나롯 사원의 석양 풍경을 보노라면 황홀감에 젖어든다.

짐바란(Jimbaran)

발리에서 다소 조용한 해변지역으로 휴식을 취하기 좋은 조용한 곳이다. 포 시즌 호텔 등 최고급 호텔도 있고 값싼 호텔도 있다. 짐바란 해변에는 저녁이 되면 불빛이 찬란한데 바닷가재 요리 등 시푸드(Sea Food) 디너를 즐기기 위해 관광객들이 많이 몰린다. 해질 무렵 이곳 해변의 낙조에 이어 휘황찬란한 야경이 낭만적 분위기를 고조시키는 가운데 값싸고 싱싱한 바다요리는 관광객들의 눈과 입을 즐겁게 해준다.

1. 누사두아 해변
2. 울루와투 사원
3. 스노클링
4. 발리에서 생긴일(쿠타해변)
5. 타나롯 해상사원
6. 짐바란 해변

우붓& 플리아탄(Ubud & Peliatan)

이곳은 발리에서 전통문화 활동이 가장 활발한 마을로서 발리 문화 탐방의 필수 코스이다. 특히 국제적으로 높은 평가를 받는 전통 무용이나 회화가 발달하여 외국인이 많이 찾는 곳이다. 지금 우붓은 세계적인 화가들이 주목하고 있고 많은 외국 화가들이 이곳에서 생활하면서 화법을 배우고 있다. 주변에 원숭이 숲이 있어 원숭이들이 무리를 지어 살고 있다. 또 이 근처에는 미술관이 많은데 뿌리 루끼산 미술관은 발리 전통회화의 변천사를 한눈에 볼 수 있는 곳이고, 느까 미술관은 발리 화풍의 영향을 받은 서구 미술가들의 작품이 전시된 곳이다. 이 근교에는 과거 힌두교 왕국이 있었던 마을도 있고 힌두사원도 있으며 고아 가자(코끼리 동굴)라 불리는 석굴사원도 볼 수 있다. 이 근교에서 관광객들의 눈길을 끄는 곳으로는 부킷 사리 사원(상에 사원)이 있는데 깊은 숲 속에 있는 성스러운 언덕이라는 의미의 사원이다. 이 사원은 13세기에 지어졌는데 지금은 원숭이가 점령해 마치 원숭이의 전당처럼 되어 버렸다.

주변 섬 관광(롬복, 코모도)

발리 섬에서 쉽게 갈 수 있는 대표적인 관광지는 롬복과 코모도 섬이다.

롬복 섬은 발리 섬 바로 옆에 위치한 섬으로 발리 섬의 1/3정도 크기이며 총 인구의 85%가 사삭족으로 독특한 이슬람교를 믿고 있어 자연환경과 개발속도 면에서 발리와는 색다른 세계를 경험하게 된다. 문화적으로 사삭족의 이슬람 문화는 발리의 힌두교와 토속신앙인 애니미즘이 이슬람 고유문화와 결합된 것이 특징이며, 발리보다 훨씬 늦게 알려져 문명의 오염이 안 된 친환경적 천연 휴양지이다. 해변의 경관은 발리 섬과 달리 하얀 백사장의 아름다운 해변을 만끽할 수 있다. 또한, 인도네시아에 사는 동식물들의 생태계 분포가 롬복 섬을 중심으로 달라지기 때문에 자연환경의 차이를 다소나마 느낄 수 있으며 무술 무용 등 무용 풍이 확연히 다르다. 이곳에는 길리삼총사로 불리는 작은 섬들인 길리아이르, 길리메노, 길리뜨라왕안 섬이 있는데 인도네시아의 자연국립공원으로 지정된 린자니산의 화산과 함께 아름다운 경관을 뽐내고 있어 생태관광지로 유명하다.

롬복은 발리에서 비행기로(30분정도) 가거나 페리호로(2시간 소요) 하루에 여러 차례 왕복한다. 롬복 섬에서 호텔시설과 주변에 편의시설들이 잘 갖춰진 곳은 승기기(Senggigi) 해변이다. 이곳은 제2의 발리로 불리며 해변에서는 아름다운 석양 노을을 볼 수 있고 해양레포츠를 즐길 수 있어 관광객들이 많다. 롬복 섬의 북서부 해안 인근의 길리(Gili)섬들은 스노클링과 스쿠버다이빙하기에 좋고 수평선 너머 해지는 모습이 장관을 이룬다. 이곳은 롬복에서 보트를 타고 이동할 수 있으며 섬 내부 교통수단은 마차가 유일하다. 롬복에서는 매년 2,3월에 해변에서 풍어를 기원하는 「바우냘레」축제를 볼 수 있고 수까라라 마을에 들르면 「이캇」이라는 수직물을 만드는 공방을 구경할 수 있다. 이곳의 공예품으로는 수직물, 도자기공예품, 대나무 공예품 등이 유명하다.

왕 도마뱀(Komodo Dragon) 서식지로 유명한 코모도 섬은 주변 섬들과 해역을 포함 239,000ha가 인도네시아 국립공원이자 세계 문화유산으로 지정된 곳이며 세계 7대자연 경관으로도 선정 된 곳이다. 이곳은 인도네시아에서 가장 다양한 해양생태관광지이며 약 1,000종에 이르는 풍부한 어족이 살고있다. 코모도 도마뱀은 8-9월에 산란하여 이듬해 4월경 부화하는데 새끼들은 나무 위에서 생활하고 성장하면 수컷은 몸무게가 약 100㎏, 몸길이가 약 3m에 달한다. 현존하는 도마뱀이 3,400여 종인데 코모도 도마뱀이 가장 크기 때문에 왕 도마뱀이라고 부른다. 왕 도마뱀은 주로 아침에 먹이를 찾아 나서기 때문에 조심해야 하며 사람에게도 달려들어 공격하기 때문에 위험하다. 코모도 섬은 발리에서 비행기나 페리로 갈 수 있고, 발리나 롬복에서 관광버스로 숨바와 섬을 들러 가는 방법도 있다. 섬 산책은 자연보호국 허가를 받고 입장료를 내고 들어가야 하며 허가된 지역 이외의 섬 산책은 허용되지 않는다.

1. 수직물 공방
2. 롬복 공예품
3. 코모도 왕도마뱀
4. 동부 누사 틍가라 코모도섬

세계적 문화 유적지 족자카르타

인도네시아 자바 섬의 고도(古都) 족자카르타(Yogyakarta)는 자바인의 고향과 같은 인도네시아의 대표적인 전통과 역사가 살아 숨쉬는 세계적 문화 유적지이다. 자카르타나 발리에서 비행기로 1시간 거리에 있는 족자카르타는 자카르타에서 발리로 가는 중간쯤에 있다. 인구 350만 규모의 족자카르타주는 행정구역상으로 족자카르타 특별자치주이며 이곳의 주지사는 이슬람 왕국에서 전통적인 지도자들에게 부여한 술탄의 호칭도 가진다. 인도네시아에서 술탄이 다스리는 곳은 족자카르타주가 유일하다.

족자카르타에는 이슬람교도가 90% 이상이지만 문화적으로는 불교나 힌두교의 문화가 혼합되어 있다. 또한, 장기간에 걸친 네덜란드의 식민 지배로 말미암은 흔적들도 남아 있다. 족자카르타 주변에 있는 대표적인 유적지로는 세계문화유산인 보로부두르 불교사원과 프람바난 힌두교사원이 있고 이슬람 왕국의 술탄 궁전과 물의 궁전, 소노부도요 박물관 등이 있다. 고풍스러운 사원들과 함께 족자카르타 시내의 중심거리인 마리오보로(Malioboro)거리도 여행객들이 빼놓지 않는 관광명소이다.

족자카르타는 경상북도와 자매도시결연을 하고 활발히 교류하고 있는데, 최근 한국의 새마을 운동을 벤치마킹하여 인도네시아식 새마을운동인 '데사만디리(독립마을)'를 시범적으로 조성해 나가고 있다.

1. 술탄궁전
2. 물의 궁전-궁녀들이 목욕하는 모습을 왕이 감상하는 곳
3. 족자카르타의 야경
4. 보로부두르축제와 김복희 무용단 공연
5. 보로부두르 사원

보로부두르(Borobudur)사원

보로부두르 사원(Borobudur Temple)은 인도네시아 고대 역사상 불교 왕조였던 사일렌드라 왕조가 8세기 중반경에 축조하기 시작했다고 전해지는데 캄보디아의 앙코르 와트, 미얀마의 파간과 함께 3대 불교유적으로 꼽힌다. 보로부두르 사원은 1814년 당시 인도네시아 자바 섬을 지배했던 영국의 래플스(T.S. Raffles) 총독에 의해 발굴되기까지 천 년의 세월 동안 의문의 숨바꼭질을 한 것 같다. 아직도 정확한 이유는 밝혀지지 않았지만, 건립 된 지 얼마 안 되어 맞은 편 머라피 화산(Merapi Mountain)의 폭발로 화산재에 묻혀 버렸다고 추정을 하고 있는데 사원의 규모를 고려하면 이 또한 불가사의한 것이다. 보로부두르 사원은 유네스코(UNESCO)지원으로 1973년부터 10년간의 복원과정을 거쳐 지난 1991년에 세계문화유산으로 지정되었다.

지난 2003년에는 보로부두르 사원 복원 20주년 기념 '2003 보로부두르 국제축제'가 메가와티 대통령이 참석한 가운데 사원 입구 광장 특설 무대에서 세계 12개국이 참가하여 일주일간(6.11-6.17) 성대히 열렸다. 필자도 한국에서 초청된 가림다 현대무용단(예술 감독 한양대 김복희 교수)과 함께 이 축제에 참가한 바 있다. 오픈 된 무대의 배경으로 은은하게 보이는 보로부두르 사원이 달빛을 머금고 웅장한 자태를 드러내는 가운데 무대 위에서는 다채로운 춤의 향연이 펼쳐졌다. 우리 무용단은 김복희 교수가 안무를 맡은 '삶꽃 바람꽃'과 한양대학교 손관중 교수가 안무와 주연을 맡은 '적, 나의 달은 어디에?' 타이틀의 두 작품을 통해 열정적인 연기와 함께 한국 현대무용의 진수를 보여줌으로써 천 년의 신비를 머금고 새로 태어나 20세가 된 보로부두르 사원에 힘과 기상을 불어 넣는 듯했다. 우리 무용단은 오천여 명의 관중으로부터 환호와 기립 박수를 받으며 공연을 성공적으로 마쳤다. 공연 후 지역언론들의 인터뷰요청이 이어졌고, 현지언론들은 한결같이 현대성과 전통성을 잘 조화시킨 두 작품에 대해 호평을 한 바 있다.

4

세계 최대규모의 단일 불교 건축물

인도네시아는 열 중 아홉이 이슬람 신자이지만 이 불교 유적에 대한 현지인들의 관심은 대단하다. 인도네시아 전역에서 모여든 관광객들의 발길이 끊임없이 이어진다. 세계 각국으로부터 관광객은 물론 종교관계자, 역사학자, 건축가 등 많은 사람이 이 사원의 가치와 신비를 찾아보기 위해서 이곳을 찾는다. 보로부두르 사원은 언덕 위에 흙을 쌓아 올리고 나서 그 위에 23㎝ 높이의 통일된 안산암 벽돌 약 100만 개를 시멘트나 다른 접착제를 사용하지 않고 정교하게 쌓아 올린 9층 사원이다. 8세기 중반에서 9세기 사이에 건립된 보로부두르 사원은 단일 불교 건축물로서는 세계 최대 규모이며, 축조 연대도 12세기 초에 건립된 캄보디아의 앙코르 와트 유적보다 훨씬 빠르다.

1 2 3

밀려오는 관광객들에 쫓겨 발걸음을 재촉하여 보로부두르 사원에 들어서는 순간 꼭대기 층이 까마득하게 올려 보일 정도로 거대하고 웅장한 사원 규모에 감탄사가 절로 나온다. 정방형의 6층 기단과 3층의 원형 기단을 따라 돌고 돌다 보면 어느덧 꼭대기에 다다른다. 속세의 고뇌와 번뇌가 한순간에 사라지고 득도의 경지에 이르는 기분이 든다. 여기서는 멀리 바라다보이는 머라피 화산의 심장 박동과 숨소리를 느낄 수 있고 주위의 평원과 대자연의 평화로움도 함께 느끼게 된다. 이른 아침에 정상에 올라가면 환상적인 남국의 일출을 감상할 수도 있다. 한편, 이 사원의 가치는 웅장한 규모에만 있는 게 아니라 건축물의 섬세함에도 있다. 특히 기단 벽면에 새겨진 붓다의 행적과 일대기를 표현한 2,500여 개의 부조는 매우 섬세한 조각품인데, 여기에 등장하는 인물이 무려 1만 명에 달한다. 보로부두르 사원을 장식하는 종 모

4

양의 수많은 스투파(Stupa) 안에 모셔진 행복의 불상들은 대부분 손이 많이 파괴되어 아쉬움이 남지만, 부처님의 염화 시중의 미소는 이를 아랑곳 하지 않고 자비롭고 편안함을 느끼게 해준다. 더구나 대 스투파 안의 불상을 오른손 약지로 만지면 소원 성취할 수 있다고 하여, 필자 역시 불상을 만지며 소원을 빌었다.

프람바난(Prambanan)사원

동남아 최대 규모 힌두사원

5

6

발리에서 꽃피운 힌두문화의 뿌리는 자바 섬에서 시작되었다. 프람바난 사원은 9세기 중반 중부 자바의 남부를 통치하던 힌두 왕국의 마타람 왕조 당시 건립되었다고 전해진다. 프람바난 사원 군(群)은 사방 5㎞ 내의 넓은 평원에 걸쳐 중앙의 시바 신전을 중심으로 수많은 작은 사당(뻬르와라)으로 둘러싸여 있다. 중앙에 우뚝 솟은 시바신전은 47m 높이의 웅장한 신전으로 동남아 최대 규모의 힌두사원이다. 이 신전의 외벽에는 많은 부조로 장식되어 있는데 고대인도의 서사시 '라마야나의 이야기'가 새겨져 있다. 이 신전의 건축물 곳곳에 각종 동물 신(神)을 소재로 한 석상을 볼 수 있다. 주 신전 군(群) 주위에도 무려 224개의 작은 사당들이 복원이 안 된 채 기하학적으로 둘러싸여 있다. 프람바난 사원은 보로부두르 사원과 비교할 때 불교와 힌두교의 문화적 차이를 느끼게 되고 보로부두르 사원의 웅장함에 비해 보다 정교함과 세련된 균형미를 느낄 수 있어 자바 건축의 백미로 꼽히고 있다.

1. 보로부두르 해돋이
2. 보로부두르 사원
3. 대 스투파 안의 부처님 상
4. 대 스투파 앞에서
5. 프람바난 사원의 미복원된 사원 잔해들
6. 프람바난 사원의 부조

1

로로 종그랑 전설

동행한 가이드가 시바 신전 건축과 관련 로로 종그랑(Loro Jonggrang)전설을 전해 준다. 이 전설은 안내자에 따라서 조금씩 내용이 다르지만, 결론은 같았다. 예쁜 한 처녀가 진짜 사랑하는 사람이 있었는지, 왕자의 강제청혼을 거절하지는 못하고, 요령껏 피하려다 발각되어 보복을 당해 석상으로 변해버렸다는 줄거리다. 기억에 남는 전설 내용의 대강은 다음과 같다. 옛날 기골이 장대하고 마력을 지닌 한 왕자가 프람바난에서 제일 예쁘기로 소문난 처녀 로로 종그랑에게 반하여 집요하게 청혼을 했다. 그러나 종그랑은 그 왕자의 보복이 두려워 거절은 못 하고 기묘한 꾀를 내어 내일 아침 첫 닭이 울 때까지 천 개의 신전을 쌓으면 결혼해 주겠다고 약속을 한다. 왕자는 그의 마력을 이용해 정령들을 불러 999개의 신전을 쌓아 올렸다. 이에 불안해진 처녀는 시녀들을 시켜 쌀을 절구통에 넣고 빻아버리라고 하여 닭이 울게 하였다. 닭 울음소리에 정령들은 날이 밝아지기도 전에 서둘러 돌아가 버렸다. 결국, 1개의 신전을 남긴 채 약속을 지키지 못한 왕자는 주술로 종그랑을 석상으로 만들어 버렸다. 그 석상은 현재 신전에 안치된 '두르가'상(시바의처, 여신상)이라고 전해진다. 그래서 프람바난 사원은 '로로 종그랑사원' 또는 '날씬한 처녀의 사원'으로도 불려진다.

프람바난 사원에 가면 사원 옆에 있는 야외극장에서 '라마야나 무용'을 볼 수 있다. 남국의 밤하늘을 수놓은 별빛과 달빛에 빛나는 화려한 힌두고유의 의상과 무용수들의 섬세하고 우아한 몸놀림을 보면서 가믈란 가락을 음미해 보는 것도 기억에 남는 현지 체험이다. 또한, 프람바난 사원 주변에는 크고 작은 불교사원과 힌두교 사원들이 있다. 프람바난 사원에서 북동쪽으로 약 2km 떨어진 곳에 플라오산(Plaosan) 힌두사원이 있는데 신전의 부조나 석상이 시바신전의 것들과 비슷한 것으로 보아 프람바난 사원과 같은 시기에 건립된 것으로 추정되고 있다. 그리고 프람바난 사원에서 북서쪽으로 1km 정도 떨어진 공원에는 '세우'사원이라는 불교사원군(群)이 있고, 남동쪽으로 1km 지점에는 '사지완' 불교사원이 있다.

1. 프람바난 사원
2. 프람바난 사원 부조(두르가 상)
3. 플라오산 힌두교 사원

주변 둘러보기

족자카르타에서는 자바 사람들이 생활하는 모습과 전통 공예품이나 생활용품 등을 둘러보면 재미있다. 일단 족자카르타의 중심지이며 메인 스트리트로 불리는 마리오보로(Malioboro) 거리로 나가서 시장 상인들과 흥정도 해보고 골동품이나 기념품을 사는 것도 여행의 또 다른 재미를 느낄 수 있다. 인도네시아에도 주요도시에는 대형 마트도 많고 백화점도 많다. 하지만, 도시마다 우리나라 장날 분위기가 나는 재래시장이 꼭 있다. 재래시장들에 가보면 공통적인 첫인상은 왠지 수더분하고 너저분하고 지저분한 것 같은 느낌이 든다. 그러나 한편으로 왠지 풍성하고 인정이 넘치고 에누리가 있는 분위기를 느끼게 되는 것도 사실이다. 물건을 고르고 구경하는 것도 재미있지만 줄다리기하듯 흥정하며 물건값을 에누리하는 재미도 쏠쏠하다.

1

그리고 여기서는 자전거를 개조해 만든 족자카르타의 전통 교통수단인 베착(Becak)을 한 번쯤은 타보는 것도 좋을 것 같다. 필자는 여러 차례 족자카르타를 방문했지만 대부분 렌트카를 이용하는 바람에 베착을 한번 밖에 타보지 못해 아쉬움이 남는다. 마리오보로 거리를 여행하는 데는 베착이 더 편리하다. 베착 몰이꾼이 가이드 역할까지 해주고 마리오보로의 후미진 골목 구석구석까지 누비며 족자카르타의 모습을 가감 없이 보여 준다. 술탄이 살았던 술탄 왕궁을 비롯해 바틱 공장, 미술품 전시판매장, 새시장, 물의 궁전, 재래시장, 기념품점 등 족자카르타 시내를 고루 돌아볼 수 있다. 이곳에서는 은 세공품이나 바틱 제품을 값싸게 사거나 노점상이나 가게에서 우연히 마음에 드는 골동품이나 기념품을 구입할 수 있다.

2

자카르타 주변의 갈 곳과 볼 것

비즈니스와 정치의 중심지

자바해의 해안에 있는 인도네시아의 수도 자카르타 특별자치주는 인구 1,100만 명이 넘는 초거대 도시이며 여러 종족이 모여 구성된 다문화사회이다. 자카르타는 교통의 요지로서 동남아의 최대 규모의 도시로 성장해 오고 있다. 지금은 비즈니스와 정치의 중심지로서 고층 빌딩들이 숲을 이루고, 고급 호텔들과 화려한 백화점 등에는 명품코너가 즐비하며 인도네시아 각 지방에서 생산되는 각종 공예품을 한 곳에 모아놓은 백화점들이 있어 쇼핑하기에 좋은 도시이다. 또한, 자카르타에는 박물관, 예술·전시 공연장 등이 많이 있어 다양한 문화 활동을 할 수 있는 곳이다. 그리고 잘란 수라바야(Jl. Surabaya)에 가면 각종 골동품 상점이 늘어서 있어 동서양의 역사적 흔적

1. 목각 공예품
2. 베착
3. 자카르타 시내의 한 쇼핑몰(클라파 가딩몰)
4. 전통 공예품들

1

을 발견할 수 있고, 고르는 재미, 흥정하는 재미로 자주 들르게 되는 곳이다. 자카르타 토착민인 버타위 인들의 문화와 전통은 남부 자카르르타의 시투 바바칸 등 지역에서 잘 보존 되고 있는데, 그곳에서는 전통가옥과 전통춤, 그림자공연들을 볼 수 있다.

모나스 독립기념탑

인도네시아에 관한 이모저모를 알아보려면 자카르타 중심부에 있는 모나스 독립기념탑을 방문하면 된다. 지하 역사전시관에서는 사방 벽면에 50여 개의 투시화가 있어 선사시대부터 현대에 이르는 인도네시아의 역사를 한눈에 볼 수 있고, 1층 독립홀에서는 독립선언 때 사용했던 국기와 독립선언서 원본을 볼 수 있다. 엘리베이터를 타고 전망대에 올라가면 자카르타 시내가 한눈에 내려다보인다. 이 탑의 높이는 132m이고 꼭대기에는 지름 6미터의 원뿔모양의 금빛 찬란한 횃불 모양의 조각이 있어 국가권위를 상징하고 국민으로 하여금 애국심을 갖게 하고 있다. 이 불꽃 조각은 50㎏의 순금으로 도금된 것이다.

2

각종 박물관 많아

자카르타는 인도네시아의 과거 역사와 생활문화 등을 알아볼 수 있는 다양한 박물관들이 있다. 대표적으로 국립박물관(Museum Nasional)은 역사시대, 선사시대의 유물을 비롯하여 고고학이나 인류학적 연구 가치가 있는 유물들을 전시하고 있다. 국립박물관 앞에는 코끼리 동상이 있어 가자(Gajah)박물관이라고도 불린다. 이 박물관은 1868년 문을 열어 인도네시아 전역에서 온 약 15만 점의 유물을 전시하고 있다. 유물들은 인도네시아 역사가 말해 주듯 불교와 힌두교 유물이 많이 눈에 띄고 다민족 국가의 다양한 역사적 뿌리를 한눈에 볼 수 있는 곳이다. 또한, 중국의 당, 송, 원, 명, 청대에 이르는 다양한 도자기들이 전시되어 있어 역사적으로 중국과의 문물교류가 오래전부터 활발했음을 보여주고 있다.

자카르타 역사박물관(Museum Sejarah Jakarta)은 코타(Kota)지역에 위치한 파타힐라 광장과 연결되어 있어 파타힐라 박물관으로 불리기도 한다. 이 박물관은 자카르타의 문화유산을 보존하는 곳으로 선사시대의 유물에서부터 식민시대의 흔적에 이르기까지 다양한 물건들이 전시되어 있다. 박물관 건물은 17-18세기 네덜란드 동인도회사 시절 바타비아의 시청 청사로 쓰였던 것으로, 식민지배에서부터 독립에 이르기 까지 역사의 애환이 서려 있는 곳이다. 또한, 식민통치의 유산인 각종 감옥과 고문시설, 수용소 시설 등이 있는데, 일본 점령기에는 이곳은 일본에 의해 강제 징용당해 일본 군복을 입고 싸웠던 한국인 포로 61명이 수용되었던 곳이기도 하다. 1974년 박물관으로 개관되어 네덜란드 총독이 수집 애용하던 물건이 그대로 보존 전시되고 선사시대의 돌 연장, 토기, 불교·힌두교시대의 석상, 이슬람시대의 무기 등이 눈길을 끈다.

---

1. 잘란 수라바야 골동품 상점
2. 모나스 독립기념탑
3. 국립박물관
4. 역사박물관

역사박물관 부근에는 미술·도자기 박물관(Museum Seni Rupa dan Keramik)이 있다. 이 박물관 건물도 바타비아 시절 헌법재판소 청사로 사용되었던 곳으로, 여기에는 19세기부터 20세기 회화, 조각품 등 유명한 미술품들이 전시되어 있고, 고대 중국 한나라 도자기를 비롯하여 송, 원, 명, 청나라 도자기와 베트남, 일본, 유럽의 도자기도 전시되어 있다.

직물박물관(Museum Tekstil)에는 327종이 넘는 고대와 현대의 직물들이 전시되어 있다. 이곳에서는 인도네시아의 대명사인 다양한 바틱과 수직물을 보면서 그들의 예술성도 감상하고 거기서 우러나오는 인내와 정성과 사랑을 느끼게 된다. 와양박물관(인형박물관)은 인도네시아와 동남아시아 각 국의 와양 인형들을 소장하고 있다. 그 밖에도 해양박물관에는 해양국가로서의 역사와 전통을 자랑하는 각종 배 모양과 전통 조선술을 보여주고, 각 종족의 어로생활 모습을 보여주고 있다.

타만 미니(TMII)공원은 외국관광객의 필수코스

타만 미니는 작은 공원이라는 말로 인도네시아의 축소판을 의미하며, 동티모르 분리 전 인도네시아 27개 주의 독특한 주거 양식의 건축물과 전통 의상 및 지역특산품을 전시하는 곳으로 인도네시아의 특성을 한나절 만에 대충 파악할 수 있기 때문에 자카르타 최고의 관광명소로 꼽힌다. 이곳은 지난 70년대 초 수하르토 대통령 당시 조성

되었으며 이 공원의 중심에 수하르토 박물관이 자리 잡고 있는데, 여기에는 32년간 장기 집권한 수하르토 대통령 재직시절 외국 정상들과 귀빈들로부터 받은 진귀한 선물과 재직 당시 수집한 기념품들로 가득 채워져 있다.

인도네시아 지역별 전통문화와 생활양식을 쉽게 이해하기 위해서는 자카르타 동부에 있는 타만 미니 인도네시아 인다(TMII)공원을 가보는 게 좋다. 타만 미니공원에는 인도네시아 지형을 축소해 놓은 호수가 있으며, 각종 극장과 공연장이 함께 있고, 식물원이나 새공원이 있다. 그리고 스포츠, 통신, 교통, 우표, 곤충 등 다양한 종류의 박물관이 있으며 수하르토 박물관이 연결되어 있어 볼거리가 많은 곳이다. 이곳 상공에는 케이블카가 설치되어 있어 공원전체를 한눈에 내려다볼 수 있어 편리하다. 그래서 이곳은 인도네시아의 다양성을 한눈에 실감할 수 있는 곳으로 외국관광객의 관광 필수 코스이다.

1. 도자기 박물관
2. 와양박물관
3. 해양박물관
4. 타만미니공원
5. 수하르토 박물관
6. 파푸아종족(타만미니)
7. 인도네시아 지형 축소 모형 (타만미니)

워터파크, 드림랜드, 골프장 시설 좋아

자카르타 북부에는 워터파크와 안촐 드림랜드(Ancol Dreamland)가 있는데 이곳은 다양한 놀이공원과 수족관, 식당 등이 갖추어진 어린이들을 위한 테마파크이다. 관광보다 스포츠를 좋아하는 어른들은 자카르타 근교에 있는 30여 곳의 고급스러우면서 상대적으로 비용이 적게 드는 골프장을 이용하는 것도 자카르타 여행의 장점이다. 한국에서 싱글 골퍼가 되려면 최소한 1억 원 이상은 투자해야 한다는 말을 많이 들었다. 어떤 분은 인도네시아에서 3년간 친 골프 경비를 한국식으로 환산해 보니 1억 원이 넘는다고도 했다. 인도네시아에서 골프 하는 것이 한국에서 하는 것보다 경제성이 있다는 것을 강조한 말임에는 틀림없는 말이다. 하지만, 자카르타에는 골프장 외에도 찾아보면 갈만한 곳도 많고, 볼만한 것도 많기 때문에 골프는 적당히 즐겨야만 자카르타 생활을 알차고 보람 있게 보낼 수 있다. 그리고 골프장 환경이나 잔디 성격, 기후 등이 한국과 다르므로 처음에는 국내 골프장에 비해 더 좋은 스코어를 기록하기는 어렵다. 하지만, 스코어가 잘 나오지 않더라도 넓고 푸른 남국의 풍경을 음미하며 편한 마음으로 즐겁게 운동하는 것이 좋을 것 같다.

1. 안촐 유원지

2. 자카르타 주변 골프장들

Information

골프는 적당히 즐기면 보약

골프이야기가 나와서 필자의 경험을 소개하고자 한다. 자카르타에 부임하자마자 처음에는 업무를 배우고 동서남북 파악하느라 정신이 없었다. 물론 한국에서 골프클럽도 잡아보지 못한 상태에서 부임하여 선뜻 골프클럽을 준비하기가 쉽지 않았고, 연습장에 가거나 레슨을 받을 시간적 여유가 없었다. 그러다 보니 주위에서 왕따 당하는 느낌이 들었고, 6개월쯤 되니까 몸도 아파지기 시작했다. 온종일 에어컨을 튼 실내에서만 생활하다 보니 땀 흘릴 일이 없었다. 그러나 실내 외 온도 차 때문에 감기는 몸에 달고 살았고, 한국에서 축적해 놓았던 에너지가 소진된 듯했다. 급기야 아내가 시름시름 아프다가 병원에 입원하는 사태가 벌어졌다. 주위사람들은 이구동성으로 그럴 줄 알았었다는 것이다. 인도네시아에서 살면서 운동을 하지 않으면 견디지 못한다는 것이다. 자카르타 도착 후 운동을 권유하는 말을 많은 사람에게서 들었지만 그냥 흘려보냈다. 하지만, 한번 크게 아프고 나서야 정신이 바짝 들었다. 그 후 부랴부랴 골프클럽도 준비하고 연습도 해봤지만, 너무 늦게 시작해서 한계가 있었다. 혼자 배운 골프라서 정교하지는 않았지만 드라이버 비거리는 스트레스를 해소하기에 충분 했다. 골프를 시작한 지 몇 개월 안되어 크고 작은 대회에서 롱기스트를 몇 차례 한 것이 화근이 되어 스코어가 좋지 못해 남들처럼 1억 원 효과는 보지 못했지만 건강하게 근무할 수 있었다. 인도네시아에서 골프는 교민들과의 교류와 친목을 위한 필수적인 운동이다. 건강을 위해서도 꼭 필요한 운동이다. 하지만, 문화생활도 병행하면서 인도네시아의 아름다움과 풍요로움도 음미하면서 생활하는 것도 좋을 것 같다는 생각이다.

풀라우 스리브와 치아트르 온천에서 주말여행을

자카르타 시내에만 있으면 인도네시아가 섬나라인지, 높은 산이 있는지, 화산이 있는지조차 알 수 없다. 보통 외곽으로 1시간 정도 나가야 산이 보이고 바다가 보인다. 자카르타 북쪽 자카르타 만에서 배로 2시간 정도 떨어진 곳에 있는 2백여 개의 섬으로 이루어진 군도가 바로 풀라우 스리브(Pulau Seribu: 천 개의 섬이라는 의미)이다. 풀라우 스리브는 자카르타 사람들에게 주말 여행하기에 좋은 곳으로, 전혀 때 묻지 않은 자연으로 둘러싸여 있어 쾌적한 코티지와 푸른 바다를 만끽할 수 있다. 또한, 코티지와 해안이 인접해 있어서 각종 해양 스포츠도 즐길 수 있다. 현재 사람이 사는 섬은 10여 개로 이 중 몇 개의 섬에는 호텔이 있는 리조트로 개발되어 있다. 이곳은 안촐 해안의 요트항에서 출발하는데 주말에는 손님이 많으므로 사전 예약하고 출발하는 것이 좋다.

자바의 파리, 순다족의 문화 중심 반둥

자카르타에서 고속도로나 기차로 3시간 정도 떨어진 도시, 반둥은 기후가 서늘하여 주말에 도심을 벗어나 휴식을 취하거나 골프를 즐기기에 적합한 곳이다. 자카르타에서 반둥으로 가는 도중 보고르 식물원과 타만 사파리를 구경하고 푼착의 차밭을 내려다 보며 차 한 잔 마시며 쉬었다 갈 수 있다. 반둥 근처에 도착하면 길목에 노란 고구마나 파인애플을 파는 가게들이 있는데, 반둥산 고구마와 파인애플은 정말 달고 맛있다. 반둥은 자카르타와 달리 순다족의 문화 중심지이며, 자바의 파리로 불릴 정도로 패션 아울렛이 많아 쇼핑하기 좋은 도시이기도 하다. 반둥 시내에서 북쪽으로 약 20㎞ 이동하여 탕쿠반 프라후(Tankuban Perahu) 휴화산을 구경하고 밑으로 내려오면 치아트르(Ciatre) 온천이 있는데, 천연 유황온천수에서 피로도 풀고 하룻밤 쉬기는 제격이다.

1. 풀라우 스리부 선착장
2. 작은 섬과 백사장
3. 구운 고구마
4. 파인애플 가게
5. 노천 온천
6. 반둥 골프장

Indonesia
다양한 교통수단

항공편

인도네시아 입국은 세계 각국 30여 개사의 국제 항공편을 이용 자카르타, 족자카르타, 수라바야, 메단, 발리, 파당, 마나도, 프칸바루, 발릭파판, 마카사르 등의 도시에 있는 14개 국제공항을 통하면 된다. 한국과의 직항노선은 인천-자카르타, 인천-발리 구간이며, 타국 경유노선으로 싱가포르나 타이페이를 거쳐 자카르타나 발리로 입국하는 항공편도 있다. 자카르타 국제공항에서 시내호텔까지는 리무진 버스가 운행된다. 인도네시아는 영토가 넓어서 여러 섬 지역을 연결하기 위해 항공이 중요한 교통수단이 되었고, 항공산업이 발달한 편이며 여러 항공사가 국내 주요도시를 운항하고 있다.

도로와 대중교통

인도네시아는 동남아 다른 나라에 비해 도로망 밀도가 낮은 편이고 노후한 상태다. 또한, 자바 섬에 도시화가 가속화되고 인구가 집중되면서 자카르타 등 도시지역의 도로는 확장에 한계가 있어 많은 정체를 보이고 있다. 또한, 지하철이 없어 자카르타 시내의 교통 상황은 서울보다 정체가 심하다. 도로주변의 인도가 잘 정비되어 있지 않고 육교나, 건널목, 신호등이 많지 않아 무단횡단 하는 사람들이 많아서 운전 시 주의를 해야 한다. 특히 우기에는 강수량이 많으면 일부 도심지역이 침수되어 교통이 마비되는 경우도 종종 발생한다. 그래서 자카르타에는 차 바퀴가 높은 승합차가 많이 다닌다. 교통량이 많은 자카르타와 반둥 간의 도로는 상습정체 구간으로 휴일에는 여행객이 많아 심각하게 막힐 때도 있다. 몇 년 전 고속도로가 증설되고 나서 상습적인 정체가 다소 완화된 것 같기도 하다. 인도네시아 정부는 최근 수마트라와 자바 섬을 연결하는 연육교 건설과 도로확장 공사를 추진하는

2

3

4

5

1. 롬복
2. 반둥가는 도로
3. 족자카르타 안동(마차)
4. 오젝(자카르타)
5. 자카르타 시내 홍수

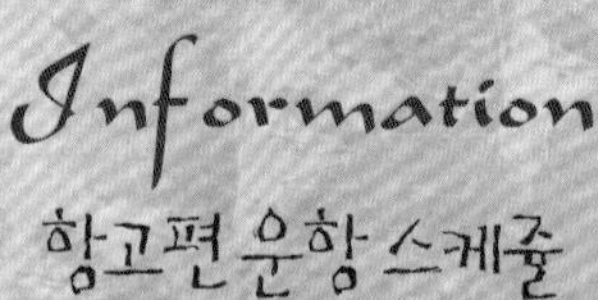

자카르타행 항공편은 인천공항에서 매일 4편씩 출발하며 7시간 비행 후 자카르타 수카르노 하타공항에 도착하게 된다. 성수기에는 증편 운항하기도 한다. 발리행 역시 인천공항에서 매일 4편씩 출발하며 7시간 비행 후 덴파사르 웅우라 라이 공항에 도착한다. 성수기에는 화요일 부터 토요일 까지 1편씩 증편하여 운항한다. 인천공항으로 오는 항공편은 자카르타 출발은 출국시점의 편수와 비례한 매일 4편이나 발리 출발 편은 싱가포르발 항공편 2편이 추가되어 1일 6편이 운항한다.

Flight	Departure	Arrival	Aircraft	Class	Day	Via	Flight Time	Validity/Miles
편 명	출 발	도 착	기 종	클래스	요 일	경유지	비행시간	유효기간/적립마일
Seoul 서울 (ICN 인천 +9) — DenpasarBali 덴파사르 발리 (DPS +8)								3,279
*KE629	17:30	23:40	330	CY	12345--		07:10	
*KE647	20:10	02:20+1	330	CY	-----67		07:10	
*KE633	18:30	00:40+1	330	CY	---4--7		07:10	
GA871/KE5629 ★	11:05	17:05	333	Y	1234567		07:00	

● KE5629★편은 가루다인도네시아항공의 항공기로 운항합니다 : Operated by Garuda Indonesia

Seoul 서울 (ICN 인천 +9) — Jakarta 자카르타 (CGK +7)								3,278
*KE627	15:25	20:30	777/330	PCY/RJY	1234567		07:05	
*KE625	18:00	23:05	777	PCY	-2--56-		07:00	11.29~
GA879/KE5627 ★	10:00	15:10	332	Y	1-34567		07:10	~12.18
GA879/KE5627 ★	10:00	15:10	332	Y	1234567		07:10	12.19~

● KE5627★편은 가루다 항공의 항공기로 운항합니다 : Operated by Garuda Indonesia Airlines

● *: 신기재 운영 노선 (기재 운영은 사전 고지 없이 변경될 수 있습니다.)

Flight	Departure	Arrival	Aircraft	Class	Day	Via	Flight Time	Validity/Miles
편 명	출 발	도 착	기 종	클래스	요 일	경유지	비행시간	유효기간/적립마일
DenpasarBali 덴파사르 발리 (DPS +8) — Seoul 서울 (ICN 인천 +9)								3,279
*KE630	00:55	08:50	330	CY	-23456-		06:55	11. 1~
*KE630	02:20	10:25	330	CY	------7		06:55	~10.30
*KE648	03:45	11:40	330	CY	1-----7		06:55	10.31~
*KE634	02:05	10:00	330	CY	1---5--		06:55	10.31~
GA870/KE5630 ★	00:30	08:25	333	Y	1-34-6-		06:55	
GA870/KE5630 ★	00:30	08:30	333	Y	-2--5-7		06:55	

● KE5630★편은 가루다인도네시아항공의 항공기로 운항합니다 : Operated by Garuda Indonesia

Jakarta 자카르타 (CGK +7) — Seoul 서울 (ICN 인천 +9)								3,278
*KE628	21:55	06:45+1	777/330	PCY/RJY	1234567		06:50	
*KE626	00:20	09:10	777	PCY	--3--67		06:50	11.30~
GA878/KE5628 ★	22:55	07:55+1	332	Y	-234567		07:00	~12.18
GA878/KE5628 ★	22:55	07:55+1	332	Y	1234567		07:00	12.19~

● KE5628★편은 가루다 항공의 항공기로 운항합니다 : Operated by Garuda Indonesia Airlines

● *: Enhanced In-Flight Product. This aircraft features new seats and AVOD service.
(Schedules may be changed without prior notice.)

상기 비행 스케쥴은 항공사 사정에 의하여 변동될 수 있습니다.

등 사회 간접시설 확충을 위해 외국자본 유치에 발 벗고 나서고 있다. 각 지방에서도 교통인프라 확충을 위한 많은 노력을 하고 있기 때문에 점진적으로 도로교통 사정은 나아질 것으로 보인다. 주요도시 간 교통수단으로 장거리 버스가 운행되고 있는데 장거리버스는 에어컨 시설이 잘 갖추어진 대형버스를 이용하면 된다.

자카르타 등 도시지역의 대중교통 수단으로는 택시와 시내버스, 삼륜차 스타일의 오젝(Ojek)이나 오토바이로 만든 바자이(Bajai)가 있다. 시내버스는 새까만 매연을 뿜어내는 오래된 차량이 많은 편이고, 출퇴근 시내버스는 한국에서 70-80년대에 경험했던 시내버스처럼 차장의 신호에 따라 움직이며, 콩나물시루를 방불케 한다. 자카르타 북부에서 남부를 가로지르는 트랜스 자카르타 버스가 있는데 우리나라의 좌석 버스처럼 깨끗한 편이며 전용버스노선을 따라 횡단하기 때문에 시간을 단축할 수 있다. 시내버스도 점진적으로 교체해 가는 중이다. 택시는 중형 모범택시인 검은색의 실버버드와 일반택시 중 가장 안전한 파란색 택시 블루버드가 있는데, 기름 값이 싸기 때문에 요금이 싼 편이고 한국처럼 거리·시간 병산제를 채택하고 있다. 도시지역에서는 많은 사람이 오토바이로 출퇴근하고 자전거를 이용하는 사람도 있다. 자카르타에 가면 '오젝'이라고 부르는 빨간 삼륜차들을 볼 수 있고, 지역에 따라서 오토바이나 자전거를 개조한 다양한 형태의'베착'과 '안동'이나 '치도모'라 부르는 마차도 운행되고 있다. 도로가 많이 막히는 혼잡한 시내구간을 통과할 때 오젝, 바자이, 오토바이, 베착은 편리한 교통수단으로 이용되기도 한다.

1. 대형버스 내부모습
2. 롬복 Cidomo(치도모)
3. 북부 수마트라 베착

철도

철도는 자바 섬과 수마트라 섬에 총 시설의 80-90%가 편중되어 있다. 철로 및 객차 시설과 운행 서비스는 한국과 비교하면 미흡한 실정이며 도심지 주요 수송수단인 지하철이 전혀 없어 도시교통 체증을 해소하지 못한다. 자바 섬 안의 철도는 자카르타 시내를 여행할 때나 자바의 주요도시로 이동할 때 유용한 교통수단이 된다.

자카르타의 감비르(Gambir)역에서 출발하여 수라바야까지 연결하는 두 개의 노선이 있는데, 남 선은 자카르타 - 반둥 - 족자카르타 - 솔로 - 마디운 - 수라바야 구간이고, 북 선은 자카르타 - 치르본 - 스마랑 - 보쇼네고로 - 수라바야 구간이 있다. 기차 요금은 이코노미 좌석과 비즈니스 좌석에 따라 차등이 있고, 매일 수시로 운행되며 특히 야간에는 급행열차가 운행된다. 자카르타에서 반둥 구간은 1일 운행 횟수가 다른 도시에 비해 빈번하다.

항구

인도네시아는 사면이 바다로 둘러싸인 해양국가로 2,133개의 항구가 있는데 그 중 977개가 일반항구이고 49개 선박회사가 해상 수송을 담당한다. 국제 허브 항구로는 자카르타의 탄중 푸리옥(Tanjung Puriok)항과 수라바야의 탄중 페락(Tanjung Perak)항이 있으며 전국 21개 국제항구에서 도착비자를 발급하고 있다. 최근 새로 시설을 확장한 주요항구는 수마트라 잠비의 무아로 사박(Muaro Sabak)항과 북 술라웨시의 비퉁(Bitung)항 등이다. 해상교통은 메단 - 자카르타 - 수라바야 - 우중 판당 등 주요 항구를 연결하는 페리를 운항하고 있고, 근거리 섬과 섬 사이의 교통은 크고 작은 페리가 운항하고 있는데, 자바 - 발리, 자바 - 수마트라, 발리 - 롬복, 수라바야 - 마두라, 반탐 - 싱가포르 등이 있다.

1. 증기 기관차

2. 순다 클라파 항구

Indonesia

루피아(화폐) 이야기

1

루피아로 통용되나 달러도 필요

우리가 세상을 살아가는 데 없어서는 안 될 중요한 유통 수단이 바로 돈이다. 인도네시아에는 루피아(Rupiah)라는 단위로 통용되는 고유의 화폐가 있는데, 통용되는 지폐종류로는 1,000IDR(루피아), 5,000IDR, 10,000IDR, 20,000IDR, 50,000IDR, 100,000IDR가 있다. 동전은 1,000IDR(루피아), 500IDR, 200IDR, 100IDR, 50IDR가 있다.

인도네시아에서는 원칙적으로 루피아만 통용되고 모든 물건 가격표시도 루피아로 되어 있다. 다만, 외국인이 이용하는 시설 등에서는 달러가 통용되는데 루피아로 환산해서 받고 있다. 인도네시아에 여행할 경우는 루피아를 조금 준비하고 나머지는 달러를 준비해 두었다가 환전해 쓰는 것이 편리하다. 왜냐하면, 루피아의 화폐 가치가 낮고 달러나 원화 대비 환율이 높아 소액권일 경우 부피가 엄청나게 늘어나기 때문이다. 달러 환전 시 손상되거나 낙서 또는 도장 등이 찍혀 있는 지폐는 환전을 거부하거나 낮은 환율로 환전해 주며 은행이 아닌 머니체인저들의 경우 더 까다롭다. 머니체인저의 경우 위조지폐를 눈으로 구별하기 어렵기 때문에 위조지폐로 판명된 달러의 발행 일련번호와 동일한 시기에 나온 지폐는 환전을 거부하기도 한다.

요즘 외환 환율이 급변하고 인도네시아 루피아의 환율은 변동성이 커 원화와 루피아의 정확한 가치는 시시각각 변하지만, 최근 몇 년간 원화 대비 루피아 환율은 대체로 1원에 8-10루피아 수준이었다. 2011년 11월 22일 현재 평균 매매기준율은 100루피아가 약 12.65원이다. 8:1 기준으로는 만원만 바꿔도 8만 루피아가 되기 때문에 소액권으로는 화폐량이 늘어나 관리가 복잡하다. 미국 달러는 100불이면 대충 90만 루피아 가까이 되기 때문이다. 이곳에 처음 여행하게 되면 화폐단위가 커서 왠지 현지화로 계산하면 비싸게 느껴지고, 우리나라 물가와 비교하면 금액 자체가 커 계산이 복잡하고 머리가 혼란스러워 제대로 여행을 못한다. 반대로 달러로 계산하면 싸게 느껴지는 착시 현상도 있는 것 같다. 필자의 현지 경험상 인도네시아의 물가는 우리나라 보다는 싼 편이기 때문에 지나치게 환율계산에 집착해서는 안 된다.

대신 재래시장 등에서는 에누리만 잘 하면 그만큼 더 싸게 산다고 생각하면 즐거운 여행을 할 수 있다.

환율 변동에 특히 주의

2

현지 장기체류자는 환율변동에 따라 돈 관리를 잘해야 한다. 한때 인도네시아가 경제위기를 겪게 되면서 루피아가 폭락해 달러 보유자들은 엄청난 이익을 보았다는 사실을 염두에 두고 현금관리를 해야 한다. 당시 달러 봉급자들은 부피가 큰 루피아는 소지하기 불편하기 때문에 승용차 트렁크에 싣고 다니며 썼다고 들었다. 외환위기 전 루피아 환율은 1달러에 2,500 루피아 내외를 오르내리다가 한때는 1달러에 25,000 루피아 이하까지 폭락하기도 했다. 인도네시아는 2003년 말 IMF 구제금융 상태를 극복하고나서 정치적 안정과 더불어 점진적인 경제성장을 해오고 있기 때문에 루피아 가치의 상승에 따른 환율변동에 촉각을 세우고 대처해야 할 것이다. 2011년 들어서도 루피아가 지속 강세를 보이고 있다. 한편으로는 과거 폭발적인 인플레이션으로 1959년 100: 1로 화폐개혁을 단행했고 1968년에는 1000:1로 화폐개혁을 단행했던 나라인 만큼 경제 사회적 변수를 눈여겨 보아야 할 것이다.

오랫동안 네덜란드와 일본의 식민지배를 받았던 인도네시아는 독립 후에도 3개국 화폐가 통용되어 혼란을 겪었다. 인도네시아 인들은 더욱 완전한 독립을 위하여 인도네시아 고유화폐를 제조하기 위해 임시조폐공사를 세우고 네덜란드의 갖은 방해공작과 추적을 피해 옮겨 다니면서 1946년 10월 30일 마침내 자신들의 고유 화폐를 만들기 시작했다. 고유화폐의 사용으로 인도네시아는 완전한 독립국의 면모(완전한 주권국가 1949.12.27)를 갖추어 가면서 통일국가 형성에 한 걸음 다가갔던 것이다. 인도네시아 화폐에는 독립영웅이나 국가적 지도자들이 새겨져 있는데 수디르만 장군, 디뽀느고르 왕자, 국민의 어머니라고 불리는 여성 지도자인 카르티니가 새겨져 있다.

1. 인도네시아 루피아 화폐

2. 세계 각국의 화폐

Indonesia

지역마다종족마다 독특한 음식문화

음식의 전통과 맛 다양

인도네시아는 다양한 종족이 모여 이루어진 나라이기 때문에 종족별로 음식의 전통과 맛 또한 다양하다. 음식 맛은 일반적으로 자바 섬은 달고, 수마트라와 술라웨시는 맵고, 칼리만탄 섬은 신맛이 강하다. 인도네시아를 대표하는 요리는 수마트라 섬의 파당(Padang) 요리를 들 수 있는데, 파당 요리도 지역에 따라 일부 요리는 맛이 다르다. 인도네시아 사람들이 즐겨 먹는 육류는 염소고기, 닭고기, 쇠고기 순이며, 그 중 닭고기는 다양한 형태로 요리해서 먹는다. 닭고기 요리에는 아얌(Ayam)이란 단어가 들어가는데, 튀긴 닭고기 요리는 '아얌 고랭', 구운 닭고기 요리는 '아얌 바카르', 닭고기 국수는 '미 아얌'이다. 그리고 국수 류와 라면도 좋아한다. 싫어하는 음식은 돼지고기 요리이므로 현지인과 함께 식사하는 자리에서 돼지고기를 먹으려면 사전에 양해를 구해야 한다.

2

인도네시아에서는 예로부터 다양한 향신료가 생산되어 음식에 많이 사용되었고 기온이 높아 음식물의 변질을 막기 위해 볶음이나 튀김요리가 발달했으며, 이곳에서 풍부하게 생산되는 팜 오일이 요리에 많이 사용되고 있다. 또한, 역사적으로 외래문화가 침투하여 동화되었기 때문에 음식문화에도 많은 영향을 미쳤다. 인도 상인이 향신료 거래를 하기 위하여 인도네시아에 들어와 힌두교와 남방불교를 전파시키는 과정에서, 상인들은 코코넛 밀크의 사용 및 카레 음식문화를 전파시켰다. 또 중국 상인과의 교역을 통해 채식주의가 성행하였으며, 중국 음식 만드는 기술이 전파되어 튀김 조리법이 시작되었는데 튀김 조리법은 오늘날 인도네시아 음식의 큰 비중을 차지하고 있다.

손으로 버무려 먹으면 제 맛

인도네시아 사람들은 더운 날씨 때문에 뜨거운 음식을 싫어하여 음식을 조리하여 바로 먹지 않고 미리 준비해 놓았다가 식은 뒤 먹는 습관이 있다. 식사는 문명이 발달하면서 포크와 스푼사용이 대중화되고 있으나, 아직도 많은 사람이 오른손 새끼손가락

1. 박소를 즐겨먹는 현지인

2. 인도네시아 전통음식 미 아얌

을 제외한 네 개의 손가락으로 밥과 반찬을 버무려 먹는다. 밥은 물기가 적은 상태를 좋아하고, 밥과 반찬을 한 접시에 담아 먹는 습관이 있다. 필자의 경험에 의하면, 현지음식을 먹을 때 밥과 요리를 함께 섞어 손가락으로 적당량을 버무려 누른 뒤에 집어먹으면 특유의 맛을 느낄 수 있었다. 현지음식점에는 식탁 위에 손가락을 씻을 작은 물그릇과 레몬이 준비되어 있기 때문에 손가락을 씻으면서 음식을 먹으면 된다.

여행 시 인터내셔널호텔이 아닌 경우 현지음식을 먹어야 하기 때문에 지역별 음식의 특징을 사전에 알아두고 한국인의 입맛에 맞는 음식을 선택하는 게 좋다. 그러나 자카르타나 족자카르타, 발리, 반둥, 수라바야 등 주요도시에는 한국음식점이 있어 전혀 불편이 없다. 자카르타의 큰 호텔에는 김치가 준비되어 있고, 자카르타 인근 골프장에도 김치나 라면, 비빔밥 등 간단한 한국 음식을 파는 곳이 늘어나고 있다. 진정한 인도네시아의 맛을 느끼려거든 반드시 현지음식을 먹어보는 것이 좋고 오래오래 기억에 남는 여행이 되지 않을까 싶다.

1

지역별 음식의 특징

2

자카르타와 자바 지역은 쌀로 지은 밥이 주식이며 부식으로는 육류, 채소, 생선을 이용한 다양하고 풍요로운 식생활을 영위하고 있다. 특히 이 지역에서는 인도네시아의 중요한 부식의 하나인 템페(tempe: 콩으로 만든 치즈 같은 전통발효식품)가 처음 개발되었다. 템페는 중부 자바의 전역에서 고기 대체식품으로 애용되며 영양가가 풍부하다. 또한, 이곳에는 장기간 네덜란드의 지배를 받아 서구식 음식문화가 유입되어, 전통적이고 토속적인 식생활 모습과 근대적인 식생활 모습이 함께 공존하고 있다. 자바인들은 당분이 많이 든 차 음료와 단 음식을 좋아하고, 순다인들은 야채나 생선 음식을 즐겨 먹는다.

서부 수마트라 지역의 주식은 밥과 삶은 카사바 뿌리(카사바 나무의 뿌리로서 고구마보다 긴 덩이뿌리)이다. 특히 고추 및 식물성 색소, 향신료를 많이 사용하여 매운맛이 나고 음식 색깔이 노랗다. 수마트라지역 중 파당 지역의 음식의 특징은 닭, 생선 등을 식물성 색소로 노랗게 하여 기름에 튀긴다. 자카르타에서도 파당 요리 전문 레스토랑을 도로변에서 볼 수 있는데, 진열장 안에 여러 개의 선반 위에 음식이 가득 담긴 큰 그릇이 층층이 놓여 있다. 파당 요리 음식점에 가면 주문하지 않아도 순식간에 작은 접시에 담긴 음식이 서비스되는데 먹고 싶은 음식 접시만 골라 먹으면 된다. 계산은 손을 댄 접시만 계산하면 되므로 많이 가져다 놓는다고 걱정할 필요가 없다.

남부 셀레베스 지역의 주식은 옥수수 가루로 만든 죽과 바나나 잎에 싸서 수증기로 익힌 생선찜이 보편화되었다. 서부 이리안자야 및 암본 지역에서도 사고야자 줄기에서 추출한 사고녹말 가루로 만든 죽이 주식이며 이리안자야와 술라웨시 일부 지역에서는 야생 동물을 사냥하여 통째로 구워 먹는 풍습이 남아있다. 말루쿠의 케이(Kei) 지역에서는 육 고기만 익혀 먹고 나머지 음식물은 덜 익은 상태로 먹으며 생선은 날것으로 먹는다.

힌두교 인구가 절대적인 발리는 힌두교 의식의 식생활이 특징이다. 이곳의 주식은 쌀밥과 쌀로 만든 튀김과자 등이며 음식을 만들어 꽃처럼 아름답게 차려 매일 몇 차례씩 사당에 제를 지낸다. 발리의 호텔 음식점에서는 이곳 특유의 악기인 가믈란 가락에 맞추어 춤을 추는 전통 무용을 즐기며 인도네시아 고유음식을 즐길 수 있는 곳이 많다. 또한, 쿠타, 러기안, 짐바란 해변에 가면 해산물요리(Sea Food)를 잘하는 식당이 즐비하고 바닷가재, 생선, 게, 새우 등 해산물을 수족관에서 직접 고르면 원하는 대로 요리를 해주며 좋아하는 소스도 골라서 먹을 수 있다.

1. 현지음식 뷔페
2. 템페
3. 파당음식
4. 힌두교도들은 음식을 만들어 사당에 제를 지낸다

한국인 입맛에 맞는 음식 메뉴

나시 고랭(Nasi Goreng)

대표적인 인도네시아 음식으로서 우리나라의 볶음밥과 비슷하다. 우리말로 나시는 '밥'이고 고랭은 '볶음, 튀김'을 의미한다. 따라서 나시 고랭은 인도네시아식 볶음밥이다. 우리 입맛에 맞는 요리이다.

솝 분틋(Sop Buntut)

우리나라의 꼬리곰탕 같은 음식으로 당근 양파 등과 함께 끓인 것으로 국물을 좋아하는 사람은 현지음식 중 입맛에 맞는 반가운 음식에 속한다.

미 고랭(Mie Goreng)

볶은 국수라는 의미로 한국의 라면과 비슷하고 맛도 비슷하며 인스턴트 식품으로 판매되기도 한다.

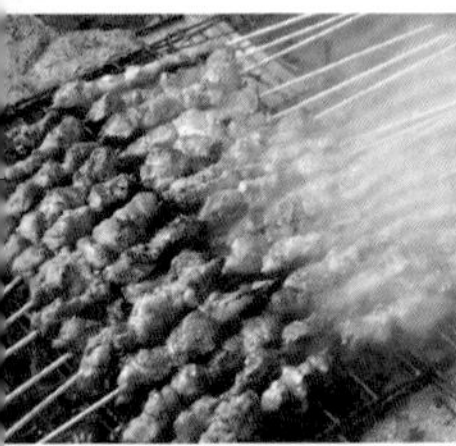

사테(Sate)

인도네시아 어디서든 쉽게 접할 수 있는 대중적인 요리로서, 닭고기, 소고기, 염소고기 등을 대나무에 끼워 숯불에 구운 꼬치구이이다. 다양한 소스를 발라 먹으면 맛이 있다. 간단하게 요기를 때우려면 바나나껍질 속에 쌀을 넣고 찐 론똥(Lontong)과 함께 먹으면 된다.

아얌 고랭(Ayam Goreng)

닭고기 튀김 요리로 소금으로 간을 맞춘다. 닭다리와 날개 부위의 튀김 요리가 많은데 고유의 고추소스인 삼발을 찍어 먹는다. 우리 입맛에 맞는 음식이다.

소토 아얌(Soto Ayam)

Soto는 수프를 의미하므로 닭고기와 야채와 향신료를 넣어 끓인 노란색의 닭고기 수프이다. 지역에 따라 맛이 다른데 약간은 카레 향이 나며, 국물에 면이나 밥을 말아 먹는다. 처음에는 손이 잘 가지 않는 음식인데 막상 먹어 보면 맛이 있다.

부부르 아얌(Bubur Ayam)

쌀로 끓인 죽에 삶은 닭고기를 얹고, 그 위에 '게짭 아신'이라는 인도네시아 간장을 치고 마늘을 볶아서 말린 양념과 잘게 썬 파, 짜베 라윗(매운맛이 나는 작은 고추)를 넣어 먹는 요리이다. 한마디로 닭죽과 비슷하여 한국인들이 즐겨 먹는다.

미 아얌(Mie Ayam)

삶은 면 위에 닭고기와 삶은 야채를 얹고 나서 닭고기를 사용한 육수를 부어 먹는 일종의 닭 국수 요리로 간식에 적합하다. 삼발이나 께짭 마니스(단 간장) 등 소스를 넣어 먹으면 제 맛이 난다.

박소(Bakso)

시내 길가 포장마차에서 많이 파는 음식으로, 우리나라 고속도로 휴게소에서 쉽게 접하는 어묵처럼 간단하게 먹을 수 있다. 국수가 조금 들어 있으며 소고기 완자가 몇 개 들어간 수프가 먹을 만하다.

에스 텔레르(Es Teler)

시원한 코코넛이나 우유에 여러 가지 과일을 썰어 넣은 음식으로 우리나라 과일 화채와 같이 달고 맛있다. 현지인들은 식사 후 에스 텔레르, 코코넛 음료, 오렌지 주스 등 음료를 즐겨 먹는다.

Indonesia
열대과일 이야기

망고(Mangga)의 추억

열대 우림의 나라 인도네시아는 숲이 우거진 만큼 과일도 풍성하다. 도심 외곽에는 울타리가 과일나무일 정도로 열대과일이 흔한 곳이다. 요즘에는 한국 백화점이나 슈퍼에서도 수입 열대 과일을 많이 볼 수 있고 가격도 과거보다 많이 저렴해져 쉽게 사 먹을 수 있다. 사실 10여 년 전만 해도 그 흔한 바나나도 특별한 경우가 아니면 사먹기가 쉽지 않았다. 필자 역시 인도네시아에 가기 전에는 열대과일을 먹어볼 기회가 별로 없었던 게 사실이다. 그래서 과일 맛이 어떤지도 모르고 어떻게 먹는지도 몰랐다. 자카르타에 도착한 지 얼마 안 되어 망고 한 상자를 선물 받은 적이 있다. 그전에 망고를 한 번도 먹어 보지 않아서 별로 먹고 싶은 생각도 없어 차일피일 미루다, 어느 날 먹으려고 하니 물컹하게 익어 잘 깎아지지 않았다. 먹기 좋은 시기를 놓친 것이다. 그러다 보니 과육이 껍질과 씨에 모두 붙어 남는 게 별로 없이 손바닥만 범벅이 된 채 대충 먹어 치웠다. 맛은 좋았지만 껍질을 벗기기가 힘들어서인지 망고에 대한 우리 가족의 첫인상은 별로 좋지는 않았다.

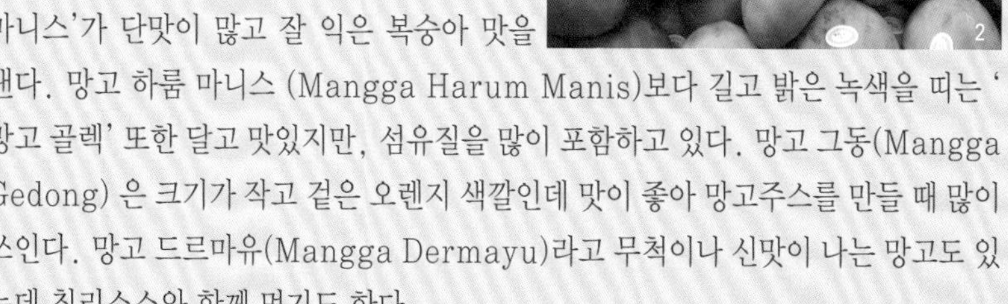

그 후 우리 식구들은 망고는 맛은 있는데 먹기가 어렵다는 말을 자주 하며 과일가게에서 망고를 꺼리곤 했다. 자카르타생활이 어느 정도 익숙해진 시점에 망고를 먹는 방법을 알고 나서는 망고에 대한 인식이 확 바뀌게 되었다. 망고도 여러 종류가 있는데 그 중 '망고 하룸 마니스'가 단맛이 많고 잘 익은 복숭아 맛을 낸다. 망고 하룸 마니스 (Mangga Harum Manis)보다 길고 밝은 녹색을 띠는 '망고 골렉' 또한 달고 맛있지만, 섬유질을 많이 포함하고 있다. 망고 그동(Mangga Gedong) 은 크기가 작고 겉은 오렌지 색깔인데 맛이 좋아 망고주스를 만들 때 많이 쓰인다. 망고 드르마유(Mangga Dermayu)라고 무척이나 신맛이 나는 망고도 있는데 칠리소스와 함께 먹기도 한다.

---

1. 코코넛 나무(야자수)　　2. 망고 나무와 망고

두리안(Durian)의 향수

자카르타의 슈퍼나 대형 몰 등에 가면 과일 가게들이 많다. 입구에 들어서자마자 한국에서는 전혀 맡아보지 못한 괴상한 냄새에 인상을 찌푸리게 된다. 처음에는 화장실을 잘못 알고 찾아왔나 하는 착각을 하기도 하고 코를 의심해 보기도 한다. 냄새의 진원지는 과일 진열대이다. 이상한 도깨비 방망이 같은 해괴한 열매가 접근을 경계하는 듯하고 어떤 것은 입을 벌리고 있어 냄새로서 자신을 보호하는 것 같다. 그 옆을 보면 밀가루 반죽 덩어리 같은 노르스름한 알맹이가 크린 랩에 포장된 채 손님을 기다리고 있다. 자카르타 생활 1년 동안이나 필자로 하여금 그 과일에 대한 접근을 못하게 만들었던 그 냄새의 주인공이 바로 과일의 황제라고 하는 두리안이다.

1년이 지나서야 왜 사람들은 두리안을 과일의 황제라고 부르게 된 것인지 궁금해지기 시작했다. 한 번쯤 맛을 보아야겠다는 생각을 해오고 있었던 어느 날, 자카르타 외곽 란짜마야 골프장에 갈 기회가 있었다. 거기에는 티 박스가 두리안 열매로 되어 있었다. 그곳 주변에서 생산되는 두리안의 맛이 좋다고 들었다. 그동안 두리안을 먹지는 않았지만 늘 관심을 두고 있었던 터라 운동을 마치고 클럽하우스에서 맥주 한잔 마시다가 함께 운동했던 동료가 이곳 두리안 맛이 좋다고 강조하는 바람에 두리안 하나를 큰 맘 먹고 사게 되었다. 차에 싣고 집으로 오는 동안 차 안이 온통 두리안 냄새로 가득 찼다. 현지인 운전기사는 코를 벌름거리며 잘 익었다고 입맛을 다신다. 그 맛이 더욱 궁금해 졌다. 그러나 점점 적응이 되었는지 집에 도착할 때쯤 되자 별로 냄새가 나지 않는 것이다. 그래서 자신 있게 집에 들고 갔는데 온 식구들이 냄새 난다고 싫어했다. 하지만, 오늘은 일을 낸다고 맘먹고 들고 간 이상 나는 무슨 냄새가 난다고 그러냐고 능청을 떨었다. 그리고 두리안을 식탁 위에 놓고 쪼개기 시작했다.

첫사랑 두리안

비로소 두리안과 인연을 맺게 된 역사적인 순간이었다. 껍질을 벗기는 순간 과육이 노르스름한 피부를 드러낸 채 싱싱함을 뽐내며 나를 유혹했다. 두 쪽만 내놓고 나머지는 밀봉해서 냉장고에 넣어 두었다. 처음으로 식구들이 모여 포크를 들고 두리안을 조금씩 맛을 보기 시작했다. 처음에는 혀로 맛을 보는 것이 아니라 코로 맛을 본 것 같았다. 두 번 세 번 먹어보니 혀로 맛을 음미하게 되었다. 너무 단것인지 달다 못해 쓴맛인지 구분을 할 수 없었지만, 왠지 손이 끌리는 것이다. 두리안은 열량이 워낙 높아 많이 먹으면 열이 나기 때문에 적당히 먹어야 하고 음주 후 먹으면 큰일 난다는 얘기를 많이 들었다. 그래서 처음 먹는 순간이라 왠지 겁이 나서 두 조각만 먹고 말았다. 아이들보다도 아내의 눈치를 살펴보니 의외로 반응이 덤덤했다. 말을 아끼면서 맛을 음미하는 눈치였다.

그 다음날 퇴근 무렵이 되자 어제 먹다가 남겨둔 두리안 생각이 솔솔 나기 시작해서 퇴근하자마자 집으로 향했다. 저녁식사를 하고 냉장고에 넣어둔 두리안을 꺼내보니 절반 밖에 남지 않았던 것이다. 혹시 냄새 때문에 버렸는가 싶어 어떻게 된 것인지 아내에게 묻자, 이실직고하는 것이었다. 온종일 그 냄새와 살다 보니 냄새에 이끌려 냉장고를 자주 열게 되었다고 한다. 그릇 뚜껑을 열고 한 수저만 먹어 본다는 것이 한번 입을 대니 숟가락을 놓기가 싫었다는 것이다. 두리안의 매력인지 마력인지 알 수 없다. 그래서 과일의 황제에 즉위하게 되지 않았나 싶다. 그 후 과일가게 앞을 지날 때마다 집에 두리안이 떨어질만하면 사 날랐다. 시간이 갈수록 사놓기가 바쁘게 없어진다. 아내가 황제를 사랑하게 된 것이다. 괜히 질투가 나기도 했다. 그래서 인도네시아 사람들도 두리안의 냄새는'지옥의 향기'라고 하면서도 맛은 '천국의 맛'이라고 표현한다. 한국에서도 시골길을 지날 때 그윽한 고향의 향기에 취해 그 옛날 어린 시절 추억이 되살아나는 것처럼, 지금 글을 쓰는 순간 두리안의 그윽한 향기가 인도네시아에 대한 추억을 되살리고 향수에 젖어 들게 한다.

1. 두리안(과일의 황제)　　2. 두리안 과육

사랑해요 망기스(Mangis)

인도네시아에는 우기(12월-3월)에만 생산되는 과일로서, 껍질은 석류 같고 꼭지는 감 같고 알맹이는 8쪽 마늘 같은 불그스레하고 까무잡잡한 과일이 있다. 껍질은 단단해 보이지만 손으로 쉽게 쪼개지며, 그 속에는 고이 간직한 백옥 같은 살결의 과육을 드러낸다. 마치 갑옷을 입은 여왕의 속살을 보는 듯하다. 그래서 망기스를 열대 과일의 여왕이라 부르는 것 같다. 보기도 좋은 것이 먹기도 좋고 맛도 좋다. 백옥같은 하얀 과육을 입에 넣는 순간, 뭐니 뭐니 해도 달고 상큼한 맛이 기가 막히다. 망기스를 볼 때마다 몸가짐이 단정하고 마음이 착한 여인같은 느낌이 든다. 두리안이 창이라 하면 망기스는 방패요, 두리안이 황제라면 망기스는 여왕이다. 태양이 이글거리는 적도의 밀림 속에서 익어가는 두리안과 망기스의 사랑은 영원하리라.

먹으면 키가 커지는 과일, 스망카(Semangka)

어떤 과일을 먹으면 키가 커진다고 하면 믿을 사람은 없을 것이다.

우리 부부 평균키는 160대에 불과하다. 보기 싫게 작지는 않지만 보통 키 정도이다. 처음 자카르타에 도착 했을 당시 둘째 아이는 한국에서 중학교 1학년으로 키가 161㎝ 정도로 같은 나이 또래 애들보다 작은 편이었다. 머리도 아주 짧게 자르고 중학생 치고는 귀엽다 할 정도의 어린이였다. 인도네시아에 도착 후 처음부터 학교입학도 순조로웠고 식생활도 아무래도 서울보다는 풍성한 편이었다. 하지만, 처음 국제학교에 들어가 영어로 수업을 받아야 하고 환경도 새롭고 해서, 적응하는 데 힘이 들었는지 이국생활 6개월쯤 될 때까지는 키가 자라지 않는 것 같았다.

아들은 학교에서 축구를 좋아했던 것 같다. 한국 같으면 밖에서 친구들과 뛰어 놀만한 곳이 많은데 인도네시아는 방과 후에는 그럴만한 곳도 없고 학원과외도 있고 해서 뛰어 놀 시간이 별로 없었다. 그래서 학교에서 틈만 나면 축구를 했다고 한다. 매일같이 35도를 오르내리는 무더위 속에서 축구를 하고 오니 온몸이 검게 탔고, 사나이로서 제법 균형 잡힌 몸매를 유지하면서 건강미도 있었다. 하지만, 머리가 익을 정도의 강한 햇볕에 머리가 안 빠진 게 용하다. 운동하고 땀 흘리고 나면 얼마나 갈증이 났을까 상상이 간다. 아이는 집에 돌아오자마자 가방을 내던지고 부엌으로 먼저 간다. 냉장고에서 스망카(수박)를 꺼내 통째로 먹어 댄다. 그래서 우리 집에는 김치냉장고에 수박이 몇 통씩은 항상 준비되어 있어야만 했다.

인도네시아 스망카는 한국 수박보다 당도가 낮아 심심한 편이나 파인애플이나 바나나는 한국에서 먹었던 것보다 훨씬 당도가 뛰어나고 맛이 있다. 하지만, 아들은 유독 스망카를 무척 좋아해 매일같이 한 통 또는 반 통은 먹은 것 같다. 그래서 그런지 약 6개월쯤 지나서부터 키가 무럭무럭 자라기 시작했다. 아들은 어렸을 때부터 평소 벽에 키를 재고 얼마나 컸는지 수시로 체크하는 습관이 있어서 자카르타에서도 키를 가끔 점검해왔다. 처음 몇 달을 빼고 근 2년 동안 매달 평균 1㎝ 정도씩 자란 것이다. 고등학교 다닐 때는 키는 크지 않고 몸집만 늘어났는데 귀국 전의 키는 183㎝ 정도로 마치 보기 좋게 컸다. 지금도 아들을 볼 때마다 수박생각을 한다. 골똘히 생각해 보니 수박은 더운 나라에서 수분을 보충해 주고 이뇨작용이 탁월하며 체내 신진대사를 촉진해주어 아들의 키가 무럭무럭 자란 것이 아닌가 싶다. 과학자가 아니라 정확한 입증은 할 수 없지만, 아들이 수박을 좋아했고 수박을 많이 먹었던 것만은 사실이다. 그래서 수박이 어린이들의 성장을 촉진한다고 생각한다. 한국에 돌아와 보니 수박 맛이 매우 좋다. 아들은 물론이고 모든 식구가 한국산 수박을 좋아한다. 그러나 4계절 내내 먹을 수도 없고 인도네시아보다 값이 비싸서 적당히 먹을 수밖에 없다. 아내는 지금도 아들생각에 무거운 수박을 자주 사 날린다. 하지만, 먹을 때는 끝 부분 작은 조각만 먹는다. 작지만 큰 감동이 느껴졌다.

2

---

1. 망기스

2. 인도네시아 수박(과육은 노란색과 빨강색이 있다)

기타 과일

코코넛(Coconut)은 클라파(Kelapa)라고 부르며 남국의 정서를 느끼게 하는 야자수 열매이다. TV나 영화를 통해 밀림에서 원숭이가 야자수에 올라가 열매를 따서 물을 빨아먹는 장면을 한 번쯤은 보았을 것이다. 인도네시아에 가면 가장 흔하게 볼 수 있는 나무가 야자수인 것 같다. 코코넛은 박처럼 생긴 열매에 물이 들어 있는데 더운 나라에서는 무공해 천연 청량음료이다. 그래서 길가나 가게에서 코코넛을 많이 쌓아놓고 팔고 있다. 또 골프장 그늘집에 가면 부근 나무에서 직접 따서 팔기도 한다. 거리에서 파는 것이나 나무에서 바로 딴 코코넛을 마시면 갈증 해소에 도움이 된다. 특히 무더위 속에서 라운딩 도중 목마를 때 마시는 코코넛은 달콤하게 느껴지고 힘을 불어 넣는 것 같다. 코코넛 물을 다 마신 후 속에 붙어 있는 얇은 과육을 껍질로 만든 수저로 긁어 먹으면 담백한 맛이 나고 배고플 때 먹으면 요기도 된다. 말린 코코넛 껍질은 공예품으로나 연료로 쓰이기도 한다. 그래서 코코넛은 버릴 것이 전혀 없는 유용한 과일이다.

1

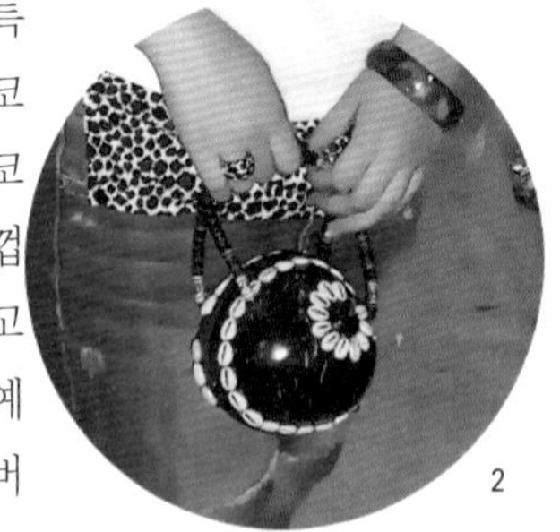
2

람부탄(Rambutan)은 빨갛게 익은 과일의 외부에 머리카락처럼 털이 나 있다. 인도네시아어로 람붓(Rambut)은 털을 뜻한다. 람부탄은 인도네시아에서 흔한 과일이고 골프장 등에서도 쉽게 따 먹을 수 있는 과일로 우기에 많이 볼 수 있다. 빨간색과 노란색이 있는데 노란색이 더 달고 맛있다. 껍질을 손톱으로 쉽게 벗길 수 있고 그 안에 투명한 속살

이 나오는데 달콤하다. 속살이 씨에 붙어 있어 씨껍질과 함께 씹으면 꺼끌꺼끌한 느낌이 든다.

살락(Salak)은 껍질은 뱀 같은데 알맹이는 마늘 같다. 씹으면 씹을수록 단맛이 있고 마늘같이 생긴 알맹이 겉에 얇은 막이 있는데 이 막에 영양소가 많이 있다고 한다. 겉보기와 달리 먹을 수록 점점 더 친근감이 든다. 그래서 살락은 대기만성형 사랑에 비유되는 과일이다.

파파야(Papaya)는 수세미처럼 길쭉하게 생긴 큰 과일로서 빠우빠우(Pawpaw)로 부르기도 한다. 동남아 여러 나라에서 흔히 볼 수 있는 열대 과일 중 하나이다. 주황색의 과육에 가운데 부분에 환약크기의 까만 씨들이 들어 있으며, 독특한 향이 있어 썩 입맛이 당기지 않는다. 그러나 우기나 건기 아무 때나 생산되기 때문에 가장 흔하게 마주치게 된다. 소화제 기능을 한다 하여 식사장소에 빠짐없이 등장하기도 한다.

마르키사(Markisa)는 주황색을 띠며 자두 크기의 껍질이 매끄럽게 생긴 과일이다. 손으로도 눌러서 껍질을 벗길 수 있는데 안에는 개구리 알 같은 것이 들어 있어 느른하게 느껴진다. 보통 씨까지 함께 먹는데 씨 씹히는 느낌이 좋고 달콤한 맛이 난다.

---

1. 코코넛 내부 섬유질은 각종 연료로 가공된다

2. 코코넛 껍질로 만든 핸드백

Indonesia

여행·체류 시 유의사항

출입국 관리

인도네시아 입국 시 특히 유의할 사항은 반드시 여권 만료기간이 6개월 이상 남아 있어야 하고 돌아갈 항공티켓을 가지고 있어야 한다. 실례로 공항에 들어왔다가 도착비자를 발급받으면서 여권 잔여기간이 6개월이 못되어 다시 한국으로 돌아 간 사람도 있었던 사실을 명심해야 한다.

비자는 주한 인도네시아 대사관(여의도)에서 여행목적에 따라 발급받아야 하며 단순한 관광 또는 방문 시는 공항에서 도착비자를 발급받을 수 있다. 도착비자는 2010년 1월 26일부터 체류기간을 30일로 단일화하였으며 수수료는 $25이다. 수수료의 지불은 미국달러로 공항 현장에서 납부하기 때문에 소액권을 사전에 준비해 두는 것이 좋다. 도착비자의 경우 유효기간은 30일이며 입국 후 30일긴의 체류기간을 연장할 수 있다(연장 시 총 60일 체류 가능). 체류 허용기간 초과 시 하루에 USD $20의 벌금이 부과된다. 어느 나라나 마찬가지이지만 입국목적과 달리 취업 등 다른 일을 하다가 적발되면 추방되기 때문에 입국목적에 맞는 비자를 사전에 발급받아야 한다.

국제공항 입국 시에는 입국심사대에서 여권과 입국신고서를 제출하면 출입국관리 직원이 컴퓨터에 기록하고 입국스탬프를 찍어 주는데 그 자리에서 반드시 입국 날짜가 맞는지 확인할 필요가 있다. 만약 잘못 찍혔다면 현장에서 바로 잡아야 한다. 무심코 지나쳤다가 입국일이 잘못 기재되면 불법 체류자 신분이 되기 때문이다.

입국 시 소지품에 대한 세관통관 허용 범위는 양주 1리터, 담배 200개비, 시가 50개비, 향수 적당량이며, 고가 카메라나 스포츠 장비(골프클럽 등) 등은 세관신고서를 작성 신고해야 하며 출국 시 다시 가지고 나가는 조건으로 반입이 허용된다. 무기류나 향정신성 의약품, 포르노물은 반입이 금지되며 내용이 담긴 필름이나 비디

1. 인도네시아 상공

오테이프, CD는 내용을 검열받을 수 있다. 외환의 반입 반출은 제한이 없으나 인도네시아 돈은 500만 루피아 까지만 허용된다.

도착비자 가능 공항 / 항구

- 공 항 -

	공항명	도시이름
1	Polonia	메단
2	Tabing	파당
3	Sultan Syarif Kasim II	프칸바루
4	Soekarno Hatta	자카르타
5	Halim Perdana Kusumah	자카르타
6	Adisucipto	족자카르타
7	Adisumarmo	수라카르타
8	Juanda	수라바야
9	Ngurah Rai	덴파사르(발리)
10	Selaparang	마타람
11	El Tari	쿠팡
12	Sepinggan	발릭파판
13	Hasanuddin	마카사르
14	Sam Ratulangi	마나도

- 항 구 -

	항구명	도시이름
1	Belawan	메단
2	Sibolga	북부 수마트라
3	Teluk Bayur	파당
4	Nongsa	바탐 섬
5	Marina	틀룩스님바(바탐)
6	Sekupang	바탐 섬
7	Batu Ampar	바탐 섬
8	Sri Bintan Pura	탄중 피낭(리아우)
9	Yos Sudarso	두마이(리아우)
10	Tanjung Balai Karimun	리아우
11	Bandar Sri Udana Lobam	탄중 우반
12	Bandar Bintan Telani Lagoi	탄중 우반
13	Tanjung Priok	자카르타
14	Tanjung Mas	스마랑(중부자바)
15	Padang Bai and Benoa	발리
16	Maumere	플로레스(동부 누사틍가라)
17	Tenau	쿠팡(동부 누사틍가라)
18	Pare pare	남부 술라웨시
19	Soekarno Hatta	마카사르(남부 술라웨시)
20	Bitung	마나도(북부 술라웨시)
21	Jayapura	파푸아

건강관리

직사광선 피하고 염분 보충

적도가 관통하는 상하의 나라 인도네시아는 햇빛이 강해 직사광선에 많이 노출되면 머리가 열을 받아 아프기도 하고 밤에 잠이 잘 오지 않는다. 따라서 야외에서는 될 수 있는대로 직사광선을 피하고 차양이 있는 모자를 쓰는게 좋다. 특히 골프 등 야외 운동 시는 양산을 쓰고 선글라스를 착용하는 것이 좋으며 땀을 많이 흘리게 되면 소금을 먹어 염분을 보충하는 것이 일사병 예방에 좋다.

풍토병예방 위해 모기조심

열대지방 특유의 말라리아나 뎅기열 등 풍토병 예방을 위해 모기에 물리지 않도록 해야 한다. 뎅기열 모기는 깨끗한 물에서 서식하는 모기이기 때문에 일반 가정이나 호텔 등에서도 주의해야 하며 모기에 물린 곳을 긁고 내버려두면 상처가 쉬 아물지 않는 경우가 많으므로 상처부위에 즉시 약을 바르는 게 좋고, 일반 상처부위도 마찬가지로 깨끗이 소독하고 치료해야 한다. 뎅기열 증상은 고열이 나고 심한 두통, 근육통이 생기며 피부에 붉은 반점이나 출혈, 혈변 증상이 나타난다. 또한, 이곳에는 한국에 없는 바이러스가 많기 때문에 감기몸살을 조심해야 한다. 한국과의 기온 차는 물론이고 실내 외 온도 차가 심해, 감기에 걸리기 쉬우므로 여행 시에는 몸이 피로하지 않도록 컨디션 관리를 잘해야 한다.

세균성 식중독 예방을 위해 일반 현지음식 및 음료는 함부로 먹지 말고, 식당에서도 음료수에 얼음을 타 먹는 것은 가급적 자제함이 좋다. 과일은 깨끗이 씻거나 껍질을 벗겨서 먹어야 하며 음식을 먹기 전에는 손을 깨끗이 씻어야 한다.

운동 후 맥주 한 잔 기가 막혀

풍토병은 아니지만 더운 나라에서 오래 살다 보면 땀을 많이 배출하여 소변보는 빈도나 양이 현저히 줄게 되는데 이것이 담석증이나 요도결석의 원인이 된다고 한다. 따라서 땀을 흘리고 나면 시원한 맥주로 수분을 보충하는 것도 한 방법이다. 인도

1. 동부 누사틍가라 플로레스 섬

1

네시아는 이슬람교 영향으로 술마시는 사람이 많지 않으며 도수 높은 술은 생산하지도 않는다. 네덜란드의 영향으로 맥주는 마시는 사람들이 있는데 인도네시아에서 만든 빈탕(Bir Bintang)이라는 맥주는 맛이 아주 좋다. 더운 나라에서 마시는 맥주는 한국에서 마시는 맥주 맛과는 달리 갈증을 해소해주는 청량음료처럼 상큼한 맛이 나며 건강에도 좋은 것 같다. 그러나 요즘 들어 서구문물의 유입과 함께 양주가 수입되고, 가짜 양주가 범람하기도 하여 음주사고가 가끔 발생하고 있다. 최근 발리에서는 도수가 약한 전통주에 알코올, 탄산음료 등을 섞어 만든 혼합주를 마시고 12명의 현지 젊은이들이 사망한 사건이 있었고, 몇 년 전 가라오케 등에서 가짜 양주를 마시고 사망한 우리 관광객도 있었기 때문에 특히 주의해야 한다.

비상약 준비와 치료

인도네시아에서는 의사의 처방 없이는 약을 구하기 어려우므로 비상약을 준비해 두는 것이 바람직하다. 현지 풍토병은 현지 약이 효능이 있지만, 일반적인 감기약, 지사제, 소화제, 항생제, 상처연고, 파스 등 상비약은 한국에서 준비해 가는 것이 좋다. 의료수준이 한국에 비해 낙후되어 있기 때문에 주요한 검사나 수술 등은 한국에서 하는 것이 좋다. 자카르타에는 한국인 의사가 운영하는 의원이나 한방의원, 치과의원이 있어 일반적인 치료는 가능하다. 발리나 타 도시에서는 가급적 시설이 좋은 큰 병원을 찾는 것이 의료사고를 예방할 수 있고, 질병이나 상처의 경중에 따라 필요 시는 의료수준이 높은 싱가포르나 호주로 긴급 후송하거나 한국에 일시 귀국하여 치료 받아야 한다. 한국에서 치료할 때 재인도네시아 한인회원인 경우 한인회에서 회원증을 발급받아 한인회와 의료협정을 맺은 국내 유수의료기관에서 건강보험 수가로 혜택을 받을 수 있다.

알아두면 현지생활에 유용한 것들

까다로운 국적 취득

인도네시아는 동남아 다른 나라에 비해 외국인 이민조건이 까다롭다. 장기체류할 때 5년 이상 장기 체류자는 관련절차에 따라 영구 체류허가를 취득할 수는 있지만, 비용이 많이 들고 절차도 복잡해 쉽지 않다. 사업상 목적 등으로 장기간 체류 시는 보통 1년간 체류할 수 있는 제한체류비자(KITAS)를 받게 되는데, 추가 체류 시는 1년 단위로 현지에서 5년까지는 비자연장이 가능하다. 하지만, 5년이상 거주 할 경우 5년 만료가 되기 전에 반드시 일단 출국하여 외국에서 입국비자를 받아서 입국해야 한다. 제한체류비자(KITAS)로 5년을 살고 나면 영구체류허가(KITAP)를 신청할 자격이 있는데 영구체류허가는 5년간 유효하고 5년 단위로 연장 가능하다. 영구체류허가를 받고 5년이 지나면 국적을 취득할 수 있으나 절차가 복잡하고 비용이 많이 든다. 하지만, 일단 인도네시아 국적을 취득하면 현지인과 똑같이 세금을 내게 되어 부담이 줄고 재산권 행사도 할 수 있게 된다.

인도네시아는 단일 국적주의 원칙을 기본으로 하면서 출생, 국제결혼, 외국인 우수인재의 우리 국적 취득 등과 같이 극히 예외적인 경우에 한하여 제한적·열거적으로 이중(복수)국적을 인정하고 있다. 따라서 우리 국민이 자발적으로 인도네시아국적을 취득한 때에는, 우리 국적이 자동 상실된다. 하지만, 우리나라 국적이 상실(기본관계증명서 또는 구 호적부에 기재)된 자는 5년간 유효한 재외동포(F-4)비자(5년 유효, 체류기간 2년 범위내에서 수시 출입국 가능)를 받을 수 있고, 동 비자로 국내 출입국관리사무소에 거소신고를 한 때에는 국내취업, 부동산 매입, 은행거래, 건강보험 등 거의 모든 국내활동을 자유롭게 할 수 있다.

정수된 물을 사용

인도네시아는 지하수나 수돗물의 수질이 석회석 성분이 많아 음료 및 취사에 사용하기에는 부적합하다. 상수도가 보급된 지역은 지하수보다 상수도가 훨씬 좋으므로 상수도를 사용하는 것이 바람직하다. 그러나 상수도 물도 반드시 끓여 마시고, 가능하면 식수나 양치는 '아데스(Ades)' 또는 '아쿠아(Aqua)' 등 판매되는 정수된 물을 사용하는 것이 좋다.

---

1. 맥주 빈탕 (Bintang은 별을 뜻한다.)

전자제품은 현지에서 사는 게 유리

전기는 220V/50Hz(한국은220V/60Hz)이며 전력이 약한 편이고 전류가 일정하지 않아 한국에서 가지고 간 전자제품이 쉽게 고장 나기도 한다. TV는 한국과 다른 PAL 방식이기 때문에 한국에서 쓰던 TV는 방식을 전환해야 한다. 전자제품은 삼성이나 LG전자 현지공장에서 생산되는 제품을 한국보다 저렴하게 살 수 있다. 에어컨 사용시간이 많아서 전기요금이 많이 나온다. 밤에는 에어컨을 끄고 자는 것이 건강에도 좋고 전기요금도 줄일 수 있다.

가구는 살면서 준비

1

가구는 현지에서 살아가면서 하나씩 준비해 가는 것도 좋은 방법이다. 아파트 등 웬만한 주택은 가구가 준비되어 있기 때문에, 살아가면서 마음에 드는 장식품이나 소품가구를 하나씩 사 모으는 것도 재미가 있다. 인도네시아에서 몇 년 살다가 귀국 시 구입하여 들어온 가구는 한국에 오면 습도 차이 때문에 대부분 한두 군데 금이 간다. 그러나 오래 사용하다 가지고 온 가구는 괜찮다.

각종 한국업소 많아 편리

자카르타 등 한국인이 많은 주요도시에는 대부분 한국 슈퍼가 있어 한국 식품이나 생활용품 등을 살 수 있어 편리하며 가격은 다소 비싼 편이다. 과일이나 채소, 일반 식료품, 생활용품 등은 현지 대형슈퍼마켓을 이용하는 것이 편리하다. 자카르타에는 각종학원, 이발소, 미장원 등은 한국인이 운영하는 곳이 많이 있고, 다양한 종류의 음식을 서비스하는 한국 음식점이 많아 생활에 전혀 불편이 없다. 한국식 목욕탕도 있고, 발 마사지 업소도 많이 있어 운동 후 피로를 풀 수 있다.

1. 티크목으로 만든 가구들
2. 결혼식때 하객들이 각자 음식을 장만해 나누어 먹는 관습이 있다.
3. 전통 결혼식 풍속(수마트라)

고유의 문화와 관습 존중

로마에 가면 로마법을 따르라는 말이 있듯이 인도네시아에 가면 인도네시아 법과 관습을 존중해야 할 의무가 있다. 우리 국민이 국외에서 범죄를 저지르면 그 나라 법에 의해 처벌받게 되며, 이 경우 외국인이라는 이유로 어떠한 특혜를 누릴 수는 없다. 따라서 인도네시아의 법과 제도를 위반하면 인도네시아의 법과 제도에 따라 그에 상응한 처벌을 받게 된다.

국외에서는 어느 나라를 막론하고 그 나라 고유의 문화와 관습을 존중하여 현지인들과 마찰을 불러일으키지 않도록 각별한 주의를 기울여야 한다. 특히 인도네시아는 이슬람 문화가 지배적이고 고유의 국민성과 사회적 관습을 가지고 있기 때문에 이것들을 사전에 숙지하고 처신하는 것이 좋다.

고통 로용(Gotong Royong)정신 이해해야

인도네시아는 넓은 영토에 자원이 풍부하고 계절 변화가 없고 무더운 기후의 영향에 따라 국민들의 성격이 온순하고, 다소 게으른 편이며 남에게 의지하는 풍조도 있고, 가부간 태도가 분명하지 못한 경향도 있다. 하지만, 상호부조(고통 로용)정신이 투철해 함께 일하고 서로 돕고 나누는 관습이 친족 간은 물론 사회적으로 정착되어 있다.

그래서 인지 사유의 개념이 희박하여 남의 물건을 가져다 쓰고 되돌려 주면 된다는 풍조가 있고 잘 사는 형제나 부자들에게 의지하는 사람들이 많고 잘사는 사람의 재산을 나누어 쓰는 것을 당연시하는 경향이 있는 것도 사실이다.

개개인은 온순하지만 때로는 여러 사람이 모이면 고통 로용(Gotong Royong) 정신에 따라 무섭게 돌변하는 군중심리를 발동하기도 한다. 따라서 인도네시아 사람들의 성격을 이해하고 가진 자가 베푼다는 마음으로 어려운 사람을 돕고 그들만의 고유의 문화와 전통적 관습을 이해하고 존중해 주면, 현지인과의 불필요한 오해나 갈등이 해소되고 좋은 관계를 유지할 수 있다. 그러나 우월감을 가지고 멸시하거나 큰 소리를 지르는 것은 삼가야 한다. 또한, 불필요한 오해나 마찰을 일으키지 말아야 한다. 특히 사람들이 모여 있는 곳에서는 마찰을 피해야 하며 문제해결을 위해서는 반드시 경찰서를 찾아가 해결하는 것이 좋다.

생활습관 및 예절

현지인들은 식사할 때 오른손으로 밥을 버무려서 먹는 습관이 있다. 생활 속에서 식사는 물론 글을 쓰거나 악수나 물건을 주고받을 때는 반드시 오른손을 사용하고 왼손은 화장실에서나 불결한 일을 처리할 때 사용한다. 따라서 현지인과 악수하거나 물건을 주고받을 때는 반드시 오른손으로 해야 하고 사람을 가리킬 때 집게손가락을 사용하면 멸시하는 것으로 오해하므로 엄지를 사용하는 것이 좋다. 남의 집에 초대받았을 때 음식은 주인이 권할 때까지 기다렸다가 먹어야 하고, 자기 집에 손님을 초대할 때는 손님에게 음식을 권해야 하며, 식사할 때는 주인은 손님보다 늦게 식사를 마치는 게 예의이다.

인도네시아 사람들은 처음 보는 사람과도 친절하게 인사를 한다. 또한, 자주 만나는 사이에도 악수하고 어린이들과도 악수하면서 인사말을 건넨다. 악수는 보통 남자가 여자에게 아랫사람이 윗사람에게 청하며 악수하면서 몸을 약간 앞으로 숙이거나 왼손을 가슴에 얹고 인사말을 하는데 이는 인사를 진정한 마음으로 받았다는 의미이다. 윗사람과 대화를 할 때는 손을 허리춤에 두거나 바지 주머니에 넣고 있으면 무례한 행동이다.

1. 기도하는 무슬림들

2. 남부술라웨시 이슬람 대사원

1

세계 최대 무슬림 국가인 인도네시아는 대다수 국민이 이슬람교 신자로 이슬람 율법에 따라 생활하기 때문에 이슬람문화를 이해해야 한다. 종교적 특성상 술을 먹지 않고 돼지고기를 먹지 않기 때문에 음식을 대접할 때 고려해야 하며, 술에 취한 사람을 혐오하기 때문에 음주 후 배회하거나 추태를 보여서는 안 된다. 인도네시아 사람들은 식용으로 짐승을 도살할 때는 엄숙한 의식을 행한다. 할랄(Halal)이라는 도살절차에 따라 먼저 "멈바차 바스말라(Mumbaca Basmala)"라고 하는 기도문을 암송하고 나서 비스밀라(Bismila)를 암송한다. 그 후 도살할 짐승이 수컷이면 안쪽에서 바깥쪽으로, 암컷이면 바깥쪽에서 안쪽으로 목을 자른다. 무슬림들은 짐승의 피를 절대로 먹지 않으며 짐승의 침도 몹시 싫어한다.

머리는 영혼을 담은 신성한 것

인도네시아 사람들은 머리가 영혼을 담은 신성한 부분이라고 생각하고 있기 때문에 다른 사람의 머리를 만지거나 때리는 것을 삼가야 한다. 심지어 아이가 귀엽다고 머리를 쓰다듬는 것도 아주 싫어하며, 친한 사이에 지나친 애정표시로 등이나 신체부위를 치는 것도 싫어하기 때문에 주의해야 한다. 과거 인도네시아에 근무했던 한 주재원이 현지인의 머리를 쥐어박았다가 보복 살해당한 사건이 있었다고 한다.

Information
휴일 및 근무시간

인도네시아의 공휴일은 신년(1.1), 이슬람력 신년, 중국 구정(Imlek), 독립기념일(8.17)과 종교와 관련된 휴일이 많다. 종교 휴일은 절대적 이슬람 국가이지만 다른 종교를 인정하고 있어 무함마드 탄신일(Maulid Nabi), 무함마드 승천일(Isra Miraj Nabi), 이둘 아드하(Idul Adha : 희생제로 불리며 성지순례를 떠나면 좋은 날), 이둘 피트리(Idul Fitri) 등 이슬람 축일 뿐만 아니라 석가탄신일(Waisak), 크리스마스(Hari Natal), 성(聖)금요일(Wafat Yesus Kristus), 예수 승천일(Kenaikan Yesus Kristus), 힌두교 신년인 네피(Nyepi) 등 타 종교의 축일을 포함하여 총 9일을 공휴일로 인정한다. 이슬람력으로 라마단에서 르바란까지 1개월간의 금식 월이 끝나면 이둘 피트리라는 축제를 시작으로 이틀간을 국정 공휴일로 하고, 며칠간은 정부의 권장 휴무로 하여 대부분 관공서나 업체들이 일주일간의 연휴를 갖게 된다. 이 기간에는 대부분의 사람이 고향에 가는데 직장생활을 하는 사람 외에는 보름 정도를 쉬고 새 일자리를 잡기도 한다. 휴일제도 운용과 관련 특이한 것은 정부가 관광산업을 진흥하기 위해 공휴일이 휴일과 겹치면 휴일을 연장하고, 주중에 있을 때는 샌드위치 휴일 대신 주말과 연결해 연휴로 하고 있다. 이슬람력은 1년이 태양력에 비해 12일이 짧고 힌두력은 1년을 210일로 하기 때문에 공휴일이 조금씩 달라지며 불교는 태음력에 기초하여 공휴일이 정해진다.

주 5일 근무제가 정착되어 있어 토요일과 일요일은 휴일이다. 해가 일찍 뜨고 기온이 높아 관공서근무시간은 오전 8시부터 오후 4시까지이며, 민간기업은 오전 8시부터 오후 5시까지이다. 다만, 자카르타에 있는 한국대사관과 한인회는 오전 8시30분부터 오후 4시30분까지 근무한다. 인도네시아는 기온이 높아 지방에서는 노인과 어린이들이 통상 낮(오후 2시-4시)시간에 휴식을 취하는 관습이 아직도 있고, 야외 공사현장 등에서는 점심시간 이후 긴 휴식시간을 갖는다.

'소피르'와 '펌반투'는 인간적으로 대우해야

인도네시아에 장기 체류하게 되면 운전기사(Sopir)와 가사도우미(Pembantu)를 두고 사는 게 일반적인 추세다. 인건비가 싸기 때문에 큰 부담은 되지 않는다. 인도네시아에서 운전기사와 가사 도우미를 고용하는 것은 단순히 편하게만 살기 위해서가 아니라 안전하게 살기 위해서이다. 이 나라는 노동력이 남아돌기 때문에 외국인이 현지인을 고용해주는 것은 의무처럼 되어 있다. 만일 직접 운전하면 운전석이 우측에 있어 위험하기도 하고 현지인 기사가 없이 직접 운전하는 것은 현지인들의 질시와 공격의 대상이 될 수 있으며, 사고발생 시 언어가 유창하지 않으면 책임을 떠안게 될 수도 있기 때문이다. 특히 자카르타에서는 차 없이는 생활이 안 될 정도로 차량 이용 빈도가 높다. 전 가족이 차 한 대에 매달리는 경우가 많은데 차량운행 관리에 철저해야 한다.

인도네시아 생활을 편하게 하려면 운전기사와 가사도우미를 잘 고용해야 하고 관리도 잘해야 한다. 관리는 한마디로 인간적으로 대우해주면 편안하다. 큰소리로 나무라거나 자존심을 건들면 당장 그만두고 나간다. 한국사람 집에서 일했던 현지인은 결국 한국사람 집을 맴돌며 일한다. 그래서 한국말도 제법 알아듣고 욕도 다 알아듣는다. 따라서 함부로 말을 해서는 안 되며, 인격적으로 대우해 주면 그들도 인간이기 때문에 성심 성의껏 일한다. 또한, 편안한 생활을 하기 위해서는 그들과 원활한 의사소통이 가능하도록 기초언어를 빨리 배워야 한다. 현지인 운전기사와 의사소통이 원활하지 못해 오해가 발생하면 고의로 교통사고를 내거나 차 바퀴에 못을 박아놓는 일도 있으며, 심지어는 차를 훔쳐가는 사례도 있다. 그래서 일과를 마치고 기사를 퇴근시킬 때는 반드시 차를 확인하고 키를 반납받도록 해야 한다. 때로는 키를 복사하여 훔쳐가는 사례도 종종 발생하기 때문에 조심해야 한다.

펌반투의 경우 처음 면접을 할 때는 한국 음식 요리를 잘한다고 하고 한국 집에서 오래 생활했다고 부풀려 말하는 경우가 많다. 하지만, 막상 일을 시켜보면 대답과는 달리 결과는 엉뚱할 때가 많기 때문에 지시 후 중간에 점검해 볼 필요가 있다. 현지인들

은 문제가 발생했을 때도 잘못을 쉽게 인정하지 않는 경향이 있다. 따라서 꾸중을 먼저 하면 절대 잘못을 시인하지 않으며 끝까지 부인하기 때문에 살살 달래며 추궁하는 것이 좋다. 또한, 시간관념이 철저하지 못해 약속을 잘 지키지 않는 경향이 있으므로 중요한 일정은 확실히 주지시키는 것이 바람직하다. 특히 외출이나 휴가 후 귀가 시 핑계 대고 늦거나 오지 않는 때도 있고 친척이 돌아가셨다고 핑계를 대는 경우도 많다. 때로는 물건이 없어지는 예도 있으므로 귀중품은 스스로 단속을 잘해야 한다. 하지만, 문제가 경미할 때는 알면서도 속아줄 필요도 있고, 나무라더라도 나중에 조용히 타이르는 것이 좋다. 그들은 돈보다도 인간적인 대우를 더 원하기 때문이다.

팁 문화

외국에 가게 되면 공항을 나서는 순간부터 팁 문제로 고민하는 경우가 많다. 현지화폐를 준비하지 않은 경우나 소액권을 준비하지 못한 때 또는 얼마가 적정한지 모를 때 고민하게 된다. 보통 호텔에서 숙박하게 되면 매일 아침 팁을 준비해야 하는데 깜박 잊고 그냥 나올 때도 온종일 기분이 찜찜하다. 한국에서는 팁 문화가 발달하지 않아 습관화가 안 된 탓이다. 인도네시아에는 네덜란드의 식민 지배를 받아서인지 팁 문화가 발달해 있다. 현지인들은 팁을 바라고 특별히 서비스를 제공하는 경우를 쉽게 볼 수 있는데 공항에 내리자마자 포터들이 달려들고 거리에서 교통정리를 해준다거나 악기를 연주해주고 팁을 바라는 경우가 있다. 물론 일급호텔 및 레스토랑처럼 10% 봉사료가 영수증에 포함된 경우에는 당연히 계산이 되지만 그렇지 않는 때는 음식 값의 10% 정도를 계산서와 별도로 팁으로 추가해 주거나 테이블 위의 빌 케이스에 끼워두기도 한다. 택시 운전사의 경우 1,000루피아(약 1불), 공항의 포터나 호텔의 벨 보이는 화물 건당 5,000루피아 정도의 팁을 주면 된다. 현지인들은 팁에 인색하지 않은 편이고 부유층은 의외로 많은 액수의 팁을 주는 경우가 많다. 무리한 팁을 줄 필요는 없으나 한국인의 이미지가 나쁘지 않도록 5-10% 정도의 팁을 요금과 별도로 가산해 주는 것이 좋다.

신변 안전 대책

현지인과 갈등 피해야

인도네시아는 같은 경제력을 가진 개발도상국들과 비교할 때 살인, 강도, 강간 같은 강력범죄 발생은 적은 편이다. 하지만, 사람 사는 곳이면 어디나 마찬가지로 가난이 죄를 만들고 순간의 감정이 살인을 부르는 경우가 흔히 있다. 이곳에서는 주로 금품을 노린 좀도둑, 소매치기, 강도 등 범죄는 자주 발생한다. 따라서 우선 귀중품은 잘 보관해 두고 불필요하게 가지고 다닐 필요가 없으며, 어둡고 인적이 드문 곳에는 가지 말아야 하고, 친절하게 접근하는 사람이나 잡상인들은 경계하는 것이 좋다. 특히 생명의 안전을 위해서 현지인과 갈등을 피하고 모욕감을 주어서는 안되며 위기 시에는 금품을 포기하고 지나친 저항은 피하는 것이 현명하다. 다만 문제 해결은 추후 현지경찰이나 한국대사관 담당영사나 한인회의 협조를 얻어 해결하는 것이 바람직하다.

인도네시아에서 사건이나 사고가 발생하면, 우리 국민이 사건·사고의 당사자라 하더라도, 국제법상 인도네시아의 사법·행정절차에 따라 수사, 사건처리 및 재판과정이 진행됨을 알아야 한다.

폭탄 테러 경계

9.11폭탄 테러 이후 인도네시아 발리와 자카르타에서 발생한 몇 차례의 폭탄 테러는 세계인의 이목을 집중시킨 바 있고, 이곳을 여행하거나 거주하는 교민들에게 많은 불안감을 안겨 주고 있다. 특히 인도네시아에는 우리 교민이 3만 5천 명 정도나 거주하고 있고, 발리는 국제적인 휴양도시로서 한국인 관광객이 연간 13만여 명에 이르기 때문에 신변안전에 특히 유의해야 한다.

지난 2002년과 2005년에 발생한 발리의 나이트클럽과 짐바란 해변 음식점과 상가에서 발생한 폭탄 테러는 호주 등 서양인을 목표로 공격한 것이지만, 총 222명의 사망자와 수백 명의 부상자를 낸 대형 사건이었다. 두 차례의 발리 폭탄 테러로 인해 한국인 관광객도 2명이 사망하고 6명이 중경상을 당했던 아픈 경험이 있다. 또한, 2003년에는 자카르타시내 J.W.매리어트 호텔 앞에서 차량폭탄이 폭발, 12명이 사망하고 149명이 부상했으며, 2004년에는 자카르타주재 호주 대사관 밖에서 자살폭탄 테러가 발생해 11명이 사망하고 100여 명이 부상하는 반문명적이고 반인륜적인 범죄가 자행되었다. 그 당시 한국대사관에서는 자카르타 주재 주요국 대사관들의 동향과 정보를 공유하면서 교민들의 안전을 위해 수시로 동포안내문을 배포하고 여행 자제를 권고한 기억이 생생하다.

그 후 한동안 잠잠하던 폭탄 테러가 2009년 7월 17일 에는 동시다발적으로 일어났다. 이번에도 서양인을 주 타켓으로 삼은 테러로 자카르타의 리츠칼튼 호텔, J.W. 매리어트 호텔 에서 폭탄이 터져 최소 9명이 사망하고 한국인 1명을 포함 50여 명이 부상을 당하는 사건이 발생했다. 그로부터 약 2시간 뒤 쇼핑센터 인근에서 세 번째 폭발이 일어났으나 경찰은 폭발물에 의한 것이 아니라고 밝힌 바 있다. 일련의 폭탄 테러 사건이 이슬람 세력과 관련이 있는 알 카에다 조직이나 제마 이슬라미아 조직의 소행이라고 알려지고 있기 때문에 세계최대의 무슬림 국가인 인도네시아에서는 폭탄 테러를 경계하지 않을 수 없다. 따라서 인도네시아를 방문하거나 장기 거주할 교민들은 항상 다음사항을 염두에 두고 신변안전에 유의해야 한다.

▶ 될 수 있는 대로 서방 외국인들이 다수 방문하는 시설물에는 출입 자제
▶ 많은 사람이 모이는 장소 출입을 자제하고, 출입 시 주변 상황에 주의
▶ 라디오, TV와 주위사람들을 통해 치안관련 특이 상황이 있는지 수시 파악

1. 태러대비 이중 안전장치를 해 놓은 한국대사관　　2. 발리 쿠타해변 백사장

▶ 인도네시아의 문화관습을 존중하고 현지인과 원만한 관계를 유지하며, 무슬림(이슬람교도)들을 자극할 수 있는 언행 삼가
▶ 공장 등 사업체는 자체적인 시설경비 강화
▶ 외국인이 주로 출입하는 나이트클럽이나 유흥업소에는 출입을 자제하고 출입 시는 신변안전에 유의

마약범죄 연루 조심

우리 여행객 중 마약관련 범죄에 연루되는 사례가 이따금 뉴스에 보도되고 있는데, 마약 범죄는 세계 모든 나라가 중범죄로 처벌하고 있다는 점을 특별히 유의하여야 한다. 특히 공항에 가면 여행사 직원 행세를 하거나 모르는 사람들이 접근하여 인정에 호소하면서 가방이나 짐을 운반해 달라고 부탁하고 때로는 금품 제공을 제의하기도 하는데, 이를 단호히 거절해야 한다. 만일 운반한 가방이나 화물에서 마약이 발견될 때는 고의·과실을 불문하고 가방 소지자가 마약 운반죄로 중한 처벌을 받게 된다는 사실을 명심해야 한다.

발리 섬이나 롬복 섬 여행 시 주로 해변에서 삽상인 중 마약판매상이 접근하는 예도 있기 때문에 조심해야 한다. 섣불리 손댔다가 마약의 함정에 빠지게 되거나 현지인들이 현지경찰과 짜고 마약범죄에 연루시켜 금품을 갈취하는 사례도 있기 때문에 일체 손을 대면 안 된다. 필자 재임 기간에 있었던 사건으로, 헤로인 밀반출 혐의로 검거된 호주인 마약조직에 대해 인도네시아 법원이 주범들은 총살형을 선고하고 공범들에 대해서는 종신형을 선고한 바 있다. 호주정부의 외교적 노력에도 총살형을 확정 판결할 정도로 마약범죄에 대한 인도네시아 사법부의 의지가 강하다.

사건, 사고, 구금 시 위기 대처요령

위기상황에 처했을 때는 신속하게 알려라

해외에서 사고를 당하거나 범법행위로 말미암아 위기상황을 맞이하였을 때에는 외교통상부의 각종 영사서비스 제도를 적극적으로 활용하거나 인도네시아 주재 한국대사관이나 재인니한인회에 도움을 요청해야 하며, 긴급한 경우에는 외교통상부가 운영하는 24시간 영사콜센터의 안내를 받아 신속히 대처해야 한다. 영사콜센터 전화는 무료로 이용 가능하다.

여행 중 긴급하게 현금이 필요하면 외교통상부에서 시행하는 '신속해외송금지원제도'를 통해 국내 가족, 친구 등 연고자로부터 신속하게 송금을 받을 수 있다. 대사관 영사과나 재인니한인회에서는 재외국민 보호를 위해 다양한 편의를 제공하고 있다. 필요 시 신용카드, 여행자수표, 항공권 등 재발급 절차를 대행해주고, 현지경찰에 피해신고서 제출 대행도 도와준다. 또한, 현지공관은 재외국민 권익보호를 위해 범인 체포 등 범죄 수사와 관련 관계 당국의 수사가 미진하다고 판단될 경우, 신속하고 공정한 수사를 촉구하기도 한다.

여권을 분실하면 대사관 영사과에서 재발급 받을 수 있으며, 급히 귀국하여야 할 분을 위해서는 여행증명서를 발급해주고 있다. 이 경우 여권발급신청서(대사관 민원실 비치), 여권 재발급 사유서(대사관 민원실 비치)를 작성하고 여권용 사진 2매를 첨부하면 된다.

여행 중이나 체류 중 사건, 사고를 당하거나 위급환자가 발생했을 때도 대사관영사과나 한인회 민원반 에 연락하면 현지 의료기관을 안내해 주고 상태에 따라 국내 연고자들과의 연락도 도와준다. 또한, 현지 경찰이나 보험회사 등과 연락 방법을 알려주거나 보상 협상 등 협조도 해 준다. 사안이 위급하여 국내 가족이 현지 방문을 희망하면, 최대한 빨리 출발할 수 있도록 여권 발급상 편의도 제공해 주고 있다.

재외공관은 자연재해, 내란 및 전쟁 등 긴급사태가 발생하면 현지에 체류하는 국민의 안전을 확인하고 있다. 우리 국민 중 피해자가 있는 경우는 필요한 지원을 하며 공관 홈페이지 또는 비상연락망 등을 통해 관련 정보를 제공하고, 우리 국민이 안전한 지역으로 대피할 수 있도록 지원한다. 만일 재외국민이 사망한 경우에는 시신의 화장 또는 한국으로의 시신 이송 방법에 대해 협조와 지원은 물론 영사확인 등 필요한 조치를 해주고 있다. 따라서 재외공관의 보호를 받기 위해서는 90일 이상 장기 체류 시는 반드시 재외국민등록을 해야 하고, 여행지나 체류지에서 대형 사건·사고가 발생하였으면 국내 연고자 또는 공관으로 연락해야 만이 신속한 도움을 받을 수 있다. 하지만, 재외공관이나 한인회로부터 각종 지원을 받을 경우 통·번역비, 변호사 선임비 등 소송비용, 보석금, 항공·선박 운임, 병원비, 장례비, 시신운구 비용 등 사적 책임에 해당하는 비용은 본인 또는 가족이 부담해야 한다.

사법당국에 체포 또는 구금되었을 때는 차분하게 대응하라

인도네시아에서 범법행위로 경찰 등 사법당국에 체포된 경우 우선 당황하거나 흥분하지 말고 수사관의 요청이나 지시에 따르면서 침착하게 경황을 설명해야 한다. 인도네시아에서는 소리를 지르거나 반항하면 정신 이상자로 취급되거나 죄가 추가되는 등 사태가 더 악화될 수 있다. 인니어가 잘 통하지 않는 경우 통역 또는 변호사를 요청하거나 사법당국 직원을 통해 우리 공관에 도움을 요청하여 차분히 대응해야 한다. 그리고 언어가 통하지 않는 상황에서 함부로 문서에 사인해서는 안 된다.

1. 한인회 사무실

2. 영사과 민원실 내부

우리 국민은 누구나 현지 사법당국의 체포나 구금 시 '영사관계에 관한 비엔나 협약'에 따라 우리 공관의 보호를 받을 수 있으나 본인의 명시적 요청이 선행되어야 한다. 일부 국민은 외국에서 체포되더라도 범법사실이 국내 가족이나 친지들에게 알려질 것을 두려워하여 우리 공관에 도움을 요청하지 않는 경우가 흔히 있다. 하지만, 우리 공관에서는 본인이 원하지 않을 때에는 체포 또는 구금 사실을 국내 가족에게 통보하지 않기 때문에, 국외에서 체포되었을 때는 초기 수사 단계에서 우리 대사관으로부터 적절한 조언을 받는 것이 좋다.

체포구금 시 한국대사관 담당영사와 상의하라

언어가 잘 통하지 않고 우리와 다른 사법제도를 가진 외국에서 조사 또는 재판을 받게 될 때는 적절한 변호사를 선임하는 것이 무엇보다 중요하다. 주인도네시아한국대사관은 고문 변호사를 두고 있고 본인의 희망에 따라 언어 소통이 가능한 전문 변호사 명단을 제공해 주기도 한다. 변호사 선임이 여의치 않으면 국선변호인의 도움을 받을 수 있는지 등을 공관에 문의하고 공관의 담당영사로부터 주재국 사법제도에 대한 일반적인 정보를 파악하되 수사·재판 과정에서의 최종 법률적인 판단은 본인이 변호사를 통해 직접 해야 한다.

체포구금되었을 때 가족, 친구 등 국내 연고자에게 자신의 처지를 알리고 싶으면 관계 사법당국에 공관 담당영사와의 접견권을 요청하여 담당영사에 협조를 구하면 된다. 또한, 체포·구금 시 현지인과 비교하여 부당한 대우를 받지 않고 신속하고 공정한 재판을 받기 위해서는 공관영사 접견을 통해 관할 사법당국에 요청할 수 있다.

국내 연고자가 체포·구금된 재외국민과 면회를 하기 위해 인도네시아 방문을 희망할 때 우리 대사관은 가능한 범위 내에서 주선해 주며, 국내 가족으로부터 편지, 금전, 기타 영치 물품 등을 전달하는 방법에 대해서도 조언해 준다.

재외국민에 대한 재판 진행 시 공관의 담당영사는 재판 진행상황을 지속적으로 파악하며 필요 시에는 재판을 방청하여 재외국민의 권익을 보호하고 있다. 하지만, 우리 공관도 주재국의 수사·재판 과정에 개입하는 것은 내정간섭에 해당하는 것으로 허용되지 않는다. 또한, 우리 국민이 주재국 사법절차에 따라 정당하게 구금되었거나 정당하게 형을 선고 받았다면 공관에서도 석방이나 감형을 요청할 수 없다.

한편, 법적인 조언은 변호사만 할 수 있기 때문에 변호사 선임이 필요하고, 변호사 선임비, 통·번역비 및 벌금 등은 본인이 부담하여야 한다. 그리고 연고자가 현지를 방문하면 숙소나 교통수단 등에 사용되는 제반 경비는 스스로 해결해야 한다.

1. 한국대사관 영사과 민원실 입구

2. 수마트라 잠비 크린치 호수

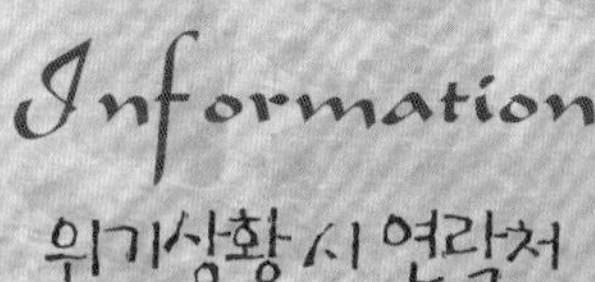

외교통상부 영사콜센터
|**현지 국제전화코드**| +80-0-2100-0404(무료자동, 수신자부담)
|**국가 별 접속번호**| +80-182-0번-교환원-영사콜센터(무료수동, 수신자부담)

|**현지 국제전화코드**| +82-2-3210-0404(유료, 국내외겸용)
|**주인도네시아 한국대사관**| (62-21)2992-2500(대표), 영사과:(62-21)2992-3030
주소:The plaza Office Tower, 30th Floor Jl.M.H Thamrin kav28-30, Jakarta Pusat 10350, Indonesia
신청사 주소:Jl. Gend. Gatot Suburoto Kav.57, Jakarta Selatan (2013.1월준공)

재인도네시아 한인회

인니(자카르타)	(62-21)521-2515	스마랑	(62-24)658-0200
수라바야	(62-31)568-8690	보고르	(62-21)7782-2959
반둥	(62-22)200-6880	바탐	(62-778)720-6111
발리	(62-361)769-124	팔렘방	(62-711)358-217
족자카르타	(62-274)376-741	버까시	(62-21)890-2485~8
메단	(62-61)821-1588	땅그랑	(62-251)610-0001
수까부미	(62-266)226-985		

재인도네시아 한국부인회
|**인니(자카르타)**| (62-21)526-0878

|**경 찰 서**| 110 |**화재신고**| 113 |**앰브란스**| 118, 119 |**국제전화**| 104

주요 홈페이지
외교통상부 : www.mofat.go.kr
주인도네시아 한국대사관 : http://idn.mofat.go.kr/as/idn/main/index.jsp
재인도네시아 한인회 : www.innekorean.co.id
코트라 자카르타 코리아 비즈니스 센터 : www.kotra.or.kr/jakarta
인도네시아 정부 : www.indosia.go.id
주한인도네시아대사관 : www.indonesiaseoul.org/indexs.php
인도네시아관광청 한국사무소 : www.tourismindonesia.co.kr
한-아세안센터 : www.aseankorea.org
(사)한국·인도네시아 친선협회 : www.acc.pe.kr

한류와 문화교류

3부

Indonesia

한류의 태동과 드라마의 인기

1

2002 월드컵과 한류 태동

동남아시아 한류는 주로 한국의 대중음악, 드라마, 영화, 공연 등이 주축이 되어 한국 음식, 한국어로 확산하고 있다. 인도네시아의 한류는 필자가 인도네시아에 부임한 2002년이 원년이라고 해도 과언이 아닐 정도로 중국, 일본, 태국, 베트남, 싱가포르 등 동남아 다른 국가들에 비해 한류가 늦게 뿌리를 내린 곳이다. 그 원인은 인도네시아가 지리적 여건상 아시아 지역 중 먼 곳에 있어 관광교류가 다른 나라에 비해 적은 편이고, 인도네시아의 종교적·문화적 배경이 우리와는 너무 많이 차이가 나 쉽게 어필하지 못했기 때문이다.

하지만, 종교적·문화적 장벽을 뛰어넘을 수 있었던 것이 스포츠였다. 2002년 한일 월드컵이 한류의 시발점이 된 것이다. 인도네시아는 축구장 시설은 좋지 않지만 이곳 사람들은 축구에 대한 관심이 많고 어린 시절부터 동네 공터나 풀밭에서 공놀이를 즐긴다. 바로 축구라는 스포츠를 매개로 세계 속에서 아시아라는 동질성을 찾게 되고, 개최국 한국에 대한 관심을 기울이고 한국을 응원하기 시작한 것이다. 여기에 화답이라도 하듯이 우리 축구팀은 아시아 팀으로는 사상 최초로 월드컵 4강 신화를 창조하게 된 것이다. 그 당시 자카르타 시내는 코리아 응원 열기로 가득했고 아시아인의 축제 분위기를 연출했다. 월드컵 대회 덕분에 인도네시아에서의 한국에 대한 인지도는 급격히 상승했으며 한국에 대한 관심은 한국문화로 전이될 수 있었다.

드라마로부터 촉발된 한류

2002년 여름 드디어 드라마 '가을 동화'가 인도네시아 민영 Indosiar TV에서 한국드라마 사상 최초로 방영되면서 11%의 시청률로 가시청 인구가 약 2,500만 명

1. 월드컵 4강 신화창조 - 시청앞 광장

2. 동네 공터에서 축구 즐기는 아이들

1

에 이를 정도로 폭발적인 인기를 끌게 되었다. 그 당시 송혜교, 원빈의 인기는 하늘을 찌를 듯했다. 그 후 곧바로 '겨울연가'가 민영방송 SCTV에서 방영되어 또다시 히트하면서 한국드라마의 인기를 확인시켜 주었다. 겨울연가로 인해 최지우, 배용준의 인기가 일본, 중국을 넘어 인도네시아까지 밀려온 것이다. 드라마의 인기와 더불어 스타들이 사용했던 머리핀, 목도리 등 액세서리나 의류패션이 유행하기도 했다. 직장, 공장마다 젊은이들은 가을동화와 겨울연가 드라마 주제곡을 종이에 적어 갖고 다니며 외우기도 하고, 음반을 틀어 놓고 따라 부르기 열풍이 불기도 했다. 비로소 한류의 새싹이 피어나는 것이었다. 한국드라마의 인기와 함께 드라마에 나오는 남이 섬 등 촬영지가 현지 언론에 자주 소개되면서 현지인들에게 한국관광명소로 부상하게 된 것이다. 인도네시아는 4계절이 없고 여름철만 있는 나라이기 때문에, 드라마에 나오는 오색찬란한 가을 단풍이나 환상적인 겨울 설경은 이곳 시청자들에게 신기하고 아름답게 다가갔던 것이다.

한국드라마 방영 급증

한국드라마는 지속적으로 이곳 안방극장에 끊임없이 소개되어 2002년에는 7편, 2003년 4편, 2004년 5편이 방영되어 오다가 2005년에는 한 해에 무려 17편이 방영되는 등 급증추세를 보이기 시작했다. 한국드라마 방영이 급증하게 된 배경에는 우리 정부와 한국대사관의 한류보급 및 확산을 위한 적극적인 문화행사와 현지 언론을 통한 홍보활동이 있었다. 한류보급을 위한 문화 행사는 2002년 이전에는 2-3회에 불과하던 것이 2002년과 2003년에는 5회로 늘었고 2004년과 2005년에는 9회씩으로 증가했으며 그때마다 현지 언론의 한국문화 소개 보도가 급증하면서 현지인의 우리 문화에 대한 관심이 더욱 늘어나게 된 것이다. 또한, 드라마의 보급이 늘어나면서 2003년 말 드라마 '발리에서 생긴 일'과 2004년 드라마 '황태자의 첫사랑'의 발리 현지촬영은 인도네시아 언론의 호의적 보도와 한국드라마에 대한 관심 있는 보도를 촉발시켰다. 이와 더불어 이어지는 한류스타들의 인도네시아 방문과 팬 서비스로 말미암아 한국드라마에 대한 관심은 더욱 고조되었다.

2005년에는 한국의 방송 3사를 포함 19개 드라마제작업체가 참가한 'TV 코리아 쇼 케이스' 행사를 개최 하여 우리 드라마에 대한 홍보와 마케팅을 병행함으로써 큰 성과를 올린 바 있는데, 인도네시아에 잘 알려진 드라마 스타 김재원을 내세워 팬 미팅, 기자회견 등 적극적인 마케팅을 한 것이 주효했던 것 같다. 그 결과 2005년부터 2007년까지 35편의 드라마가 방영되었다. 하지만, 2007년 말부터 시작된 글로벌 경제위기로 인해 2008년에는 한국드라마 방영이 3회로 줄었다가 2009년에는 6회로 늘어나면서 서서히 한류 분위기가 되살아 나는 분위기이다.

그동안 방영된 드라마 중 최고의 시청률을 기록한 드라마는 '가을동화'였고, '이브의 모든것' '호텔리어' '풀하우스' 등도 높은 시청률을 기록하였다. 최다 방영된 드라마는 풀 하우스로 4회나 앙코르 방영되는 등 젊은이들 사이에 많은 인기를 차지하였다. 또한, 2006년 동남아를 강타한 대장금의 인기는 인도네시아에서도 확인되었는데 624만 명의 가시청 기록을 남기고 인기리에 방영되어 우리의 전통문화와 한국 음식에 대한 관심에 불을 붙였다. 대장금은 2007년에도 인기리에 재방송 되었다.

1. 가을동화의 주연들
2. 김재원 팬미팅-인도네시아
3. 풀하우스의 송혜교, 비

Indonesia

한류스타들의 활동과 한류확산

인도네시아의 한류는 드라마가 주도했던 것은 사실이다. 드라마의 인기와 함께 시청자들의 관심은 드라마 스타와 주제곡에 쏠리게 된다. 2003년 말부터 하지원, 조인성, 소지섭, 박예진, 차태현, 성유리 등 드라마스타들의 인도네시아 방문 촬영을 시작으로, 2004년부터 백지영, 장나라, 보아, 김재원, 장동건, 권상우 등 인기 한류스타들의 방문행사와 팬 서비스가 2006년까지 이어지면서 인도네시아 팬들과 언론의 관심이 집중되었고 한류가 탄력을 받기 시작했었다. 이를 바탕으로 꾸준히 한류의 기반이 공고해지면서 2007년 이동욱, 파란, B-boy의 방문이 이어졌고 마침내 2009년 상업적 공연인 월드스타 Rain(비)의 인도네시아 단독콘서트가 성황리에 열렸다. 2011년 6월에는 자카르타에도 K-POP열기가 후끈 달아올랐다. 2AM, 미스에이, 산이, 주 등 JYP소속 가수들이 'K-POP 페스티벌 2011'에서 열정적인 공연을 펼쳤다. 한류가 정착하는 과정에서 한류스타들의 팬 서비스 활동 중 특별히 한류의 변화를 느꼈던 행사의 의미를 짚어 보고자 한다.

'장나라'의 문화외교사절 활동

2

2004년 말 한류스타 장나라의 한·아세안 15주년 기념 문화외교사절 활동과 팬 미팅은 인도네시아에서도 한류가 확산할 수 있음을 보여주었고, 한국과 아세안 국가들과의 문화교류의 필요성을 보여준 문화 외교적 차원에서 의미 있는 행사였다. 장나라는 ASEAN 사무국 뺑기란 사무차장 예방에 이어 인도네시아 외교부 마티 ASEAN 협력 총국장을 예방해 문화외교사절로서 역할을 충실히 했다. 마티 총국장은 장나라의 방문이 한·인도네시아 간 문화외교 교류에 기여할 것으로 확신한다고 말하면서, 앞으로 동료 스타들과 함께 인도네시아를 다시 방문해 주라고 요청하자 장나라는 흔쾌히 수락하기도 했다. 장나라는 인도네시아 방문 기간 도중 자카르타에서 개최된 배드민턴 세계선수권대회에 참가한 우리 선수단을 호텔로 초청하여 오찬을 함께하며 격려를 하였고, 경기장을 직접 찾아가 우리 선수들에게 힘을 불어 넣어 주었다. 이와 관련 외교통상부장관은 장나라의 문화외교사절로서의 역할을 높이 평가하여 감사패를 수여한 바 있다.

1. B-boy 공연

2. 한·아세안 15주년 기념, 장나라 동남아 순회 포스터

팬 사인회에 100여 명의 취재진과 500여 명의 팬들이 시내 물리아 호텔 내 CJ's Bar를 가득 메운 가운데 열린 행사에서 장 나라는 "처음 방문한 인도네시아 팬들이 이렇게 열렬히 환영해 주리라고는 생각도 못했다."고 말하고, "인도네시아를 다시 방문하여 인도네시아 스타들과 함께 공연하고 싶다. 특히 인도네시아 스타 중 자신과 많이 닮았다고 하는 배우 겸 가수인 아그네스 모니카와 함께 무대에 서고 싶다."라고 밝혔다. 그 당시 국내외 언론들은 장 나라의 인도네시아 활동을 인도네시아에 한류가 한 단계 레벨 업 되는 계기가 될 것으로 평가하고 집중적으로 보도한 바 있다.

BOA, 한류의 위력 확인시켜

2004년 12월 인도네시아 최고 권위의 뮤직아카데미 시상식에 초청가수로 등장한 '아시아의 별' 보아에 대한 팬들의 열렬한 성원과 다음날 개최한 팬 사인회에 몰려든 팬들의 열광하는 모습은 드라마스타가 아닌 가수에 대한 인기와 한국 대중음악에 대한 현지인들의 뜨거운 관심을 확인하는 데 큰 의미가 있었다. 아울러 인도네시아에 싹트고 있던 한류에 대한 확신을 하기에 충분했었다. 인도네시아 AMI Awards(Academi Music Indonesia)에 보아가 특별 초청되어 축하 공연을 한 것은 외국가수로는 최초였다. 아미 어워즈 행사는 주재국 최대 민영 방송인 RCTI가 주관하여 3시간 40분 동안 생방송으로 진행되어 인도네시아 전역은 물론 싱가포르, 베트남까지 생중계되었다. 인도네시아 국민들의 보아에게 보낸 열렬한 성원과 높은 시청률은 '아시아에서 가장 영향력 있는 가수상'을 수상한 보아의 인기를 더욱 실감케 했고, 이 덕분에 한국의 이미지가 보아의 현란한 몸짓과 함께 인도네시아 전역에 퍼져 나갔다. 이날

4

7

행사시작 2시간 전부터 자카르타 컨벤션센터 입구에는 수백 명의 젊은 팬들이 운집하여 피켓을 들고 보아를 기다렸다가 열렬히 환영했다. 보아는 행사장에 이르는 레드 카펫을 통과하는 동안 수백 명의 기자와 팬들의 플래시 세례를 받았고, 공연 시작 전 한국에서 동행한 KBS 취재팀 및 현지 언론과 인터뷰를 할 때마다 관중이 구름 떼처럼 몰려다니기도 했다.

아미 어워즈 행사에 이어 다음날 'KOREAN WAVE by BOA'라는 타이틀로 팬 미팅을 개최했다. 당초 장소 관계상 사전에 입장권을 무료 배포했는데, 입장권이 순식간에 동나버렸기 때문에 입장권이 없는 현지인들은 행사장 로비에 모여, 보아를 기다리고 있었다. 워낙 사람이 많고 혼잡해 부득이 보아와 경호요원들이 엘리베이터를 이용해 지하로 나가버리자 반둥, 수라바야 등지에서 온 팬들은 망연자실하며 털썩 주저앉아 울기도 했다. 일부 극성 팬들은 보아가 머문 호텔에서 투숙하며 기다리기도 했다. 보아의 방문으로 인도네시아에서도 팬들의 열정이 외부로 표출되기 시작함으로써 비로소 한류의 위력을 직접 확인할 수 있었다. 이날 행사에서 주인니한국대사관은 보아에게 인도네시아 내 한류확산에 기여한 공로를 인정하여 감사패를 수여했다. 당시 윤해중 대사는 기자회견 인사말을 통해 "한국과 인도네시아는 지리적으로 멀리 떨어져 있고 문화적·인종적 토양이 다른 나라이지만, 그동안 활발한 문화교류를 통해 양국 간의 문화적 이질성의 폭이 좁혀져 가고 있다."고 강조했다.

한국영화 보급과 태풍을 몰고 온 장동건

드라마, 대중음악에 이어 한류의 주축을 이루는 대중문화 콘텐츠는 바로 영화인 것이다. 우리나라에서 수입영화의 시장지배력이 절대적 우위를 점하듯이 영화의 진출은 문화산업에 미치는 영향이 지대하다고 할 수 있다. 인도네시아에 한국영화가 소

1. 장나라 기자회견
2. 장나라 팬미팅
3. 장나라 특집보도
4. 아미 어워즈 초청공연-보아
5. 공항에서 보아를 기다리는 팬들
6. 보아 기자회견 및 팬사인회
7. 보아 팬사인회 ID Pass

개된 것은 드라마가 보급되기 오래 전인 문화공보부 시절부터 문화홍보 차원에서 이루어졌다. 한국정부가 재외공관에 우수 영화 필름을 지원하여 교민들이나 일부 현지인들에게 소개하는 정도였다. 그 후 인도네시아에 크고 작은 국제 필름 페스티벌을 통해 우리 영화가 현지인들에게 소개될 수 있었다. 필자 재임 시에도 매년 자카르타 필름 페스티벌에 참가하여 해마다 몇 편씩의 우리 영화를 시내극장에서 상영한 바 있다. 아울러 가자마다 대학의 한국학연구소와 함께 한국영화 주간행사를 개최하여 우리 영화를 현지학생들에게 소개하기도 했다.

2 3

한국영화가 정식으로 수입 상영되기 시작한 것은 2003년 5월로 영화 '엽기적인 그녀'가 최초이다. 이 영화의 수입을 이끌어낸 계기는 바로 3개월 전 인도네시아국립박물관 야외 원형극장에서 개최된 제1회 국제야외영화제인 '달빛 시네마 축제'에서 '엽기적인 그녀'가 개막영화로 주목을 받았기 때문이다. 당시 개막행사에는 인도네시아의 저명한 영화감독, 배우 등 영화관계자들이 많이 참석했었다. 같은해 '조폭마누라'가 수입 상영되어 흥행에 성공 했는데 스토리의 단순성과 일부다처제 전통이 있는 이슬람 사회의 여성들에게 대리만족을 주었기 때문인 것 같다.

장동건 '태풍'과 함께 자카르타 상륙

마침내 2006년 한국영화 최초로 '태풍'이 인도네시아 극장에서 유료 개봉한 것은 한류가 영화 부문까지 확산했음을 확인시켜 준 사건이다. '태풍'시사회와 팬 미팅을 위해 자카르타에 온 장동건은 국빈급 호위를 받으며 젊은 팬들과 취재진이 북새통을

이룬 가운데 극심한 교통 혼잡을 유발하기도 했다. 이 행사는 발라이 사르비니 극장홀에 운집한 3,000여 명의 열렬한 팬들의 폭발적인 호응을 얻어내는 과정에서 기존의 코리아 팬클럽을 결속시키고 본격적 활동을 이끌어 내는데 기폭제 역할을 했다는 점에서 큰 의의가 있다. 당시 이선진 대사는 장동건에게 인도네시아에서 한류 확산에 이바지하고 자카르타 국제한국학교에 장학금을 전달한 공로를 치하하는 의미에서 감사패를 수여했다.

장동건은 팬 미팅에 앞서 힐튼호텔에서 가진 현지 언론과의 기자회견에서 애초 예상을 뒤엎고 300명의 취재진이 몰려 열띤 취재경쟁을 벌였다. 필자는 당시 장동건과 함께 기자회견에 참석하여 장동건을 소개하며 '태풍'을 계기로 양국 간 영화교류가 활발해 지기를 희망했다. 장동건의 인기는 기자회견장 밖에서도 이어졌다. 국내 및 현지 주요언론의 별도 인터뷰요청이 쇄도하여 개별 인터뷰를 주선한 바 있는데, 장동건이 머물렀던 힐튼호텔 귀빈 전용실에서 MBC-TV를 비롯한 인도시아르(Indosiar) TV, 최대 일간지 콤파스(KOMPAS) 및 유일 영자지 자카르타 포스트, 인기 주간잡지 빈탕(BINTANG) 등의 매체와 진행되었다. 인터뷰가 진행되는 동안 인도네시아에서 이름 있는 미모의 모델이 찾아와 선물을 주고 가기도 해, 장동건의 인기를 실감케 하였다. 장동건은 '의가형제' '이브의 모든 것' 등의 작품을 통해 인도네시아 내에 두터운 팬층을 확보하고 있고 당시 팬 미팅을 통해 코리아팬클럽의 결속을 더욱 강화시켰다. 이때 결성된 코리아팬클럽이 활성화되어, 그 후 한사모(한국을 사랑하는 모임)로 발전했다. 또한, 영화 '태풍'의 인도네시아 배급을 국내 영화사가 직접 담당하여 그동안 중국계 영화사의 영화수입 독점권 행사에 따른 폐단을 시정할 수 있는 좋은 계기가 되었다.

1. 한국문화주간 영화 포스터
2. 국립박물관 야외에서 '엽기적인 그녀' 상영
3. 달빛 시네마 축제 포스터
4. 장동건 팬미팅 현장

4

Indonesia

한류기반 조성과 우리 문화 심고 가꾸기

한류기반 조성

2

인도네시아 내에 한류가 촉발되는 계기가 월드컵대회와 그 후 방영된 드라마의 영향인 것은 사실이다. 하지만, 그 계기를 살려 한류의 불씨가 꺼지지 않도록 장작을 지피고 기름을 붓는 노력이 없었다면 한류가 확산하기 어려웠을 것이다. 단순한 드라마 한편이나 인기 있는 스타 몇 명만으로 한류를 정착시키기는 어렵다. 흔히 한류스타의 인기도와 그들에 대한 팬들의 반응 정도로 한류를 평가하거나 동일시하는 것은 한류정착이나 확산에 도움이 되지 않는다. 한류스타는 작품 속에서 작품내용을 전달하는 매개체에 불과하고 엄격한 의미에서 대중에게 인기 있는 한 사람일 뿐이다. 스타 자체가 한국문화를 대변할 수도 없고 스타의 인기는 휘발성이 강해 시간이 흐르면 잊히기 마련이다. 한국의 문화 트랜드나 한국적인 스타일이 외국인으로부터 지속적으로 애용되면서 그 나라 문화 속에 동화되어 가야만 진정한 한류라 할 수 있다. 그래서 한국대사관에서는 아름다운 한국문화를 올바로 알리고, 현지인으로부터 오랫동안 기억되고 사랑을 받을 수 있는 여건과 환경을 조성해 나가기 위해서 우리 문화 심고 가꾸기에 착수했었다.

그리하여 인도네시아 전국 30개 주의 고등학생과 대학생을 대상으로 1996년부터 매년 시행해 오던 에세이 컨테스트를 더욱 활성화하여 젊은 학생들로 하여금 한국을 배우고 연구하게 하였다. 에세이 컨테스트는 인도네시아 교육부와 공동으로 주최하고 대한항공, LG전자, 미원, CJ 등 현지진출 기업이 상품을 협찬하여, 매년 10명 내외의 우수작을 뽑아 푸짐한 시상을 했다. 특히 우수학생 4명과 교육부 인솔자 1명에 대해서는 일주일간 한국을 직접 체험토록 하는 특전을 주어 왔다. 에세이 컨테스트는 해를 거듭할수록 참가자가 수천 명에 이르고 공모 작품의 질도 향상

1. 초야-청주 시립무용단 인도네시아 공연(2006.05)
2. 에세이 컨테스트 시상식, 수상자들과 함께 기념촬영한 이선진 대사와 인니 교육부장관(2005.12.)

1

되고 있는바, 이는 인도네시아 학생들의 한국에 대한 연구노력이 심화되고 있고 한류가 확산하고 있음을 보여주는 결과라 할 수 있다.

또한, 드라마에 비친 배경보다는 한국에 대한 본질을 좀 더 자세히 소개하기 위해 인도네시아 국영 TV방송 TVRI에 '한국산책(Jalan Jalan ke Korea)'이라는 프로그램을 2003년 개설하여 매주 1시간씩, 한국의 사회, 문화, 경제발전상, 민주주의 발전, 한류스타 및 드라마세트장 소개 등 여러 분야별로 한국의 모습을 알리는 프로그램을 제작 지원하여 3개월간 방영했다. 또한, 민영 Metro-TV방송을 통해 25분짜리 프로그램을 9회에 걸쳐 방영하여 한국 전반에 대해 소개함으로써 한류의 기반을 다져 나갔던 것이다. 이와 병행하여 우리 문화의 독창성을 알리고 우리 문화 콘텐츠의 보급을 확대하기 위해 각종 전통공연이나 영화시사회 개최, 드라마 쇼 케이스 행사, 미술 전시회, 음식 페스티벌, 한류 가수 공연 및 팬 사인회 등 문화행사를 빈번하게 개최하여 양국 간 문화적·인적 교류를 확대하면서 한류기반을 강화해 나갔다.

수하르토 대통령 박물관의 한복 새 단장

2

인도네시아 수도 자카르타를 방문하는 관광객은 의레 타만 미니와 그 옆에 있는 수하르토 대통령 박물관(Museum Purna Bhakti Pertiwi)을 찾는다. 수하르토 박물관에 들어서면 1만여 종의 전시품 중 불과 몇 점의 한국물건들이 눈에 띈다. 그 물건 중에는 노태우 前대통령이 기증한 청자와 필자 재임 시 새로 교체한 자주 관복과 활옷, 그리고 우리 교민이 기증한 당의 등 격조 높은 전통한복을 입은 마네킹 두 쌍이 친근

하게 다가온다. 수하르토 박물관에 있는 두 쌍의 한복은 1996년부터 한국을 상징하는 전통문화로 소개되고 있었다. 그동안 이 한복들은 이곳을 찾는 우리 교민들에게 고국의 향수를 불러일으키기도 했고, 이곳을 방문한 우리나라 여행객들을 반갑게 맞이했다. 그러나 너무 오랫동안 전시되어 탈색되고 때가 끼어 있어서 이곳을 방문하는 많은 한국관광객의 눈살을 찌푸리게 했었다. 그 중 수하르토 前대통령부인이 선물로 받았다는 한복 한 벌은 누추할 뿐만 아니라 양식도 우리나라 전통한복과는 다소 거리가 있는 것 같아서 교체가 불가피했다.

필자는 우리 고유문화의 이미지가 손상되지 않도록 하기 위해 어려운 과정을 거쳐 교체 했다. 선물을 받았던 사람이 있으면 양해를 구해볼 수 있는데, 수하르토 前대통령 부인께서 돌아가신 뒤라서 교체과정이 어려웠다. 박물관의 유물을 새것으로 교체한다는 것은 상식적으로는 있을 수 있는 일은 아니다. 하지만, 그대로 방치하면 우리 전통문화 이미지가 타격을 입게 될까 봐 걱정이 되어 교체를 서둘렀다.

결국 박물관재단 측과 끈질긴 마라톤협상 끝에 두 쌍의 한복 모두를 교체하게 되었던 것이다. 그 중 수하르토 前대통령 부인께서 선물로 받으셔서 전시했던 한복은 우리 문화관광부에 건의하여 자주 관복으로 교체 전시했다. 또 다른 전통 한복 한 쌍은 재 인도네시아 사업가인 김우재 무궁화유통 회장 부부가 수하르토 前대통령 재임 당시 1996년에 기증했던 것으로, 다른 한복보다는 덜 누추했지만 김 회장에게 건의하여 새로 교체키로 했던 것이다. 김 회장 부부의 우리문화를 사랑하는 마음과 교체과정에서의 적극적인 협조에 힘입어 수하르토 박물관의 한복마네킹은 모두 새 옷으로 갈아입었다.

Taman Mini 수하르토 박물관 내,
전통 한복 새것으로 교체 전시

5

1. 메트로 TV에 취재진과 윤해중 대사와 필자(2003)
2. 한복교류 패션쇼에서 선보인 자주관복
3. 김우재 회장 부부가 수하르토 박물관에 첫번째 한복을 기증하는 모습
4. 새로 교체된 한복
5. 수하르토 박물관 한복 교체 전시(한인뉴스)

김 회장 부부는 교체할 새 한복 제작을 위해 서울에서 한 달간이나 머물면서 유명한 한복제작자에 의뢰해 작품을 제작해 직접 가지고 온 바 있다. 김 회장 부부의 한복기증과 교체 그리고 관리야말로 진정한 우리 문화 심고 가꾸기라 할 수 있으며 한복의 세계화를 향한 노력이다. 새로 곱게 단장한 우리 전통한복들은 오늘도 이 박물관을 찾아오는 인도네시아 사람뿐만 아니라 외국관광객들에게 우리 고유한복의 미와 함께 한국의 독창적인 문화를 각인시켜 주고 있다.

한복과 바틱의 교류

한류가 확산하기 전까지만 해도 자카르타에서는 한국 전통공연이나 문화행사, 에세이 컨테스트 시상식, 한국의 날 행사나 한국문화의 밤 행사 등에서나 우리의 전통한복을 차려입은 교민들을 볼 수 있었다. 따라서 현지인들은 한복을 볼 기회가 많지 않아 한복에 대한 관심이 별로 없었던 게 사실이다. 그러나 각 대학에 한국학이 보급되고 한국어 학과가 개설되면서, 한국영화주간행사나 한국문화주간 행사가 자주 열려 현지인들이 한복을 체험할 기회가 늘어나게 되었다. 이에 따라 각 대학의 한국관련 행사 때마다 한복을 입고 추는 부채춤이 자주 등장하고 있고 한복을 대여해 주는 곳도 생겼다. 또한, 대장금 등 역사드라마가 인기를 끌면서 현지인들의 한복에 대한 관심이 더욱 늘어나게 되었다.

2003년 8월에는 한국-인도네시아 문화교류행사의 일환으로 바틱·한복 교류 패션쇼를 후원 개최(주최: 코리아 월드센터 플로마스)하였다. 한복연구가 이영애 작가와 인도네시아의 저명 바틱 패션 전문가 Susie Hedijanto 여사가 함께 참여하여 꾸민 패션쇼 무대라서 인도네시아 사람들과 바틱에 대해 더욱 친근감이 느껴졌다. 무대 위의 패션 모델들은 한복을 입은 인도네시아 사람인지 바틱을 입은 한국사람인지 분간하기 어려울 정도로 조화로웠다. 이날 선보인 한복은 궁중 한복에서부터 전통 생활한복 그리고 더운 나라에 알맞은 모시소재의 현대감각을 살린 생활한복 등 다양했다. 현지인들은 우리 한복의 우아하고 화려한 맵시에 감탄사를 연발했다.

1. 모시로 만든 한복
2. 한복의 컨셉을 살린 바틱 패션
3. 인도네시아 사람인지 한국 사람인지…
4. 한복과 바틱이 한자리에
5. 전통 한복의 우아미
6. 생활 한복의 멋 (한국의 날 행사)

이날 행사에서 느낄 수 있었던 점은 인도네시아 여성들이 화려한 색상과 우아함을 선호한다는 사실이었다.

한편 인도네시아 작가는 한복을 응용한 바틱 패션을 선 보임으로서 한복과 바틱의 어울림을 보여주었고 무한한 교류가능성을 증명해 주었다. 디너쇼 형태로 진행된 이날 행사는 유료였지만 의외로 많은 현지인이 참석하여 한복에 대한 높은 관심을 확인할 수 있었다. 수수하면서 세밀하고 은은한 멋을 지닌 바틱과 우아하고 화려한 한복의 조화는 한 쌍의 원앙처럼 잘 어울리는 모습이었다.

1

그 후 필자는 한복홍보에 주력하여 대사관 내 문화홍보센터에 다양한 한복인형 6개와 실제 크기의 마네킹에 차려 입은 궁중 한복 시리즈 다섯 세트, 그리고 한복을 차려입은 어린이 마네킹 한 쌍을 제작하여 상설 전시하였다. 이 마네킹들은 한국문화 전시회나 한류 체험행사 등에 이동전시 되기도 했고, 자카르타 여러 호텔에서 순회 개최했던 한국 음식 축제 때마다 자주 등장하여 한복의 아름다움을 뽐낸 바 있다.

한복의 세계화 가능성 엿봐

2

그동안 한류기반조성 차원에서 대사관을 중심으로 한복 홍보강화와 대장금 등 한국드라마 보급 확대 노력에 힘입어, 한복의 인지도가 점점 높아지게 되었고, 마침내 치프트라 몰에서 개최한 한류 체험행사에서 한복의 세계화 가능성을 엿볼 수 있었다. 한복 전시코너와 한복체험코너에는 한복을 입어보려는 젊은

여성들이 몰려들었다. 한복 고유의 화려한 색과 부드러운 선의 조화가 인도네시아 젊은 여성들의 발길을 멈추게 했던 것이다. 2005년 부산 APEC정상회의에서 각국 정상들이 입고 뽐낸 두루마기 옷맵시가 세인의 시선을 끌었듯이 한복은 국적을 불문하고 잘 어울리는 의상으로 입증된 바 있다. 여러 행사를 치르면서 우리 한복의 화려한 색상을 인도네시아 여성들이 좋아하고 있다는 사실과 함께 한복의 세계화 가능성을 발견한 것이다.

3

바틱처럼 한복 착용 생활화해야

인도네시아 사람들은 고유의상인 바틱을 정장과 같이 공식 행사나 생활 속에서 착용한다. 바틱은 인도네시아처럼 더운 나라에서는 무척 실용적인 의상인 것 같다. 하지만, 우리 한복은 아름답지만 복식이 까다롭고 거추장스러운 면도 있어, 한국에서조차 한복착용을 생활화하지 못하고 있다. 따라서 한복 세계화를 위해서는 개량한복 착용을 우리 스스로 생활화하고 보급을 확대해야 한다. 한복의 생활화 가능성은 적도가 통과하는 무더운 나라 인도네시아에서도 이미 입증되고 있다. 그 주인공이 바로 인도네시아에서 서예활동을 하는 손인식 작가이다. 중앙일보에 '자카르타의 모시적삼'이라는 글로 소개된 적도 있는데, 그는 거의 매일 모시로 만든 시원한 한복을

1. 한복인형 전시
2. 한복체험-한복입고 포즈를 취하는 현지인
3. 두루마기 차림이 어울리는 APEC 각국 정상들(2005.부산) 앞줄 중앙 노무현 前 대통령 / 우측 세 번째 유도요노 대통령

입고 다니며 현지인들에게 우리 문화를 자랑하면서 더위도 극복하고 있다. 아울러 지구온난화에 따라 아열대기후가 북상하면서 여름이 길어지는 우리나라에서도 실용적인 바틱을 착용해 보는 것도 좋을 듯하다. 한복의 세계화 가능성은 이미 언급한 바 있지만, 우리에게 바틱 문화가 자리 잡을 여지 또한 있는 것 같다. 최근 인도네시아를 방문한 한국의 다문화 가족들과 함께 동행한 한국학생들의 바틱 차림에서 보듯 바틱은 한국인에게도 어울리는 의상임을 알 수 있다. 한복과 바틱이 어우러질 때 한복의 세계화는 점점 가까워질 것이다.

인도네시아의 우리 문화 지킴이

인도네시아 내 한류가 확산하는 과정에서 한국대사관의 한류기반조성과 우리 문화 심고 가꾸기에 동포사회의 문화 단체를 중심으로 협조와 노력이 어우러지면서 한류 확산에 시너지효과를 볼 수 있었다. 그중에서도 인도네시아에서 오랫동안 우리의 전통문화를 지켜 나가기 위해 앞장서서 헌신해온 문화단체가 바로 월화차문화원이다. 월화차문화원은 시인이자 다(茶)인이신 김명지 선생이 10여 년 이상 이끌어 오면서 회원들에게 동래학춤과 각종 전통무용을 교습하며 시 낭송, 다도 및 한국의 전통예절 등을 가르쳐 10여 년 이상 매년 '한국 전통문화의 밤' 행사를 개최해 왔다.

그뿐만 아니라 월화차문화원 회원들은 한국문화를 소개하는 전시회나 공연, 에세이 컨테스트 시상식 등 주요 문화행사 때마다 무더위 속에서도 반드시 전통한복을 격조 높게 차려입고 행사진행을 자발적으로 도와주었다. 대표적으로 한국미술 전시회 진행협조와 ANMC21 계기 아시아 문화축제 당시 우리나라 무용단을 뒷바라지하는 모습은 아름답기만 했다. 그

리고 치프트라 몰의 한류체험 행사에서는 무대에서 우리 전통무용을 선보여 주는 등 우리 문화를 지키는 일이라면 무엇이든 마다하지 않았다. 이러한 헌신적인 우리 문화 지킴이 활동에 대한 공로를 인정 우리 대사관은 김명지 선생에게 감사패를 수여한 바 있다.

특히 월화차문화원 회원들은 2003년 7월 인도네시아 유력방송인 메트로 TV에서 매주 1시간씩 생방송으로 내 보내는 '세계 주요 10개국의 관광 특집' 프로그램에 출연, 한국전통무용인 '동래학춤'공연을 완벽하게 보여줌으로써 플라자 인도네시아 쇼핑몰에 몰려든 수많은 현지인으로부터 박수갈채를 받았던 적이 있다. 그 당시 한국관광특집프로그램은 '코리아로 오세요'라는 타이틀로 진행되었다.

4

프로그램 전반부는 한국의 주요 관광명소와 서울시내 쇼핑명소 등을 영상으로 소개하면서, 두 명의 사회자와 필자가 대담하는 형식으로 구성되어 한국관광 전반에 관한 홍보를 했다. 후반부에는 필리핀의 유명가수 마리 베드가 출연하여 한국 노래를 불렀는데, 월드컵 이후 현지인들에게 잘 알려진 '오! 필승 코리아'와 인도네시아에서 인기리에 방영되었던 드라마 '이브의 모든 것'의 주제곡인 'True Love'를 우리말로 불러 분위기를 고조시켰다.

이어진 동래학춤 공연은 이날 행사의 백미였다. 6분짜리 짧은 공연이었지만 한국적인 독창성을 부각하기에 충분했다. 원래 이 춤은 20분 정도 준비된 공연이었는데 방송시간에 맞추어 재구성 했던 것이다. 따라서 월화차문화원 회원들은 보름 동안 구슬땀을 흘리며 맹연습을 하여 생방송 무대에서 완벽하게 선보였던 것이다. 또한, 행사에 참석한 회원들 모두가 한복을 차려입고 출연하여 우리 한복의 맵시

5

1. 공연장을 찾은 손인식작가(우)와 함께
2. 바틱 차림의 한국 학생들과 다문화 가족
3. 감사장 수여식(2005), 김명지 선생(좌)와 이선진 대사(우)
4. 월화차 문화원 회원
5. 한국 관광홍보 및 동래학춤 공연(한인뉴스)

가 생방송으로 인도네시아 전역에 소개되었다. 월화차문화원 회원들은 교민사회에 우리 문화를 심고 가꾸면서 현지인들에게 우리 문화의 진동을 느끼게 하려는 노력을 앞장서서 실천하고 있다.

작은 문화 실천운동 '아름다운 축제'

한인사회의 정체성 확립에 도움

대표적인 우리 문화 심고 가꾸기 사업은 2004년 1년간 추진했던 '아름다운 축제'가 아닌가 생각한다. 아름다운 축제는 재인도네시아 서예가 손인식 작가와 한인회, 한국대사관이 힘을 합해 추진한 문화행사로서 인도네시아에 사는 한국인의 정서를 한국의 전통 예술로 드러내는 축제였다. 구체적으로 말하면 교민들의 고아한 사상과 은근한 정취를 담은 가훈, 사훈, 공동체 명, 상호, 좌우명 등을 우리의 전통 서예작품으로 제작하여 전시하고 책을 발간하여 널리 알리는 우리 문화 심고 가꾸기 운동이었다고 할 수 있었다. 이는 인도네시아에서 시작된 작은 문화 실천운동이며 한인사회의 정체성 확립에도 기여한 문화 축제로서, 교민사회는 물론 인도네시아 내 외국인들에게도 우리 문화에 대한 공감대를 이끌어냈던 행사로 평가된다. 이 행사를 통해 146점의 서예작품이 자카르타 곳곳에서 우리 문화의 한 단면을 보여주고 있고, 이미 자카르타 한국국제학교(JIKS)등 6곳에서 릴레이 전시되어 풍성한 화제와 한국문화에 대한 감동을 불러일으킨 바 있다. 한국국제학교의 전시회를 통해서

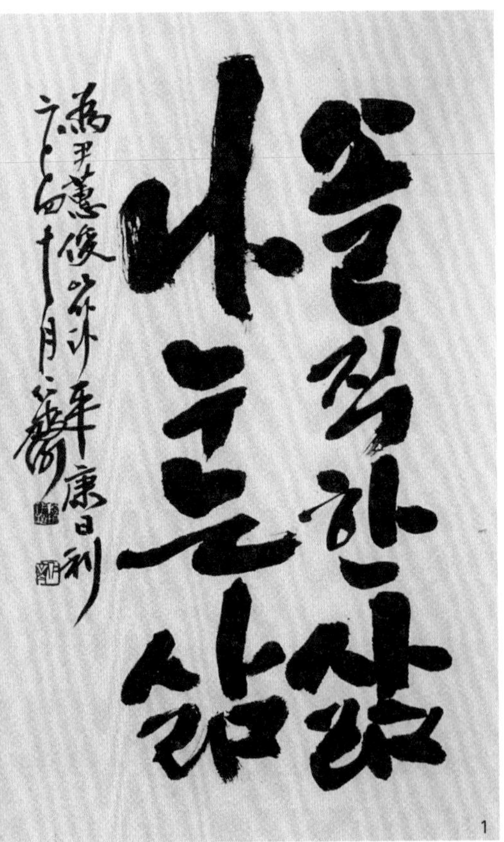

1

는 우리문화를 접할 기회가 드문 아이들에게 좋은 기회가 되었고, 외국계 국제학교(2곳)에서의 전시는 외국학생들에게도 우리의 서예문화를 알리는 계기가 되었다.

2

이 행사와 관련 당시 윤해중 대사는 "이 축제를 통해 보급된 작품은 영원토록 살아 숨 쉬는 우리 문화의 종자로서 두고두고 교민들의 정서와 2세들의 교육에 도움이 될 것으로 보이며 인도네시아 사람들에게 한국문화의 독창성을 보여줄 수 있을 것으로 생각한다."라고 말했다. 한편 승은호 한인회장은 이 행사를 마무리하면서 발간된 '아름다운 축제'책자에 대하여 "이 책은 우리 교민 다수의 내적 정서와 우리의 전통예술형식, 작가 개인의 역량이 한데 어우러져 이루어진 책으로 교민들과 그 2세들은 물론 외국인들 또는 본국이나 다른 나라의 한국교민사회에까지 하나의 문화적 자료로 다가갈 것이다."라고 의미를 부여했다.

한류의 기반을 공고히 하는 역할

우리 문화 심고 가꾸기 일환으로 추진된 아름다운 축제는 확산 일로에 있는 한류의 기반을 공고히 하는 역할을 한 것으로 보인다. 국외에서 우리 스스로 우리 문화를 아끼고 사랑할 때 외국인들 에게도 그것이 소중하게 여겨질 것이기 때문이다. 단지 서예작품만이 아니라 우리의 전통문화나 현대문화를 망라하여 생활 속에 심고 가꾸어 나가는 것이 진정한 의미의 아름다운 축제인 것이다.

전통을 올바로 세우는데 있어서 시대성을 참답게 발현하는 것은 당연하다. 현재 우리의 정체성과 한국문화의 현실을 냉정하면서도 객관적인 시각으로 바라볼 필요가 있다. 그러한 자세와 시각에서 출발한 '한국인으로서의 정체성 찾기'와 '한국문화예술의 국제적 홍보'는 작게는 자신과 가족에서 출발하지만, 크게는 대한민국 전체의 근원과 존재의 중요성을 찾고 인식하는 계기가 되기 때문이다. 따라서 인도네시아에서 시작된 작은 문화 실천 운동이 세계 각국의 동포사회에 파급되어 국외에서 우

1. 윤혜준님 소장 가훈 「솔직한 삶 나누는 삶」(손인식작)　　2. 아름다운 축제 책자표지

리의 정체성을 확고히 하고 문화한국의 이미지가 더욱 제고되었으면 하는 바람에서 필자는 해외홍보원과 협조하여 <아름다운 축제>책자를 해외주재 27개 주요 공관에 배포했던 것이다. 그 당시 <아름다운 축제>책자와 활동은 KBS 방송, KBS 라디오, EBS 라디오, 연합뉴스, 대한민국정책포탈 등에 소개되어 많은 사람의 관심을 불러일으키기도 했다.

아름다운 추억

아름다운 축제가 진행되는 동안 작가와 함께 중추적 역할을 해왔던 필자로서는 동 행사에 대한 각별한 애정을 <아름다운 축제>책자 어느 한 페이지에 올려놓은 적이 있다. "언젠가 누군가가 인도네시아 한인사회의 문화사, 혹은 정신사를 쓴다면 그는 지금의 한인사회를 어떤 모습으로 그려낼지 궁금하다. 당시 한인사회는 민족적 자긍심이 매우 강했으며, 고유한 고국의 문화를 사랑하고 꽃피우는 풍조가 있었다고 써주었으면 좋겠다. 근면하고 성실하게 경제적 성공을 위한 치열한 노력과 그 성공을 칭송하는 가운데, 돈만을 가치체계의 꼭대기에 두는 병리적 문화현상이 지배하는 곳이 아니라, 문화와 예술을 사랑하며 이웃 사랑을 실천하는 사람들이 많이 사는 곳으로 써주었으면 좋겠다. '사람은 무엇으로 사는가?'라는 문제로 고뇌한 한국인들이 곳곳에 숨어 있었던 것을 기억해서 그들이 자아내는 향기를 통해 한국과 한국인은 존경의 대상이었고 그 때문에 한국문화를 좋아하는 외국인이 많았다고 기록하면 좋겠다. 이 모든 것들이 한류의 열풍과 함께 어우러진 그야말로 하나의 《아름다운 축제》이었노라고 결론 맺어주었으면 좋겠다."라고 희망했다.

인도네시아를 떠나 온 지 3년이 지난 지금 필자는 그 당시 필자의 희망대로 한인사회의 문화사를 쓰고 있다. 필자의 근무기간 동안 이런 뜻있는 행사를 함께 진행하고 경험할 수 있었음을 기쁘게 생각하고 아름다운 추억으로 간직하고자 한다.

한국문화 심고 가꾸기에 앞장

인재 손인식 작가는 "<아름다운 축제>는 예술이 지닌 공리성을 위한 작가적 실천이었다. 인도네시아에 사는 한국인들에게 내재된 아름다운 심상들이 나로 인해 많이 작품화되기를 바랐다."라고 그간의 소회를 밝힌 바 있다. 그는 아름다운 축제 외에도 인도네시아에서 한국문화를 심고 가꾸는데 적극적인 활동을 하고 있다. 중국계 현지인들과의 서예교류 전 개최 등 문화교류 활동에도 열심이다. 또한, 그는 현재까지 자카르타 일대 다섯 곳에 서예교실을 열어 우리 교민들에게 서예기법을 전수하고 수시로 작품전시회를 개최하는 등 인도네시아에 우리 문화의 싹을 꾸준히 키우고 있는 또 하나의 우리 문화 지킴이이다.

한류의 첨병 태권도

인도네시아에 70만이 넘는 태권도 인구

우리나라 고유의 무술로서 국제공인 스포츠이자 올림픽 경기종목인 태권도는 한류라는 말이 나오기 오래전부터 전 세계에 보급되어 한국을 알리고, 한국인의 위상을 드높였던 사실은 그 누구도 부인할 수 없다. 그래서 태권도는 오늘날 한류의 첨병 노릇을 한 것이다.

서울에 본부를 둔 세계태권도연맹(WTF)소속 회원국이 세계 130여 국이나 되고 1만여 명의 한국인 태권도 사범들이 세계 각국에 파견되어 태권도와 그 정신, 한국어로 된 경기용어 등과 더불어 한국의 문화를 심고 가꾸어 나가고 있다. 세계 각국의 태권도인이 무려 5천만 명에 달하기 때문에 엄청난 국위선양 효과가 있는 것이다. 한편, 인도네시아에 태권도가 처음 들어온 것은 1974년이며 본격적으로 체계가 잡히기 시작한 것은 1982년이다. 이때 인도네시아태권도협회가 창설되어 현재 30개의 지방협회를 거느리고 회원 수가 70만이 넘는 것으로 추산되고 있다.

1. 인재 손인식작가(위)의 지도를 받은 서예교실 학생들 자필묵연전 열어

1
TISSOT
2
3

태권도를 심고 가꾸는 사람들

인도네시아 교민사회에는 태권도를 사랑하고 현지인에 대한 태권도 보급과 발전을 위해 헌신하는 민간 외교사절들이 있다. 대표적으로 현재 태권도 사범으로 활동하는 분으로는 인도네시아 태권도국가대표 사범으로 올림픽 등 각종 국제대회에서 인도네시아에 메달을 획득하게 해준 오일남 사범과 인도네시아 경찰대학, 이민청 사관학교, 자카르타 경찰청에서 태권도를 지도하는 이종남 사범이 있다. 또한, 태권도 발전을 위해 헌신하는 분들로는 오랫동안 인도네시아태권도협회 부회장과 인도네시아태권도재단 부회장을 역임하면서 인도네시아 태권도 보급과 확산에 기여한 바 있는 김광현 사장과 현지 이슬람학교에 체육관을 지어주고 그 운영을 지원하고 있는 한인케이블 방송(K-TV) 박영수 사장이 있다. 이분들이 태권도 보급과 지원을 통해 거둔 문화·외교적 성과는 현재 확산일로에 있는 한류의 밑거름이 되고 있음을 알 수 있다. 70여만 명에 이르는 태권도 회원은 차치하고, 경찰대학이나 경찰청 등에서 태권도를 배운 사람만 수천 명이고 경찰서장급 간부만 300여 명에 이르기 때문에, 태권도를 통한 네트워크의 힘이 이종남 사범으로 하여금 교민사회의 해결사로 통하게 하기도 했다. 바로 태권도를 매개로 현지인과의 네트워크가 구축되어 한인사회에 도움이 되고 있다.

특히 김광현 사장은 인도네시아 태권도 발전을 위해 많은 후원을 해오고 있다. 인도네시아 종별 태권도선수권대회 지원은 물론 한국대사 배 태권도 대회 지원 등이다. 또한, 한국대사관에 건의하여 인도네시아에 아직 없었던 태권도 시합용 전자채점 장비와 매트리스를 인도네시아 국가

1. 30여 년 전부터 해외에 진출한 태권도
2. 태권도 격파 시범
3. 태권도 대련
4. 태권도 훈련 중인 인도네시아 선수들
5. 인니태권도협회 김광현 부회장(박영수체육관 개관식)

대표 선수단에 지원 하는데 기여했고, 인도네시아 국가대표 선수단의 한국 전지훈련을 지원해 오고 있다. 김광현 사장은 현지 신문 인터뷰에서 "태권도가 현지인들의 의식구조를 개선하는데 중요한 역할을 하고 있다."고 하면서 "한국에 전지훈련 지원차 함께 동행을 했던 태권도선수들을 보면, 한국에 다녀오고 나서 한국인을 닮으려고 노력하였고, 실제 여러 언행에서 친한(親韓)적으로 바뀌는 모습을 보았다."라고 말한 바 있다. 태권도를 통한 지원과 교류가 인도네시아에 확산하고 있는 한류의 근간을 이루고 있고 태권도가 한류의 첨병 역할을 해왔음을 알 수 있게 해주는 대목이다.

알 아씨리아 누를 이만 이슬람학교에 태권도체육관을 기증한 박영수 사장은 이슬람학교 지원배경에 대해 과거 경제적으로 대학에 진학할 여유가 없었을 때 자신이 인도네시아 종교부 장학금으로 이슬람 대학에서 유학했었다고 하면서, "지금은 인도네시아 사람들을 내 형제처럼 생각하게 되었다. 그래서 열악한 환경에서 공부하는 학생들을 위해 태권도 시설을 지어주고 운영비도 지원하고 있다."라고 밝혔다. 진정한 한류의 저변 확대를 위해서는 동등한 입장에서 상대방 문화를 배우고, 여유가 있을 때는 베풀면서 우리 문화도 심고 가꾸어야 한다는 필자의 쌍방향 문화교류 지론을 몸소 실천에 옮긴 사례로 보인다.

1. 체육관 기증식 서명하는 박영수 사장(우)과 이슬람학교 하빕교장
2. 개관식 후 기념촬영
3. 박영수 체육관 태권도 시범과 구경하는 학생들
4. 박영수 체육관 내부와 태권도 시범
5. 부채춤 (ANMC21, 심혜경무용단)

Indonesia

한국적인 공연과 동양적 공감대

국악의 진수 보여준 '코리아 판타지'

월드컵의 여파로 한국의 인지도가 급격히 상승하고 드라마 가을동화가 인기리에 방영된 이후 인도네시아 사람들의 한국에 대한 관심이 점점 늘어나고 있던 2002년 8월, 필자는 부임하자마자 부산아시안게임 계기 국립무용단 동남아순회공연을 준비하게 되었다. 그 당시 여러 가지 사정으로 장소 교섭이 안 된 상태여서 1달 만에 행사를 준비하기가 쉽지 않았다. 국립무용단 공연은 규모가 크기 때문에 시내에서는 규모에 맞는 극장을 찾기 어려운 상황이었다. 급기야 자카르타 외곽에 있는 타만 미니 공원의 '따나 아이루크' 극장으로 정할 수밖에 없었다. 당시 대사관 직원들을 비롯하여 동포 문화인들의 공통된 의견이 지금까지 경험으로 보면 교통이 좋은 시내 극장도 자리가 텅텅 빈다는 것이다. 걱정이 되었지만 다른 장소교섭이 안 되고, 시간이 너무 촉박하여 나름대로 결단을 내렸다. 바로 적극적인 홍보로 정면 돌파한다는 전략을 세우고 한인회와 문화단체들의 협조를 얻어 적극 홍보를 했다. 그리고 입장권 배포를 두 배 정도로 늘리고, 입장권에 좌석번호를 명시하지 않고 층만 구분하여 적극적으로 배포했던 것이다. 결과는 대성공이었다. 배정혜 단장이 이끄는 국립무용단의 '코리아 판타지' 공연은 규모와 내용 면에서 한국 국악의 참모습을 보여준 공연이었다. 장고춤, 오고 무, 부채춤, 동래학춤, 검무, 살풀이 등 다양한 한국 전통춤이 끝날 때마다 기립박수가 그칠 줄 몰랐고 현지 언론의 보도열기도 뜨거웠다. 언론들은 '환상의 무지개가 뜨다'라는 제목 등으로 대서특필하면서 찬사를 아끼지 않았다.

1

여기서 중요한 사실을 발견하게 된다. 모두가 우려했던 그 큰 극장에 관객이 넘치고 우렁찬 기립박수가 이어지고 우리 문화를 극찬하는 보도가 집중되었던 것은 바로 월드컵 효과에 이은 드라마 가을동화의 인기가 상승작용을 한 것으로 보인다. 그때까지만 해도 한류는 감히 언급할 수도 없을 만큼 미미했고, 대사관 내에서도 무료관객 동원마저 고심했던 것이 사실이기 때문이다. 전통국악공연에서도 한류의 씨가 뿌려진 것이다.

전통의 틀 속에 현대적 생명 불어넣어

아시아 대도시 네트워크(ANMC 21) 총회가 서울, 동경, 북경 등 아시아 주요 도시 대표단이 참석한 가운데 2004년 11월 자카르타에서 개최되었다. 우리나라 서울시에서도 정무 부시장을 단장으로 한 대표단이 참석했었다. 이 행사를 계기로 아시아 각국에서 온 15개 공연단이 참가한 전통 무용의 축제인 '페스티벌 아시아'가 열렸다. 한국은 심혜경 무용단이 참가했는데 공연내용 구성과 관련 필자와 사전 조율을 했던 기억이 난다. 당시 필자는 심혜경 단장에게 우리 전통의 기본 틀 속에 현대적 생명을 불어넣어 다이나믹하게 성장하는 한국의 이미지에 어울리는 내용구성을 주문했다. 그 결과 심 단장은 애초 프로그램 내용을 일부 변경하여 프로그램을 '북 울림' '한국여인의 향기' '갈등' '검무' '기상' '부채춤' '사물놀이' '빛으로' 등 다양하게 구성하여 우리 민족 고유의 한(恨)과 흥(興)을 조화시키면서 강약의 변화를 이끌어 냈다.

당시 한타임즈는 "우리 고유의 구성진 가락에 어우러진 유연한 무용수들의 춤사위와 우리 한복에서만 느낄 수 있는 환상적인 선율은 잠시 관객들의 숨을 멈추게 하기도 했고, 빠른 템포의 음악과 타악기의 강렬한 소리 음에 맞춰 혼신을 다한 몸동작 하나하나는 웅비하는 한국인의 기상을 형상화하기에 충분했으며, 관객들을 열광의 도가니로 몰아넣었다."라고 보도한 바 있다.

인도네시아 국민도 흥이 있고 놀기를 좋아하는 경향이 있다. 그래서 두 차례의 공연에 각각 1,500여 명의 관객이 모였다. 관객들은 무대 위의 배우와 호흡을 같이하면서 동

1. 장고춤
2. 사물놀이, 상모돌리기
3. ANMC21 공연(빛으로)
4. ANMC21 폐막식 앵콜공연을 마치고 (심혜경 무용단)
5. 한국여인의 향기
6. 공연을 마치고 인사하는 심혜경 단장과 단원

작 하나하나마다 박수갈채를 보냈고, 사물 장단에 맞춰 박수를 치는 등 시종일관 흥겨운 모습이었다. 그 당시 자카르타 소재 가톨릭 대학(UKI)의 김용 교수는 "이번 공연은 한국전통문화를 숭엄한 예술의 수준으로 고양했다."고 말하면서 "우리 무용단은 한층 고양된 전통문화 예술을 재현함으로써 자칫 수구적인 문화가 무너뜨릴 수 없는 지역 문화적 한계의 벽을 뛰어넘어 우리의 전통 역사와 우리 조상의 고고한 민족정신의 터 위에서 보편성의 세계 속으로 웅비하였다."고 평가했다. 또한, 월화차문화원 김명지 선생은 "문화라는 것은 전통에 바탕을 두고 현대적으로 진보되는 것이 이상적이라고 생각한다."라고 밝히고 심혜경 무용단의 공연은 "한마디로 탄탄한 전통 위에 현대를 적절히 조화시킨 성공작이었다."고 높이 평가했던 데에서도 잘 드러난다.

1

동양적 공감대를 이끌어낸 '천 년의 춤 깊은 북 울림'

그 후 주요 문화행사의 일환으로 개최되는 축제 등에서 우리나라 전통무용이나 국악이 소개되었는데 무료공연으로 현지인들의 참여와 호응이 날로 높아갔다. 2005년 9월 우리 국악에서 한류의 효과를 가늠하게 되었다. '그둥 크스니안 자카르타' 시립극장에서 열린 제4회 쇼우버그 페스티벌에 참가한 국수호 디딤 무용단의 '북의 대합주' 공연이 페스티벌 개막공연으로 채택되어 다른 나라 공연과는 달리 유료로 공연되었다. 그럼에도, 관객은 꽉 찬 것이다. 이 공연을 통해 느낀 점은 월드컵 축구 4강 신화가 아시아 국가들의 공감대를 이루어 낸 것처럼 우리의 전통 춤에도 아시아 문화의 동질성을 끌어내어 공감대를 형성했다는 점이다.

이 행사는 과거와는 다른 관객들의 반응을 감지할 수 있었다. 첫째, 유료입장권이 매진될 정도로 자발적인 유료관객이 증가하였고 둘째로 동포사회의 규모가 커지고 안정되어 감에 따라 교민들의 우리 문화에 대한 수요 및 자발적 참여가 증가하고 있

1. 북의 대 합주
2. 디딤 무용단 공연 현지신문 보도
3. 천년의 춤

음을 알 수 있었으며 셋째, 과거와는 달리 우리 문화와 공연에 대해 논평을 하는 관객이 늘었고 이를 통해 한국인의 의식세계를 이해하려는 시도가 엿보였다는 점이다. 특히 이 공연의 가장 큰 성과라 할 수 있는 것은 주요언론이 20여 회나 집중보도를 하면서 한국무용의 아름다움과 역동성 그리고 한국인의 혼을 간파하였고, 자국문화와의 문화적 동질성을 발견해 보려는 노력이 보였다는 점이다. 인도네시아 최대일간지 KOMPAS는 디딤 무용단 공연을 4회에 걸쳐 보도하면서 북을 신과 자연과 인간의 중요한 매개체로 규정하고 이번 공연에서 풍기는 아시아적 숭배 의식의 동질성을 부각하면서 '친구의 나라 한국에서 받은 진심 어린 선물 보따리'라고 특별한 의미를 부여하기도 했다. 또한, 최대 석간신문 '수아라 품바루안'지는 '인삼의 나라의 아름다움이 자카르타를 엄습'이라는 제목으로 공연을 보도했다.

2

또한 '시나 하라판'지는 춤과 음악 속에 음양이 조화로운 철학적 의미가 깃들어 있다고 했고, '코란 템포'는 샤머니즘에서 불교사상에 이르는 한국인의 영혼의 여정을 묘사했다고 하면서 몸동작 자체에서 한국인의 생의 철학적 의미와 혼을 찾을 수 있을 것 같다고 보도했다. 수라바야 공연 후 그곳 지방신문들도 한결같이 이번 공연이 완벽했다고 평가하고, 인도네시아 예술계에 신선하고 유용한 교훈을 주었다고 하면서 한국문화에 대해 적극적으로 공감을 표출하기 시작했다.

3

리듬감 있는 춤사위와 아름다운 한복의 어울림

2006년 5월 한국문화주간 행사의 일환으로 자카르타 발라이 사르비니에서 개최된 청주시립 무용단의 전통무용 공연은 지방 공연단임에도 연일 1,500석의 극장이 꽉 찼으며, 특히 둘째 날에 현지인의 비중이 50%에 육박했던 것은 인도네시아에 한류가 이미 뿌리를 내렸다고 평가하기 충분했다. 'Elegance & Passion'주제의 이날 공연은 '답지 무', '화선 무', 축연 무','춘앵전', 장검 무','강강술래'등 프로그램으로 구성되어 한국전통문화의 진수를 보여 주었고, 특히 빠르고 리듬감 넘치는 춤사위와 아름다운 한복의 어울림으로 관객의 시선을 붙잡아 놓았다. 한편, 한국공연에 앞선 인도네시아 공연단의 축하공연에서는 아체 지역의 무용이 소개되어 양국 간 문화교류의 의미를 더해 주었다. 또한, 인도네시아 여성들로 구성된 코리아 팬클럽 회원들의 행사장 도우미활동은 현지인 관객이 늘어나면서 행사진행에 큰 도움을 주었고, 이후 코리아 팬클럽(한사모)은 한국문화행사를 위한 필수요원으로 한류확산에 이바지하고 있다.

한류스타들의 잇따른 팬 서비스 행사와 한국전통공연 등이 이어지면서 인도네시아 각 지방에서 올라온 팬들도 많았다. 이들을 중심으로 한국을 사랑하는 모임이 결성되고 확대해 나갔는데, 그중에서도 특히 반둥의 한사모는 2006년 9월 출범하여 불과 3년 만에 회원 수가 600여 명에 이르는 대규모 단체로 성장했다. 반둥은 지리적으로 자카르타와 가까운 위치에 있고, 반둥 한인회의 우리 문화에 대한 높은 관심과 적극성에 힘입어 반둥 한사모는 다른 지역에 비해 더욱 활성화되고 있다. 반둥 한사모 회원들은 매월 2회의 정기모임을 갖고, 한국관련 정보를 교환하면서 한국어도 배우고 공연연습도 하며 친목을 도모하고 있다. 이들은 2009년 8월 한-인니친선협회 주관 '다문화 글로벌캠프'프로그램에 참여한 가족들을 환영하는 공연을 하면서 부채춤, 한국가요, B-보이 춤 등 수준 높은 기량을 선보여 동행 취재한 기자들을 깜짝 놀라게 했다.

자카르타를 난타(NANTA)한 한국의 소리!

2005년 말에 개최한 난타공연은 전통 공연은 아니었지만 분명히 한국을 대표하는 한국적인 공연이었다. 사물놀이도 아닌 것이, 농악도 아닌 것이, 부엌에서나 들을 수 있었던 흔한 소리인 것이 수많은 관객을 사로잡았던 공연이다. 한국이 낳고 세계가 놀란 난타 공연은 신명 나는 두드림과 다이내믹한 율동의 조화를 통해 비언어 퍼포먼스라는 새로운 장르의 공연 형태로 국가 간, 민족 간의 문화적 이질감을 극복한 명실 공히 세계적인 공연임을 확인시켜 주기 충분했다.

이번 NANTA 공연은 교민사회의 문화 갈증을 일거에 해소시키는데 기여했고, 총 관객 1만여 명 중 3,000여 명의 현지인과 외국인들에게 다이내믹한 문화 한국의 이미지를 보여줌으로써 인도네시아에서 날로 확산하고 있는 한류 분위기를 고조시켰다.

이 공연의 큰 성과 중 하나는 가장 한국적이면서도 범 세계적인 NANTA 고유의 역동적인 이미지를, 날로 성장하는 한국의 이미지와 연계시켜 한국의 인지도를 제고했다는 점이다. 이 공연은 인도네시아에서 최초로 시도된 상업공연으로서 민간이 주도하고 주인도네시아 한국 대사관이 후원한 민관협력 방식의 공연이었다. 특히 2002년 월드컵의 열기에 편승해 이곳에 한국 드라마, 영화가 소개되기 시작하면서 기반을 다져온 한류가 아시아 다른 나라처럼 문화 산업과 연계하여 상업적 결실을 볼 수 있을까 하는데 많은 관심이 쏠렸던 공연이기도 했다.

이곳은 테러가 간헐적으로 발생하고 사회적으로 불안한 상황이 연출되고 있기 때문에 대규모 관중을 대상으로 한 장소를 선정하기가 어려운 실정이며, 안전관리

1. 청주시립무용단 공연 답지무(2006.5.9~10)
2. 반둥 한사모 부채춤 공연
3. 청주시립 무용단의 화선무와 축연무
4. 난타 공연과 줄을 잇는 관객들

를 위한 부대비용이 수반되기도 한다. 따라서 이번 공연은 수익적인 측면보다는 어려운 여건하에서도 전례 없이 3,000명 규모의 대규모 공연장에서 다섯 차례나 공연을 하면서도 단 한 번의 안전사고 없이 치러진 것이 가장 큰 성공이었다.

바타비아의 신명 나는 울림

1

동포사회의 우리 문화에 대한 사랑은 필자가 떠나온 뒤에도 계속되었다. 그중에서 2008년도에 창립한 '한바패'의 활동은 우리 문화 심고 가꾸기의 좋은 본보기이다. '한바패'는 자카르타(옛 이름: 바타비아)의 풍물 사물놀이패 동호회 이름이다. '한바패'는 호남 좌도 임실 필봉 농악을 전수한 중요무형문화재로 지정된 장방식씨가 회장을 맡고 있으며, 50여 명의 회원들이 한마음으로 뭉쳐 우리 문화를 배우고 알리는데 앞장서고 있다. '한바패'회원들은 매주 토요일 자카르타한국국제학교에 모여 연습을 하여 각종 행사에서 한국의 전통이미지를 부각시키고 있다. 특히 각종 한국의 날 행사는 물론, 자카르타에 있는 국립 인도네시아대학이나 나시오날 대학(UNAS)의 한국학과 학생들이 주최하는 한국의 날 행사에 참가하여, 외국인들에게 한국문화를 소개하고 있다.

'한바패'의 역할을 기대하며

2002년 9월 부산아시안게임 성화봉송식 때 인도네시아 올림픽위원회 요청으로 사물놀이 풍물패 공연을 한 적이 있다. 어렵사리 자카르타한국국제학교 사물놀이 팀을 교섭하여 성공리에 공연을 마치게 되었다. 그 후 사물놀이 공연 수요는 많았지만, 학생들의 수업에 지장을 주기 때문에 더는 협조하기 어려웠다. 그 당시 한바패가 있었더라면 하는 아쉬움이 든다.

2

2005년 7월에는 자카르타시 정도 478주년을 축하하는 의미를 담아 화려하게 치장한 28대의 차량 행렬이 약 두 시간여 동안 시가지를 누볐다. 주지사(시장) 집무실 앞 발라이 꼬타를 기점으로 하얏트 호텔 분수대 광장을 지나 사리나 백화점을 돌아오는 약 5km 구간에서 펼쳐진 카퍼레이드는 연도 변에 구경 나온 수천 명의 자카르타 시민에게 휘황찬란한 볼거리를 제공했다. 자카르타 각 지역의 문화특성을 살려 각양각색으로 꾸며진 차량 위에서는 다양한 민속공연 또는 캠페인 등이 펼쳐졌다. 한국대사관은 'Korea World Center'와 공동으로 참가하여 역동적인 한국의 특징을 보여주려고 노력했다. 하지만, 카퍼레이드에 참가할 공연단 구성에 애를 먹었다. 날

3

4

씨도 덥고 사물놀이패도 없어 누가 선뜻 나서지 않는 바람에 할 수 없이 현지인들을 훈련하여 꽹과리, 징, 북, 장구를 치게 했던 것이다. 하지만, 반응은 좋았다. 우리 차량이 본부석 앞을 지날 때 우레와 같은 박수갈채가 이어졌고, 이에 대한 답례로 잠시 머물러 사물놀이 공연을 보여 주기도 했다. 개막행사가 끝나자 수티요소 자카르타시장은 "한국대사관이 참가하여 인상적인 퍼레이드를 해준데 대해 매우 감사한다."고 말했고, 행사에 참가한 인도네시아 주요인사들과 시 간부들도 이구동성으로 "Terima kasih(감사합니다) Korea"라고 필자에게 전했다. 그 당시에 '한바패'가 있었더라면 자카르타시내에서 우리 사물놀이와 풍물의 진수를 보여 주었을 것이다. 앞으로 '한바패'의 역할을 기대해 본다.

1. 자카르타 풍물패 '한바패'
2. 상모돌리기(한국 문화주간 축제)
3. 자카르타 정도 478주년 기념 시가행진
4. 한국 대사관에 감사를 표명하는 수티요소 前 자카르타시장(좌)과 필자(우)

Indonesia
한국 종합전시와 한류체험

한국인의 얼이 깃든 한국 종합전시회

진정한 한류는 한국인의 얼이 깃들어 있고 우리의 멋과 맛이 우러나와야 한다. 그런 의미에서 한국전통문화를 소개하는 서예, 도예, 민화 등 전통예술과 한국인의 생활 속의 문화인 한복, 한글, 한식, 한옥 등의 보급 및 확산이야말로 한국의 뿌리를 심는 것과 마찬가지인 것이다. 지난 2004년은 한국과 인도네시아가 수교한 지 31주년이 되고 서울과 자카르타가 자매도시 결연을 한 지 20주년이 되는 의미 있는 해였다. 이를 기념하기 위한 한국미술 전시회는 한국과 인도네시아 문화관광부, 서울특별시와 한국대사관이 공동으로 주최하여 자카르타 시내 상 그릴라 호텔에서 3일간 열린데 이어 인도네시아 국립박물관에서 일주일간 열렸다. 상 그릴라 호텔의 개막전시회에는 30여 국가의 주재국 대사와 외교사절을 비롯한 이그데 아르디카 문화관광부장관 등 인도네시아

정부 고위인사 및 학계, 예술계 인사 등 총 300여 명이 참석한 가운데 총 1,600여 명의 관람객이 다녀갔다. 이번 전시회는 우리 전통문화인 백자 민화, 훈민정음 서예 작품, 한국수석, 한복 등을 보여줌으로써 인도네시아에 있는 외국인들로 하여금 한국문화를 이해하고 한국인의 정서를 느낄 수 있게 한 좋은 기회가 되었다. 이번 전시회에서는 서양화가이자 백자 민화의 대가인 김소선 작가의 작품 '한국 호랑이'를 비롯하여 우리 선인들의 소박하고 정감 있는 숨결이 느껴지는 전통민화가 그려진 백자가 많은 관람객과 언론의 주목을 받았다. 한편, 재인도네시아 서예가인 손인식 작

1. 김소선작 백자민화(한국미술 전시회)
2. 한국미술 전시회장(상그릴라 호텔)
3. 한국미술 전시회 개막식에서 인사하는 김소선 작가
4. 작품을 감상하는 윤해중 대사(2004년)

가는 그 전시가 한국전통문화를 소개하는 전시회임에 착안하여 특별히 우리 한글의 창제원리를 시리즈로 한 창의성 뛰어난 작품들을 제작 전시하여 한글홍보와 함께 서예의 다양한 예술세계를 선보여 현지인들의 많은 관심을 불러 일으켰으며, 전시에 맞춰 작품집 『사랑의 훈민정음』을 출간함으로써 자신의 예술혼을 진정으로 소진하는 열정을 보여주었다.

양국 간의 문화교류 필요성 공감

'한국미술전시회'는 양국 간, 도시 간 이해와 교류의 폭을 더욱 넓히는 좋은 계기가 되었다. 개막식에 참석한 이그데 아르디카 문화관광부장관은 "지리적으로 한국과 인도네시아는 멀고 먼 나라이지만 양국의 문화가 공간적 국경을 넘나드는 데는 아무런 제약이 없을 뿐만 아니라 상호교류 정신을 가지고 활발히 교류하는 것 또한 아무런 제약이 없다."고 양국 간 문화교류의 필요성을 강조한 바 있다.

이 행사는 현지 언론의 취재 열기가 가득한 가운데 진행되어 자카르타 포스트, 수아라 품바루안 등 인도네시아 주요일간지들이 이례적으로 특집보도 했고, Metro-TV와 국영 TVRI 방송이 각각 2분씩 주요 뉴스 시간에 상세히 보도했다. 최대 석간인 수아라 품바루안 지는 김소선 작가와 인터뷰를 통해 작품세계와 1,600도의 고열로 구워낸 백자민화의 신비를 소개하면서, 이번 전시회야말로 한국과 인도네시아 정부간에 실행된 협력의 한 모델이라고 평가하기도 했다.

한편, 한국미술전시회를 관람한 자카르타 기독교대학(UKI) 영문학과 김용교수는 동포 일간지 한타임즈에 전시회 관람기를 기고하여, 이 전시회야말로 『한국문화예술의 세계화』 입증이라고 평가한 바 있다. 따라서 이 행사의 의미는 우리의 전통적 역량을 외국인들에게 인상적으로 입증하면서 한국과 인도네시아 양국 간 상호 문화적 교류의 필요성에 공감하는 뜻 깊은 자리가 되었다는 점이다.

1/3/4/6. 김소선 작 백자민화

2/5. 손인식 작 서예 훈민정음

한국 문화예술의 세계화 (한타임즈, 2004.9.3)

지금 우리는 세계화 시대에 살고 있다. '세계화'의 전제는 국경은 단지 상징적으로 존재할 뿐 인간의 정신적 물질적 산물들의 교류에 있어 나라와 나라 간의 장벽을 넘어선다는 것이다. 그런 면에서 주인니대사관과 서울시 주최로 자카르타에서 열린 한국미술전시회에는 인재 손인식의 서화 작품들과 춘재당 김소선의 도자기 민화 작품들이 각각 예술의 높은 경지를 드러내며 당당하게 우리 문화예술의 세계화를 입증해 주었다. 이는 곧 긍지를 갖는 지역문화예술 혹은 민족문화예술이 세계성, 보편성을 지닌 탈구조주의적 패러다임으로 승화되어 국경을 초월한 문화예술 그 자체에 대한 우리의 이해와 인식의 지평을 확장시켜준 것으로 볼 수 있다.

문화예술은 순수한 인간의 정신과 마음, 정서 및 상상력과 깊은 관계를 갖는다. 이는 또한 철학적, 미학적, 그리고 전통적 요소들을 내포하면서 현실을 극복하기 위한 보다 더 나은 세상의 예술적 비전을 드러낸다. 그것은 어느 개인의 소유물로서 존재하는 게 아니라 만인 공유의 대상이라 할 수 있다. 그 문화예술은 또한 현실과 동떨어진 것이 아니다. 그 이유는 문화예술은 엄연한 현실과 상상이라는 토대 위에 세워지는 건축물과 같은 것이기 때문이다. 그래서 우리의 일상적 삶이든지 사람과 사람의 문제들 혹은 인간과 자연의 관계, 혹은 이 세상에 존재하는 그 무엇들이 모두 문화예술의 제재들이 되는 게 아닌가. 특히 이번 전시회에는 한-인니 양국 간의 31주년 수교 및 서울-자카르타 20주년 자매도시 결연을 기념하는 테마기획적인 미술 전시회 성격이 다분했다.

1

인재의 한글(훈민정음)창제정신을 곁들인 한글 문자에 대한 인상주의적 재현 시리즈라든지 춘재당의 도자기에 새기어 그린 각종 민화 작품들은 한국적이면서 동시에 '보편적', '세계적' 예술성을 재현해 보여 주었다.

특기할만한 것은 이번 한국예술가들에 의해 창작된 작품들에 대해 <한타임즈>를 비롯해 인니 일간지들은 대단히 큰 관심을 보여 주었다. 영자지 자카르타 포스트, 수아라 품바루안 등은 컬러기사로 두 초대작가에 대한 보편적 예술성, 철학성을 높이 기리며 보도하였고 Metro-TV, TVRI 등에서는 작가들과의 인터뷰를 통하여 자신들의 관심을 방영하기도 했다. 게다가 일본어판 자카르타 신문에서도 우리 작가와 그 예술성을 취재 보도하였다. 한국대사관의 홍보관에 의하면 "자카르타에서 이렇게 규모 있게 열린 문화 예술 행사는 처음 있는 일이다. 센세이션을 일으키고 있다. 다이내믹코리아로서의 이미지를 한 예술가의 힘찬 터치로 나타낸 예술작품을 통해서 여실하게 그대로 재현해 내고 있다."라고 자평하였다. 오직 한국의 이미지홍보만을 강조하는 그 홍보관의 열심과 추진력에 필자는 깊은 인상을 받았다.

전시기간에 국내외 여러 관람객들이 전시장인 샹그릴라 호텔과 인니국립박물관을 방문하여 한국예술가들의 예술작품들을 진지하게 감상하는 것이 눈에 띠었다. 한 스코틀랜드 여인은 여행 중이었는지 모르지만 작품을 구입하면서 몇 개국의 화폐를 모아서 값을 치른 후 자신의 소장품으로 확정된 순간 그 작품을 품 안에 꼭 껴안고 한참 동안 흥분을 감추지 못했다. 그 작품을 창작한 예술가의 눈에 그 소장자의 감격하며 즐거워하는 모습이 어떻게 비추어졌을까? 그 작품은 예술의 공유성과 영원한 생명 성을 지니며 이 지구 상에 길이길이 남게 될 것이 아닌가? 본 전시회를 통해 우리 교민들에게는 한국문화예술이 지닌 보편적 가치를 재삼 평가해 보는 좋은 기회가 되었을 것이 틀림없다.(김용/UKI교수, 영문학박사)

2

1. 한국미술 전시회(국립박물관)

2. 한국미술 전시회 관람기 (김용교수)

현대 조형미술 전시회와 문화적 동질성 공감

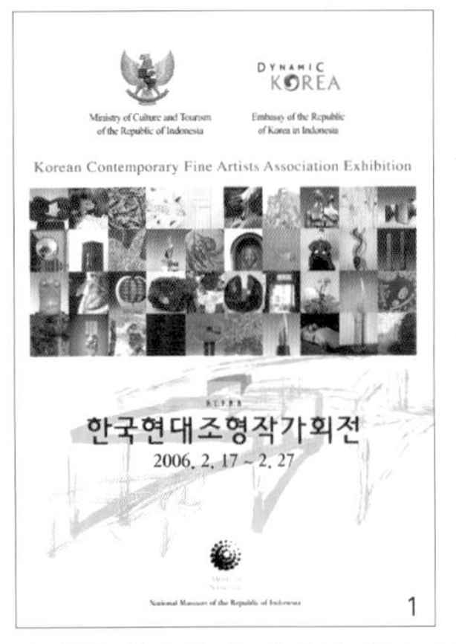

1

여러 예술장르 중에서 공연이나 무용은 전통과 현대적 내용이 인도네시아에 자주 소개되어 우리 문화의 독창성과 우수성을 과시하고 현지인들의 공감과 호평을 이끌어 낸 바 있다. 하지만, 한국의 현대 조형미술 전시회를 인도네시아에서 개최한 것은 2006년 2월이 처음이었다. 한국조형작가회(회장 한성수)가 자카르타 국립박물관에서 10일동안 추상회화 45점과 조각 작품 40점을 선보였는데 한국의 전통을 살리면서 현대적 감각을 살린 것이 돋보였다. 전시회 개막식 축사에서 제로와칙(IR. Jero Wacik, SE) 인도네시아 문화관광부 장관은 "한국 현대예술 작품은 매우 혁신적이며 전통적인 가치를 잘 반영하면서도 '역동적인 한국'을 잘 표현하고 있다."라고 하면서 "이 전시가 인도네시아 작가들에게도 많은 도움이 되었으면 한다."고 말했다. 한편, 주인도네시아 한국대사관 이선진 대사는 축사에서 "한국과 인도네시아는 각기 독창적인 전통문화를 가지고 있으면서도 문화적 동질성이 있다. 이러한 동질성은 현대 조형예술에서 특히 많이 발견할 수 있다. 따라서 이번 전시회는 양국 국민 간에 친근감을 더해주는 문화 교류의 장이 될 것으로 믿는다."고 말하면서 문화교류의 확대를 강조했다. 이 전시회는 자카르타에서 미술 공부를 하는 학생들과 현지작가들의 높은 관심 속에서 성황을 이루었고, 특히 전시회를 매개로 양국 저명 작가들 간의 대화와 교류가 이어졌다.

2

인도네시아는 회화나 조형예술분야에서 네덜란드의 영향을 많이 받아 수준 높은 작

1. 현대 조형작가회전 포스터
2. 자카르타 스나얀 '건설하는 청년동상'
   이맘 스파르디 등 건국예술가들의 작품
3. 수라바야 상징 '악어동상'

3

1

가와 작품들이 많은 곳이다. 이런 의미에서 한국의 현대조형작가회의 인도네시아 전시는 예술적 동질성을 통해 서로 공감대를 형성하게 됨으로써 양국 간의 문화교류를 촉진하는 의미 있는 전시였다. 하지만, 인도네시아의 수준 높은 회화와 조형작품들도 한국에서 전시되어야만 미술을 통한 양국 간 교류가 활발해지고, 인도네시아 내 한류의 영역이 현대 미술 분야로 확대될 것이다.

한류체험 『From Korea with Love』

'안녕하세요?'라고 쓰인 대형 휘장이 나부끼는 가운데 2006년 3월 4일부터 5일까지 이틀간 자카르타 치프트라 몰에서는 사랑스러운 한국의 이미지를 만끽하게 한 「From Korea with Love」라는 행사가 열렸다. 몰 내에는 그윽한 김치 향기와 함께 사물놀이 장단이 울려 퍼졌고, 청사초롱 불빛 아래 태극문양이 꽃처럼 만발한 가운데 연인원 2만여 명의 시선을 집중시키면서 문화한국의 이미지를 부각시켰다. 이번 행사는 현지인들이 직접 참여하여 한국 문화를 체험하도록 하여, 우리 문화를 얼마나 소화하고 사랑하는지를 확인할 수 있었던 행사였다. 단순한 드라마나 공연에 대한 반응이 아닌 본질적이고 종합적인 한류의 현주소를 점검하는 중요한 행사였다.

2

이 행사는 한국산 만화 「챔프」의 인도네시아어 출간 1년을 기념하는 의미에서 KOMPAS 신문 계열사인 Elex Media Komputindo사와 한국대사관이 공동으로 주최하고 무궁화 유통이 후원하여 추진되었다. 한국의 대표적 문화 이미지인 김치, 태권도, 한복, 유네스코 문화유산, 한글 등이 각종 프로그램과 경연대회를 통

3

해 소개되었고, 역동적으로 변화하는 우리나라의 발전상과 관광유적지, 문화유산 등이 영상으로 방영되는 등 한국의 이미지와 정보를 한 군데에서 제공하는 종합 홍보 이벤트였다.

한국 체험 기회 제공, 맞춤형 정보 서비스

이 행사의 특징은 그 동안의 한국소개 행사와는 달리 우리 문화 및 정보의 일방적 전

달방식이 아닌 현지인의 참여를 통한 한국의 문화 및 발전상에 대한 체험 기회를 제공하고, 역동적으로 변모하는 한국의 이미지를 느끼고 배우도록 하는데 중점을 둔 것이다. 이틀간 계속된 행사 프로그램에는 김밥말기 대회, 김치먹기 대회, 제기차기 대회, 한국노래자랑, 한글 읽기대회, 한국만화 주인공을 흉내낸 코스프레 경연대회 등 현지인의 참여를 통한 한국문화 체험 프로그램이 많았다. 또한, 한국 홍보부스 운영을 통해 한국을 배우기 위해서 찾아온 많은 인도네시아 젊은이들에게 자료를 제공하고 궁금증을 해결해 준 맞춤형 정보서비스를 했다.

코리아 부스에는 한국에 관한 각종 홍보자료 및 영상홍보물을 비치하여 이곳을 찾는 수많은 현지인과 외국인들에게 열람, 검색 또는 무료로 배포하였다. 한국 부스를 찾는 학생들의 눈빛에는 한국을 배우려는 모습이 역력했으며 한국 소개책자인 Fact about KOREA 인니어판은 일찌감치 동이 나버렸다. 또한, 한국 부스 옆에 마련된 한복촬영장에는 한복을 입어보려는 젊은 여성들이 줄지어 기다리면서 북새통을 이뤘다.

1. 청동 조형 작품(가믈란 악기를 매고 가는 모습)
2. 태권도 격파 시범
3. 한류체험 행사 포스터
4. 한국 소개책자를 열람하는 현지인
5. 한국자료 전시부스

한류의 실체 확인

1

한류체험 행사를 통해 확인할 수 있었던 것은 이곳 젊은이들 사이에 한국을 배우려는 분위기가 폭넓게 확산되었다는 점과 인도네시아에도 머지않아 한류가 만개할 수 있을 것이라는 확신이었다. 그 당시 행사를 후원했던 인도네시아 K-TV의 박영수 사장은 "현지인들의 노래 부르는 솜씨가 보통이 아니다. 한국드라마가 인기리에 방영되면서 젊은이들의 시선을 붙잡아 놓았던 것 같다. 이제는 현지인을 위한 한국노래자랑 프로그램을 만들어도 충분할 것 같다."라고 하면서 "이번 행사야말로 그동안 인도네시아에 심고 가꾸어진 한류가 화려한 꽃을 피우기 시작한 것 같다."고 평가했다. 참가자들의 김밥 마는 솜씨는 놀라웠고, 김치 먹는 모습이 정겨워 보였다. 애초 예상과는 달리 한국노래자랑 신청자가 넘쳐 시간이 연장됐고, 참가자들은 우열을 가리기 어려울 정도로 음정과 가사발음이 정확했다. 노래자랑에서 가장 많이 부른 노래는 한국 드라마 풀 하우스의 주제곡이었는데, 풀 하우스가 젊은이들 사이에 얼마나 인기가 있었는지 짐작할 수 있다.

2

3

무대가 내려다보이는 2층 전시공간에는 손인식 작가의 서예 작품 25점과 공예가 정홍렬씨의 작품 전통 탈 34점, 한국대사관에서 준비한 한복인형, 전통악기 등이 전시되어 한국의 전통이미지도 함께 보여 주었다. 한편, 무대 위에서는 KOICA 봉사단원들의 태권도 격파시범과 자카르타 월화차문화원이 준비한 '어우동' 춤이 관객의 시선을 집중시켰다. 또한, 이번 행사는 우리 동포기업인 무궁화유통의 후원으로 김밥, 떡볶이 시연, 김치 담그기 시범에 이은 김밥말기 대회와 김치먹기 대회, 그리고 제기 차기대회 등 다채로운 한류체험 프로그램을 마련함으로써 많은 현지인의 참여와 흥미를 유발하면서 한국에 대한 친근감을 불어넣어 주었다. 치프트라 몰은 중산층과 젊은 층이 선호하는 대형 몰로서 주변에 3개의 대학과 3개의 고등학교가 있어서 연일 많은 젊은이로 북적거렸다.

4

5

6

행사를 함께 준비했던 CHAMP 직원인 Miss Sinta는 "이렇게 호응이 좋을지는 몰랐다. 이번 행사를 계기로 한국의 챔프 만화가 일본 만화의 독주에 급제동을 걸 수 있을 것으로 본다."라고 말하면서 "이것이 바로 Korea의 위력인 것 같다. 한국어를 열심히 배워서 한국에 유학하여 사랑스러운 한국의 이미지를 가득 싣고 인도네시아로 다시 돌아오고 싶다."고 포부를 밝혔다.

'From Korea with Love'행사를 통해 2만여 명의 현지인들이 사랑스러운 한국의 이미지를 가득 싣고 떠나는 모습을 보면서, 필자는 힘차게 줄기를 뻗쳐가는 한류를 확인하고 행사 준비 과정에서 날밤을 새워가며 구슬땀을 흘렸던 보람을 새삼 느껴보았다.

1. 드라마 주제곡 부르기 대회
2. 서예작품 전시(손인식 작품)
3. 한국 전통탈 전시(정홍렬 작품)
4. 김밥, 김치담그기 시범 (무궁화 유통)
5. 치프트라 몰 행사 시 태권도 시범 (KOICA단원들)
6. 한복체험

Indonesia

한국문화주간 축제와
문화교류 증진

양국의 현대와 전통문화가 어우러진 축제의 장

2

주인도네시아 한국대사관은 인도네시아에 한국 문화를 소개하고 양국 간 우호를 더욱 증진시키기 위해 2009년 10월 9일부터 18일까지 10일간을 「한국문화주간」으로 선포하고 자카르타에서 다양한 문화행사를 개최했다. 이번 행사는 한국대사관이 주최하고 한국의 문화체육관광부, 농림수산식품부, KOICA 등과 인도네시아 문화관광부가 후원한 규모 있는 종합문화행사였다. 개막식과 함께 전통무용과 B-보이 공연이 발라이 까르티니 공연장에서 많은 내·외국인이 참석한 가운데 성황리에 개최된 것을 시작으로, 세븐데이즈 등 5편의 한국영화 상영, 인간문화재 한상수 선생의 자수작품 전시회, 한국 농식품 전, 한-인니 학술대회, 교민단체가 참여한 음악회, 한-인니 친교의 밤 등 행사가 다채롭게 펼쳐졌다.

3

특히 이번 행사는 인도네시아의 유명한 공연단인 Marusya Chamber Team이 출연하여 수준 높은 춤과 연주를 선사함으로써, 지난 3월과 6월 양국 정상 간 교환 방문에 따른 우호협력의 분위기를 이어가면서 문화교류를 증진시켰다는데 큰 의미

1. 한국문화주간 축제 공연(상모돌리기)
2. 인도네시아 공연단(Marusya chamber Team)
3. 한국영화 상영 포스터

가 있다. 주인도네시아 한국대사관 김호영 대사는 "이번 행사를 계기로 양국 간 문화교류가 촉진되고 양국 국민들이 더욱 친밀해질 것으로 기대하며, 이번 행사에 높은 관심을 보여준 인도네시아 국민과 교민들에게 감사드린다."고 말했다.

이번 개막공연은 판소리, 가야금, 대금, 해금연주 등 그동안 자카르타에서 선보이지 않았던 국악장르를 엄선하여 한국전통문화공연의 또 다른 참모습을 보여 주었다. 과거의 공연은 한국인의 진취적인 기상과 다이내믹한 한국의 모습에 초점을 둔 장르 구성으로 큰 울림에 중점을 두었다면, 이번 전통공연은 잔잔하게 울려 퍼지지만 가슴속 깊이 파고드는 전통문화를 보여주었다는데 큰 의미가 있다. 한국전통공연과 더불어 선보인 B-보이 공연단의 현란한 몸놀림은 한국 현대문화의 역동성을 보여줌으로써 젊은이들의 눈길을 사로잡았다. 인도네시아 국립박물관에서 열린 한상수 선생의 자수전시회는 한국자수의 화려함과 섬세함을 보여주기에 충분했다. 인도네시아는 수직물과 바틱이 예술의 경지를 넘어 생활문화로 정착되어 대중화되고 있기 때문에 현지인의 한국전통자수에 대한 관심과 공감대를 이끌어 낼 수 있다는 점에서 의미 있는 전시였다. 이번 전시회를 통해 인도네시아의 바틱이나 수직물과 한국 자수의 접목 또는 교류가 이루어지길 기대해 본다.

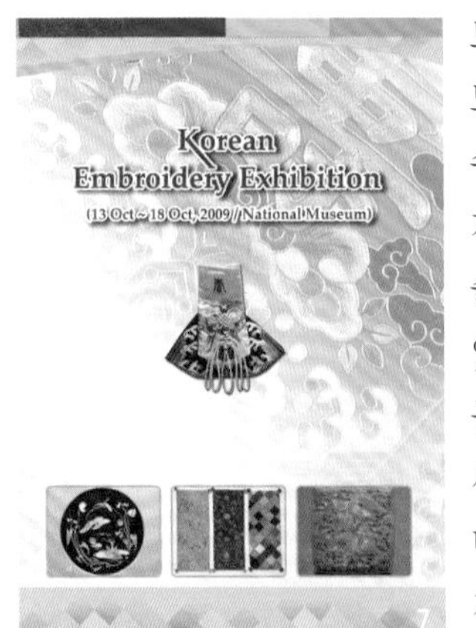

이번 한인문화주간 행사는 인도네시아의 RCTI 방송, 메트로 TV, KOMPAS 신문, Jakarta Post 등 주요 언론들이 적극 보도함으로써 현지인들의 한국문화에 대한 관심의 폭을 더욱 확대시켰다. 특히 이번 행사는 인도네시아 내 최대 외국인 커

뮤니티를 구성한 한국인의 위상에 걸맞은 문화의 위력을 보여주었으며, 우리 교민 음악단체와 인도네시아 음악단체가 함께 참여한 가운데 열린 뮤직콘서트는 한인문화주간 행사를 한인사회와 현지인이 참여하고 교류하는 축제의 장으로 승화시켰다고 평가할 수 있다.

1. 판소리 열창
2. 대금산조
3. 가야금산조
4. 해금연주
5. 살풀이 춤
6. B-boy 공연
7. 한국 문화주간 자수전 포스터
8. 인도네시아 공연단

Indonesia

한국어 열풍과 한글 세계화

한국어 열풍이 불기까지

가자마다 대학교 한국어 학과 최초 개설

인도네시아 내의 한류를 확고히 정착할 수 있도록 한 것은 무엇보다도 주요 대학에 한국어 보급과 한국어학과 개설이 주효했던 것으로 보인다. 인도네시아 대학으로는 최초로 족자카르타 소재 국립 가자마다 대학(UGM)이 인문대학 내에 한국어 학과를 2003년 8월 공식 개설한 바 있다. 그동안 한국어 강좌는 여러 대학에서 10여 년 전부터 시행해오고 있지만, 한국어 보급이 다른 나라 언어와 비교하면 저조했던 것이 사실이다. 그 당시에는 이곳 대부분 주요대학은 영어, 일본어, 중국어, 러시아 어, 불어, 스페인 어 등의 외국어 학과를 운영하고 있으나 한국어학과는 없었고, 자카르타 시내에 있는 사설 외국어 학원 중에서도 한국어 학원은 단 한 곳도 찾아보기 어려웠다. 이는 그 당시 한류의 질적 수준을 가늠해 볼 수 있는 척도가 되는 것이다.

그동안 주인도네시아 한국대사관은 한국학 보급을 위해 많은 노력을 기울였다. 특히 2002년 월드컵 개최로 우리나라의 인지도 및 이미지가 급격히 상승하고 인도네시아에 진출한 한국기업들의 수가 증가하는 한편, 한국 상품에 대한 인식이 좋아지면서 한국어에 대한 수요가 급증했기 때문이었다. 한국대사관은 가자마다 대학에 한국어 학과가 개설되기까지 기존의 한국학연구소를 적극적으로 지원하여 한국어강좌를 활성화하고 한류의 분위기를 조성해 나갔다. 그리고 국제교류재단, 한국교육학술진흥원, KOICA 등과 협조하여 한국어과 설립에 필요한 교수 요원 양성을 위해 정부 초청 외국인 장학생을 집중적으로 추천했으며, 부족한 강사인력 충원을 위해 한국인 교수와 KOICA 봉사단원을 추가 파견토록 하는 등 다각적인 지원을 했다.

국립 가자마다 대학교
한국학 연구소 행사 지원

3

1. 한글로 표기된 찌아찌아어를 공부하는 학생들과 아비딘 선생님
2. 족자카르타 가자마다대학 한국어 교육
3. 가자마다대 한국학 연구소 행사지원(한국영화 감상문 우수자 시상)

한국어열풍 인도네시아 전역으로 확대

국립 가자마다 대학교(UGM) 한국어학과 출범을 계기로 한국어 열풍은 인도네시아 전역으로 확대되었다. 2005년 4월에는 자카르타 소재 국립 제27 고등학교가 고등학교로는 최초로 한국어를 제2외국어 선택과목에 포함해 한국어반 40명을 선발하여 시범 교육을 시작했다. 대학교에서는 오래전부터 한국어 교육이 시행되어 왔는데,

1

자카르타에 있는 나시오날 대학(UNAS)이 1987년부터 한국학센터를 설립해 한국어 보급에 앞장서 오다가 2005년 6월 한국어 학과를 공식 출범시켰으며, 2005년 10월에는 인도네시아 최초의 기독학교법인인 자카르타의 기독교 대학(UKI)이 한남 대학과 교류협력에 관한 MOU를 체결하고 한국어학당 개원을 추진했다. 이 무렵 국립 이슬람 대학 및 국립 수라바야 대학, 칼리만탄 반자르마신 대학, 반둥 대학 및 국립 중부자바 대학이 한국 대학들과 교류를 통해서 또는 한국어 학원 등과 협력, 한국어 강좌를 하고 있다. 이 밖에도 이슬람대학인 아사시피아(UIA) 대학은 대구 대경 대학과 자매대학 결연을 통해 학생과 교수 교류를 하고 있으며, 가톨릭계 ATMA 대학도 한국어 강좌를 시작 했다. 사립 최고 이슬람대학인 족자카르타의 UII대학이 2005년 한국의 배재 대학과 MOU를 체결하여 한국학 연구소를 개설하고 한국어 강의 및 장학사업을 하고 있다. 최대 국립대인 인도네시아대학교(UI)는 2003년 한국어학과 개설을 위한 5개년 계획을 수립, 2005년 학사 연도에 한국학 연구 프로그램을 설치한 데 이어 2006년 8월 한국어학과를 학사과정으로는 최초로 공식 개설하게 되었다.

2

인도네시아 "한국어 싸랑해요"

3

한편, 인도네시아 노동부도 한국의 선문 대학교와 2005년 6월 한국어 및 한국문화 교육, 상호인력 교류 협력을 위한 의향서를 교환하고 한국어 능력을 갖춘 송출노동자를 확보하기 위해서 노력을 기울이고 있다. 이 밖에도 람풍 망쿠랏대학교는 2006년 4월에, 중부 자바의 디포네고로대학교는 2007년 10월에 각각 한국학센터를 개관하고 한국어 강좌를 하고 있으며, 마카사르의 하사누딘대학교는 2007년 9월부터 한국어를 선택과목으로 운영하고 있다.

한글 세계화의 첫 번째 쾌거

찌아찌아족 한글을 공식문자로 채택

4

5

2009년 7월 21일 인도네시아 술라웨시주 부톤(Buton) 섬의 바우바우(Baubau)시(市)는 이 지역 토착어인 찌아찌아어를 표기할 공식 문자로 한글을 채택했다. 바우바우시는 찌아찌아족 밀집지역인 소라올리오(Sorawolio)지구의 초등학생 40여 명에게 한글로 된 찌아찌아어 교과서를 나눠주고 주 4시간씩 수업을 시작했다. '바하사 찌아찌아1'이란 제목의 이 교과서는 '부리'(쓰기)와 '뽀가우'(말하기), '바짜안'(읽기)의 세 부분으로 구성돼 있고 모든 내용이 한글로 표기돼 있으며, 찌아찌아족의 언어와 문화, 부톤 섬의 역사와 사회, 지역 전통 설화 등과 함께 한국 전래동화인 '토끼전'도 소개하고 있다. 바우바우시는 한글교과서 채택 외에도 이 지역 고등학생 140여 명에게 매주 8시간씩 한국어 초급 교재로 한국어를 가르치고 있다. 또 한글과 한국어 교사를 양성해 한글 교육을 다른

1. 한국어를 공부하는 제 27 고등학교 학생들
2. UII대학과 배재대학 총장 한국학 센터 개소 및 교류협력 MOU체결
3. '인도네시아 한국어 싸랑해요' (한인뉴스,국정브리핑,김상술 기고)
4. 한글로 표기된 찌아찌아어 교재 표지
5. 찌아찌아어 교재에 등장한 '토끼전'

지역으로 확대하는 한편 지역 표지판도 로마자와 함께 한글을 병기하는 방안도 추진하고 있다고 바우바우시 아미룰 타밈 시장이 밝힌 바 있다. 타밈 시장은 서울시 초청으로 지난 12월 21일 부족 대표, 학생들과 함께 한국을 방문하여 서울시와 문화예술교류와 협력에 관한 의향서를 교환하고, 바우바우시 중심가에 서울문화센터를 건립할 부지를 마련해 놓았다고 밝혔다.

이번 찌아찌아족 한글 보급은 훈민정음학회의 김주원 회장과 학회회원 교수들의 한글세계화를 위한 노력의 결실임이 틀림없다. 특히 한글교재 '바하사 찌아찌아1' 교과서를 펴낸 서울대 이호영 교수와 이를 재정적으로 뒷받침한 훈민정음학회 이기남 이사장 등 관계자 모든 분의 노력의 결실이다. 훈민정음학회는 바우바우시와 2009년 7월 한글 보급에 관한 양해각서(MOU)를 체결하고, 학회가 교과서를 만들어 주어 초등학교 정규교육과정에서 가르치게 함으로써 한글세계화의 첫 번째 쾌거를 이룩했다.

한글의 세계화가 인도네시아 부톤 섬에 사는 6만 명의 소수민족인 찌아찌아족으로부터 시작된 것이다. 이를 두고 일부 잘 못 이해하거나 지나치게 확대 해석하는 것은 금물이다. 이는 그동안의 한국어 보급과는 성격이 다른 우리 고유문자인 한글보급일 뿐이다. 부연 설명하면 우리의 전통문화 요소인 한복, 한옥, 한식을 세계인과 공유하는 것과 다름없다. 로마자로 표기하는 인니어가 로마자로 표기된 영어와 다른 것처럼 한글로 표기된 찌아찌아어는 한국어가 아니다. 찌아찌아족은 독자적 언어는 있

1

으나 문자가 없어 전래되어 오던 민족 고유의 문화가 점차 소멸해 가는 상황에서 찌아찌아 고유어를 표기할 글자를 선택한 것일 뿐 국가공용어인 바하사 인도네시아어를 대체하는 것이 아니다. 다시 말해 찌아찌아족은 인도네시아의 통일된 언어인 바하사 인도네시아(인니어)로 교육을 받고 소통을 하되 한글로 표기된 찌아찌아어 과목 즉 고어(古語)과목을 추가로 배우고 있다고 이해하면 될 것 같다.

그렇다면 왜 로마자로 표기하는 인니어를 쓰지 않는 것일까 궁금해진다. 이와 관련 서울대 이호영 교수는 찌아찌아족의 고유 언어를 인니어로 표기할 때 두 언어상 의미가 충돌하는 문제가 있다고 말한다. 인니어도 로마자 알파벳을 사용하지만, 발음이 영어발음과는 다소 다르므로 인니어 표기법을 적용해 찌아찌아어를 표기할 때 인니어와 발음과 철자가 같은 단어일지라도 뜻이 달라 의미전달이 애매해진다는 것이다. 그렇지 않아도 현재까지 찌아찌아족 고유 언어가 점차 소멸하면서 고유어와 인니어가 섞여서 쓰이고 있는 실정이기 때문에 인니어로 표기하면 문제가 되는 것이다. 그래서 로마자가 아닌 한글이 채택된 것 같다.

그러면 아랍어나 일본어 등 다른 민족의 글자들도 많은데 왜 하필 한글을 선택했을까 하는 것이다. 한글은 모든 소리를 가장 정확하게 표기할 수 있는 표음문자로서 쓰기 싫고 배우기 쉬운 글자이기 때문이다. 또한, 한글은 한자나 일본어에 비해 컴퓨터나 휴대전화 문자입력 시 구현하기가 편리하고 표현 시간이 7배 정도 빠르다. 촌음을 다투는 지식 정보화시대에 시간은 금이요, 정보소통 속도는 국가 경쟁력과 직결되기 때문에 바우바우시와 찌아찌아족이 한글의 우수성을 인정하고 현명한 선택을 한 것이다. 한글이 반포되기 전에는 우리 민족도 고유의 언어를 한자의 음과 훈을 빌어다 쓰면서 어려움을 겪었던 것 같다. 만일 우리에게 한글이 없었다면 문자는 한자로 표기하고 말은 중국어와 혼용하여 쓰다가 점차 우리 고유어는 소멸했을지도 모른다. 세종대왕이 한글을

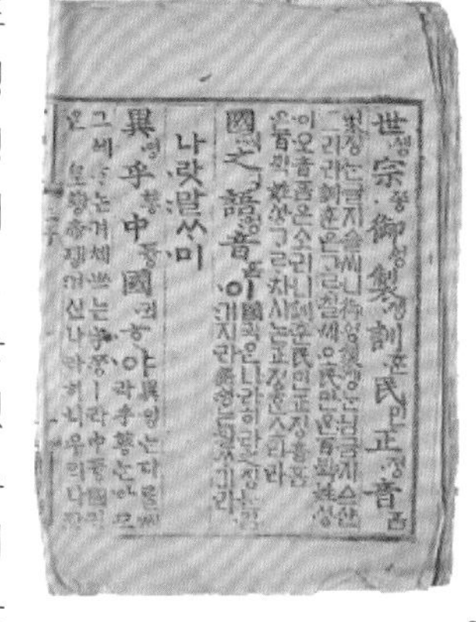

2

1. 훈민정음학회와 바우바우시의 MOU체결식 (훈민정음학회 제공)

2. 훈민정음

창제하셨던 당시 우리 민족은 중국 주변의 소수민족에 불과했었고, 백성은 말은 있어도 우리 글이 없어 한문을 사용해 우리 문화를 유지해 왔었다. 하지만, 우리말이 중국어와 달라 서로 잘 통하지 않고 글자가 너무 어려워 백성 모두가 쉽게 쓰지 못했기 때문에, 우리의 고유문화가 점차 소멸되거나 변질될 가능성도 있었던 것이다. 다행히 세종대왕이 백성의 어려움을 헤아려 한글을 만드신 것이다. 세종대왕의 한글창제 배경이 찌아찌아족이 한글을 채택한 현 상황과 비슷한 점이 있다.

찌아찌아족은 한국과 한국문화를 선호. 한류도 한 몫

찌아찌아족이 한글을 선택하게 된 또 다른 배경이 있다면 찌아찌아족은 한글을 사용하는 한국과 한국문화를 선호했을 것이라는 점이다. 필자의 경험으로 볼 때 한류가 확산하는 과정에서 인도네시아 젊은이들은 서방세계보다도 한국을 더 선호했고, 직접적인 서양문물보다도 한국이나 중국을 거쳐 동양문화에 동화된 서구문물을 쉽게 받아들이는 경향이 있었다. 그리고 70년대 까지만 해도 인도네시아보다 못살았던 한국이 고도성장을 이룩하고, 첨단산업과 IT기술이 세계 최고수준에 이르면서, 한국은 인도네시아 젊은이들에게 가장 부러운 나라로 떠올랐다. 이에 따라 한국을 연구하고 배우려는 사람들이 늘어나게 된 것이다.

또한, 인도네시아에 태권도가 일찍이 보급되어 확산일로에 있고 한국드라마가 인기리에 방영되면서 한국문화를 동경하는 현지인이 확산 되었다. 그 과정에서 이들은 우리 노래와 우리말을 배우기도 하고, 한국 상품과 한국음식을 좋아하게 되었던 것이다. 또한, 송출 노동자로 한국에 가거나 인도네시아 내 한국기업에 취직할 기회를 잡기 위해 한국어를 배우려는 젊은이들의 열기가 인도네시아 전역을 뜨겁게 달구고 있다.

바로 이러한 인도네시아 젊은이들의 열망이 한글을 민족 고유 언어로 선택하게 한

1. 한류체험 전시장(치프트라 몰)

2. 광화문 광장에 위엄을 드러낸 세종대왕 동상

주요 배경이 되지 않았나 생각한다. 찌아찌아족 초등학교 학생이 한 언론과의 인터뷰에서 겨울연가, 대장금, 가수 비를 통해 한국을 알게 되었다고 말한 것을 듣고 가슴이 뭉클했다. 한국에서 무려 17시간을 가야 하는 외딴 섬의 초등학생에게도 한류가 파급되어 가는 것을 확인했기 때문이다. 물론 인도네시아의 오지 섬의 고등학생, 대학생들이 한국을 동경하고 한국문화를 배우고자 노력하고 있다는 사실은 필자 재임 시 추진했던 에세이 컨테스트 참가 학생들을 통해 이미 알고 있었지만, 초등학생들에게 까지 한류가 미치고 있다는 사실은 중요한 변화였다.

찌아찌아족의 한글 채택은, 우리에게는 한글을 고유 언어로 채택하는 민족이 지구상에 하나 더 늘었다는 점이 중요한 의미로 다가오지만, 찌아찌아족에게는 한글을 통해 사멸위기에 있는 민족 고유의 언어와 문화를 보존할 수 있게 되었다는 점에서 더욱더 값진 역사적 사건인 것이다.

이는 한민족의 문화유산을 세계와 공유하는 길인 동시에 세종대왕의 숭고한 한글 창제 정신을 계승하고 발전시키는 길이라는 것이 전문가들의 공통적인 평가다. 또한, 한글을 매개로 해당부족과 한민족 간의 유대관계를 강화하고 각종 교류를 확대해 나갈 수 있는 계기가 될 것이며, 쉽게 읽고 쓸 수 있는 한국어에 친근감을 갖게 하는 시너지 효과가 있어 향후 인도네시아 내 한류의 질적 향상은 물론 확산에도 큰 기여를 하게 될 것으로 보인다.

인도네시아 국립도서관에 한국자료실 마련

1

필자는 2008년 10월 오랜만에 인도네시아를 방문하게 되었다. 이번 방문은 인도네시아 국립도서관에 한국자료실을 설치하기 위해 인도네시아 국립도서관과 업무협의를 하는 것이 주목적이었다. 아울러 각급도서관의 운영실태도 파악하고자 했다. 또 하나의 방문 목적은 동남아 사서 역량강화를 위한 교육프로그램 제안을 위해서 자카르타에 있는 아세안 사무국 문화정보위원회와 협의하는 것이었다.

2

필자는 평소 인도네시아에 한류를 정착시키려고 노력을 해왔던 터라 이번 인도네시아 방문은 이곳 한류의 질적 향상을 위해 중요한 계기가 된 것이다. 인도네시아 국립도서관장을 만나 국립도서관 내에 한국도서실을 설치하는 문제와 한국자료 지원 등을 협의하였고, 자카르타 시내 주요 도서관을 돌아보고 한국자료 보유실태도 파악하여 보고했다. 그 결과 한국의 국립중앙도서관은 2009년 7월 초 한글 또는 영어로 된 한국관련 도서 2,598책과 한국자료실 시설비 일부를 우리 대사관을 통해 인도네시아 국립도서관에 지원했다. 이를 기반으로 인도네시아 국립도서관은 자카르타 시내 분관에 약 71㎡크기의 한국자료실을 설치하게 되었다.

주인도네시아 한국대사관은 이번에 마련한 인도네시아 국립도서관의 한국자료실을 가급적 한국에 관한 정보의 메카가 될 수 있도록 하기 위해서 추가 장비 지원, 운영인력 지원 등을 정부에 건의하는 등 지원책을 다각도로 강구하고 있다. 한편, 한국 국립중앙도서관은 문화 동반자 프로그램을 통해 인도네시아 도서관 사서를 초청하여 6개월간 위탁 교육을 하고 있으며, 앞으로 5년간 매년 200책 이상의 한국관련 양서를

인도네시아 국립도서관에 지원할 예정이다. 또한, 국립어린이청소년도서관은 아세안 및 외교통상부와 협조하여 동남아 각국의 도서관 사서 역량강화를 위한 프로그램 운영을 추진 중이다. 국립중앙도서관은 이 프로그램들을 통해 인도네시아를 포함한 동남아 사서들에게 한국을 이해시키고 앞서가는 한국의 도서관 문화와 독서진흥기법을 전수하여 한국자료실을 효율적으로 운영하게 할 계획이다. 이번에 설치된 인도네시아 국립도서관 분관 한국자료실은 확산 일로에 있는 이곳 한류의 질적 향상에 큰 도움이 될 것으로 보인다.

필자가 돌아 본 인도네시아 도서관들은 시설이 열악했다. 하지만, 인도네시아 국립도서관장에 의하면 인도네시아는 국립도서관 청사 신축을 추진 중이며 국민 독서진흥에도 관심을 기울이고 있다고 한다. 도서관 이야기가 나왔으니 말인데, 한국의 도서관은 시설이나 장서, 운영 면에서 세계 어느나라에 못지않다. 특히 2009년 5월 25일 문을 연 국립중앙도서관의 디지털도서관(dibrary)은 최첨단의 시설과 최신시스템을 갖춘 세계 최고 수준의 도서관이다. 이번에 개관한 디지털도서관은 시·공간을 초월한 최첨단 유비쿼터스 도서관이며, 참여·공유·개방의 웹 2.0 시대의 Glocalization(로컬+글로벌)개념을 반영한 도서관의 새로운 발전 모델로 부상하고 있다. 디브러리 개관 (www.dibrary.net) 으로 한국에서는 도서관에 구축된 원문 디지털 자료를 각 가정에서도 열람할 수 있다. 이번에 설치된 인도네시아 국립도서관의 한국자료실에서도 한국 디지털도서관이 소장한 원문 디지털자료를 열람할 수 있게 됨으로써 한국자료실은 인도네시아 내 한국에 관한 정보의 메카로 자리매김 할 것이다.

1. 인니 국립도서관 전경
2. 국립도서관장(중앙)과 업무협의 후 기념촬영
3. 아세안 사무국 정보 문화위원회 부위원장(중앙)과 업무 협의 후 기념촬영
4. 인니 국립도서관 열람실 모습
5. 남부 자카르타 공공도서관, 책읽는 어린이들

Indonesia
인도네시아에서
밥값 하는 한국 음식

한류의 효과 실감

인도네시아에서 한류의 효과를 눈으로 쉽게 확인할 수 있는 것은 현지인에 대한 한국 음식의 인기가 나날이 늘어가고 있다는 점이다. 이러한 사실을 증명이라도 하듯 자카르타 인근 도시에 한국음식점이 150여 개로 늘어났다. 한류가 막 시작되었던 2002년만 해도 한국음식점에서는 외국인들을 거의 찾아보기 어려웠다. 그러나 이제는 한국식당에 가면 현지 인도네시아인은 물론 중국계, 일본인, 서양인들까지 한국음식점을 빈번하게 찾는 가운데, 많을 때는 어떤 식당은 70-80%가 외국인일 정도다. 한국식당을 찾는 현지인들 중에는 상류층 인사들이 많이 있다. 특히 메가와티 전 대통령은 재임 시절에 한국식당을 찾아 주변을 놀라게 한 적이 있는데 요즘도 가끔씩 가족들과 함께 찾아와 한국 음식을 즐긴다. 유도요노 현 대통령과 가족들도 한국 김치를 상당히 좋아하는 것 같다. 자카르타 남부의 한 한국음식점에서 만든 김치가 정기적으로 대통령 궁에 납품되기도 하고 대통령 장남 결혼식 피로연에도 김치가 등장해 화제를 모으기도 했다. 특히 대통령 영부인은 초대 주한인도네시아대사(1973~1978년) 따님으로 아버지 임기동안 한국에서 산 적이 있어 한국음식을 좋아한다는 것이다. 오마이뉴스도 이런 사실을 근거로 한국 음식이 자카르타에서 밥값을 하고 있다고 보도한 바 있다.

한국음식도 인도네시아 음식과 유사한 것들이 있다. 한국의 고추장과 비슷한 삼블, 한국의 젓갈 맛이 나는 삼블 뜨라시, 청양 고추보다 더 매운 짜베 라윗 등에서 동질성을 느끼게 된다. 우리나라 물김치와 비슷한 '라신'이라는 배추절임도 있다. 매운맛이라든가 발효 음식이라는 공통점을 발견할 수 있다. 그래서 현지인들은 김치와 불고기, 비빔밥, 젓갈류를 좋아하는 것 같다. 인도네시아 사람들은 닭고기를 좋아하고 한국산 인삼을 최고의 선물로 생각하기 때문에 삼계탕을 즐겨 찾는 사람도 많다. 특히

1. 현지인들에게 인기가 많은 숯불구이, 삼계탕, 비빔밥
2. 삼블

한국 음식 중 불고기나 숯불구이를 좋아하는 현지인이 늘고 있다. 자카르타의 숯불구이 전문 한식당 '청기와'사장의 말에 의하면 " 과거에는 주로 부유한 중국계 인도네시아 사람들이 주로 찾아 왔으나 한류의 확산과 함께 한식에 대한 인기가 높아지면서 중산층의 현지인이나 외국인도 많이 찾고 있다. 고기를 먹는 방법도 과거와는 달리 완전 한국식으로 된장 마늘 소스와 함께 야채에 싸서 먹는데 익숙해 졌고, 젓가락질도 잘하며 김치도 잘 먹는다."라는 것이다. 바로 한식이 점차 대중화되어 가고 있음을 보여주는 대목이다.

한국 음식 축제

2

드라마 '대장금'효과 톡톡

한국 음식에 대한 관심은 한국음식점이 늘어나는 것과 함께 자카르타의 주요 호텔로 확산 되었다. 월드컵 이후 한류가 형성되는 시점에서 한국대사관에서는 주요 호텔과 공동으로 한국음식 축제를 개최하여 불고기, 갈비, 떡, 한과, 산적, 인삼요리, 김치 등 한국 음식의 맛을 선보이고 인삼, 김치 등의 성분과 효능을 알리고 현지 언론에 홍보하여 우리 음식에 대한 친근감을 갖도록 해 왔다. 그 결과 자카르타 대부분 주요호텔에 뷔페식당에서는 우리 김치류를 쉽게 맛볼 수 있게 되었다. 더구나 드라마 '대장금'이 인니 TV 채널을 통해 방영된 후 한식의 인기는 더욱 높아가고 있으며, 한국어 열풍과 함께 문을 연 각 대학의 한국어 학과를 중심으로 한국 음식 축제가 열려 한식의 저변이 확대되고 있다. 현지인과 외국인들이 한국 음식을 좋아하게 되면 한식을 통해 우리 문화에 친숙해 지고 한국에 친근감을 갖게

하기 때문에 그 의미가 더욱 커진다. 한국 음식을 좋아하는 외국인들은 대체로 한국문화를 좋아하고 한국에 많은 관심이 있는 사람들이다. 이들의 수가 늘어나는 것은 곧 한류의 확산이라 할 수 있다.

한식의 대중화 갈 길 멀다

하지만, 한식의 세계화는 이제 시작단계에 불과하다. 자카르타에는 중국 음식은 이미 현지음식과 동화되어 대중화된 지 오래되었고, 일식당도 호텔이나 대형 몰 등에 속속 문을 열고 저변을 확대한 지 오래되었으나 한식의 대중화는 아직도 갈 길이 멀다. 국내에도 이미 세계 각국의 음식점들이 속속 개설되고 있다. 미국, 중국, 일본, 유럽 각국 음식은 물론 베트남 쌀국수 집도 호황을 누린다.

우리가 세계음식을 즐겨 먹기 시작한 것처럼 외국인들도 우리 음식을 좋아하게 되는 것이다. 따라서 한식의 세계화를 위해서는 외국인에게 맞는 음식을 특성화해서 집중적으로 공략해야 한다. 인도네시아에 한국식당들이 우후죽순처럼 생겨나듯이 국내에서도 인도네시아 음식점이 여기저기 생겨났으면 좋겠다. 그것이 한식의 인도네시아 내 확산에 도움이 될 것으로 보인다.

최근 정부가 우리 농식품과 한식의 우수성을 국외에 널리 알리기 위해, 민간 사이버 외교사절단인 반크와 업무협약을 맺고 전 세계 8억 명의 네티즌을 상대로, 한식에 대한 풀뿌리 홍보를 전개한다고 한다. 무척 반가운 일이다. 전 세계로 수출되는 우리나라의 대표 음식 김치나 불고기, 갈비 등은 확산 속도가 빠르다. 하지만, 음식이름 표기나 맛, 건강효과 등을 올바로 알려야 한다. 우리의 된장의 효능이 제대로 알려져 세계인의 식탁에 오르기 시작하는 순간 한식의 세계화는 성공하게 될 것이다. 필자가 두리안에 향수를 느끼듯 한국의 된장 맛에 익숙한 현지인들도 된장에 대한 그리움이 있을 것이다.

---

1. 한국음식에 익숙해진 현지인들(한인식당-청기와)
2. 매리어트 호텔에서 개최한 한국음식축제(한인뉴스)
3. 드라마 대장금 화면
4. 재인니 한국부인회, UI대학교 학생들에게 한식시범
5. 된장찌개

Indonesia

진정한 한류의 지속 확산을 위하여

한류는 우리의 전통과 정신을 바탕으로

자연과학의 발달에 의한 정보통신의 극대화로 말미암아 우리는 광폭의 문화시대를 살고 있다. 빠르게 확산하고 있는 한류는 정보통신의 발달에 힘입은 바 큰 것이 사실이다. 그러나 우리 민족의 전통과 정신을 올바로 담아내지 않고서는 그 한류가 오래갈 수 없다. 지금 주변국으로 퍼져가고 있는 한류가 언제까지나 얼마든지 폭넓게 확산할 것이라는 생각은 위험하다. 한류의 내용에 있어서도 서구 영향을 받은 변질된 저급한 문화의 이식을 한류로 보기는 어렵다. 어떤 면에서 주문자 생산방식(OEM)으로 생산된 문화 상품에 불과하다. 물론 경제효과는 있겠지만, 일시적인 산업효과일 뿐 진정한 우리 문화의 확산으로 보기 어렵다. 따라서 서구문화의 단순한 전달을 한류로 착각해서도 안 된다.

올바른 문화적 인식이 없이 문화적 허위의식으로 덧칠한 감상주의와 한 개인의 단순한 재주를 문화적 허영으로 포장해서 만들어낸 문화상품이 아니라 그 자체로 건전하고 진실한 덩어리여야 한다는 것이다. 그런 면에서 가장 고유하고 특색 있는 전통문화와 예술을 근간으로 하여 현대적 의미의 문화와 문화산업으로 확장해 나가되, 지나친 상업성에만 치중할 것이 아니라 문화적 효과를 고려해야 한다. 다시 말해서 인기 연예인에만 의존한 내용 없는 한류는 오래가지 못하기 때문에, 우리 고유의 정신이 숨 쉬는 훌륭한 문화가 한류의 흐름을 타고 세계로 퍼질 때 진정한 문화강국이 된다는 점을 명심해야 한다. 따라서 우리 전통문화의 세계화를 위한 정부의 정책적 배려는 지속되어야 하며, 해외에 한국문화원을 확대해 나가면서 그곳을 통해 우리의 고유문화를 집중 소개하는 사업을 펼쳐 나가는 것이 효과적일 것으로 보인다. 따라서 한국 교민들의 오랜 숙원 사업이었던 한국문화원을 2011년 개원함으로써 인도네시아 내의 지속적인 한류 확산에 이바지하게 될 것이다.

1. 춘앵전-청주시립무용단 인도네시아 공연(2006)
2. 초야-청주시립무용단 인도네시아 공연(2006)
3. 한국 전통 궁중무용(세종문화회관)

'세상을 담는 아름다운 그릇' 키우기

1

2009년 10월9일은 세종대왕께서 1446년 훈민정음을 반포한 이래 563회째 맞는 한글날이다. 오랜만에 한글날 경축식에 참석한 필자로서는 한글의 독창성과 과학성에 대해 새삼스럽게 생각해볼 기회를 얻게 되었다. 그리고 모처럼 한글날 노래를 3절까지 부르면서 거룩한 세종대왕의 업적에 감사하고 "이 글로 이 나라의 힘을 기르자!"라고 힘주어 노래 불렀다. 한편, 정운찬 국무총리는 축사에서 세종학당을 통해 외국인에 대한 한글보급과 교육을 강화해 나갈 것을 밝히고 한글 세계화를 위한 확고한 의지를 표명했다. 세종문화회관 앞 광화문 광장에는 세종대왕 동상이 인자하고 근엄한 모습으로 한글의 중요성과 가치를 전 세계 사람들에게 일깨워 주고 있다. 전 세계를 통틀어 고유문자를 기념하여 국경일로 지정한 나라는 우리나라뿐이다. 그만큼 한글은 우리에게는 소중한 문화자산이기 때문이다. 한글은 '세상을 담는 아름다

운 그릇'이라고 표현하기도 하는데 찌아찌아족처럼 자기만의 세상을 이 아름다운 그릇에 담아내는 민족이나 종족이 늘어나기를 기대해본다. 아울러 광화문 광장의 세종대왕 동상이 한글을 사랑하는 세계인의 성지로 탈바꿈하는 날이 오기를 기다려보자.

현재 지구 상에서 한글을 사용하는 인구는 대략 8,000만 명에 육박하는 것으로 추산되며, 세계 64개국 740여 개 대학에서 한글교육을 하는 등 한글은 전 세계 언어 중 13번째로 사용인구가 많은 언어이다. 앞에서 언급한 바와 같이 인도네시아에서도 한국어 열풍이 부는 가운데, 2009년 7월에는 술라웨시주 부톤 섬의 바우바우시(市)의 찌아찌아족(族) 밀집지역인 소라올리오(Sorawolio) 지역의 한 초등학교에서 이민족으로는 세계 최초로 한글로 표기된 교과서로 교육하기 시작했다. 드라마에서 시작된 한류가 공연, 예술, 영화를 지나 한식과 한국어를 거쳐 한글보급에 이르면서 그의 질적 기반이 지난 몇 년 사이에 대폭 강화되고 있는 것이다.

이번에 한글 세계화의 첫 번째 발판이 마련된 것을 계기로 이를 시험무대로 삼아 적극적인 지원과 관리를 통해 한글의 통용 영역을 확대해 나가야 할 것이다. 알려진 바로는 훈민정음학회는 이미 중국 헤이룽강(黑龍江) 유역의 오로첸 족(族)이나 태국 치앙마이의 라오 족, 네팔 체팡 족 등에게 한글을 전파하려고 시도했으나 지역·중앙정부나 현지 지도층의 협조 부족으로 실패했다고 하는데 이점에 특별히 유의할 필요가 있다. 따라서 정부와 민간이 다각적인 협조 체제를 구축하여 보다 신중하고 치밀하게 접근하여야 한다.

아울러 진정한 의미의 한글 세계화는 문자의 범주를 넘어 문화적으로 소통할 수 있는 한국어의 사용인구를 늘려나가는 것임을 명심하여 해외에 한국어와 한국학 보급에 박차를 가해야 한다. 우리나라는 어느덧 세계 10대 경제 대국을 향해 나가고 있

1. 563돌 한글날 경축식

2. 세종대왕 동상(광화문 광장)

고 당당히 G20국가의 의장국으로서 2010년 11월 서울에서 G20 정상회의를 성공적으로 개최하였다. 이 회의를 통해 우리나라는 글로벌 경제위기에 슬기롭게 대처하기 위한 국제공조를 강화하고, 세계경제의 지속 가능한 균형성장 협력체제를 구체화하기 위한 선진국과 개도국 간의 가교 역할을 한 바 있다. 세계 속에 한국의 역할이 커짐에 따라 우리 언어의 세계화가 하루빨리 이루어져야 할 것이다. 모든 국제회의에서 한국어가 공용어로 사용되는 날이 빨리 오기를 기대해 본다.

경제효과보다 문화교류에 중점

인도네시아 같은 개발도상국에는 문화산업 차원의 콘텐츠 수출 등의 한류효과가 그리 크지 않기 때문에, 성급하게 경제적 효과를 논하거나 이익을 추구해서는 안 된다. 우리 고유의 한글, 한식, 한복, 태권도, 한옥, 국악 등 우리 고유문화 중심의 한류를 심고 가꾸어 나가는 것이 장기적으로 더 큰 효과를 얻을 수 있다고 생각한다. 그런 의미에서 찌아찌아족 학생들에 대한 한글보급도 우리 문자의 공유에만 의미를 두어야 하며 성급하게 경제적 효과를 논해서는 안 된다. 다만, 한국문화에 관심이 많은 이들에게 한글과 함께 우리의 전통문화를 심고 가꾸어 나가면서 쌍방향 문화교류를 확대해 나갈 필요가 있다. 이와 관련해서 얼마전(2009.12.22) 서울시가 인도네시아 바우바우시와 문화예술교류와 협력에 관한 의향서를 교환하고 바우바우시 중심가에 서울문화센터를 건립하기로 한 것은 의미있는 진전이라 할 수 있다. 인도네시아는 다민족·다언어 국가 이자 17,500여 개의 섬으로 이루어진 나라라는 점을 고려할 때, 문자를 갖지 못한 소수민족의 언어와 문화를 지키게 하는데 중점을 두고 지원하다 보면, 언어는 있으나 고유문자가 없는 종족들이 스스로 한글을 배우려고 할 것이다.

한국 마니아를 키워라

2008년 말 인도네시아 국립도서관 및 자카르타 시립도서관, 남부 자카르타 공공도서관을 둘러본 적이 있다. 자카르타 시립 공공도서관에서는

한국관련 책을 거의 찾아보기 어려웠다. 시립도서관 관계자는 한국자료 지원을 요청하면서 한국자료실을 자카르타 시립 도서관에 설치해야 한다고 주장했다. 한마디로 인도네시아 학생들이 한국에 대해 관심이 많고 한국어나 한국문화를 배우고 싶어하지만 빌려줄 책이 없다고 하소연했다. 과거에 한국의 영화나 드라마에 만족했던 한국 팬들의 관심의 폭이 확장되어 가면서 한국 책에 대한 관심과 수요가 늘어나고 있다고도 볼 수 있다.

그렇다면 이제는 한국에 대한 호기심 해소 차원이 아닌 한국을 배우고자 하는 진정한 '한국 팬', '한국 마니아', '지한(知韓)파 인사'들을 위한 적극적인 지원책이 필요한 것이다. 이를 위해서 각급 도서관에 한국관련 도서(영문자료, 기초한글교본, 어린이도서, 한국소개 책자 등)를 적극적으로 보급해야 한다. 아울러 확산 중인 한국어 교육 및 한국학 진흥, 각급 도서관에 한국자료실 설치 등도 지속적으로 확대하고, 다양하고 충분한 자료를 제공하여 한류의 질적 기반을 더욱 강화해야 한다. 이를 위해서는 정부의 노력만으로는 한계가 있다. 그런 의미에서 교민사회를 중심으로 공공도서관에 '책 꾸러미 보내기 운동'을 전개해보는 것도 좋을 법하다. 필자 재임 시 인도네시아에서 전개해왔던 우리 문화 심고 가꾸기 운동의 일환으로 추진했던 아름다운 축제처럼, 각급 공공도서관에 우리 도서를 심고 나누는 것도 또 하나의 아름다운 축제가 아닐까 생각해본다.

1. 미래의 꿈나무들(남부자카르타 공공도서관)과 함께
2. 열람실에서 독서하는 학생들
3. 선생님과 스토리텔링하는 학생들
4. 김호영 한국대사와 기념촬영하는 한사모 회원들 (한국문화주간 축제 공연을 마치고)

현지화 전략과 현지상황 고려

인도네시아는 경제규모나 상거래질서가 후진성을 면치 못한다. 그래서 한국 문화콘텐츠(드라마, 영화) 등의 불법복제가 성행하고 있다. 따라서 한류의 확산에도 불구하고 문화 확산 효과와는 별개로 경제성이 취약함을 염두에 두어야 한다. 한국 드라마와 영화의 유통은 대부분 중국 화교 상(商)들이 장악하고 있기 때문에 진입 장벽이 높고, 중국을 경유해 수입되는 사례가 많아 중국어로 번역된 대사가 다시 인도네시아어로 번역되는 과정에서 의미가 제대로 전달되지 않는 것도 문제이다. 따라서 현재까지의 중국을 거친 간접 수출방식에서 TV 쇼 케이스 행사 등을 통한 직수출을 추진해야 저가공급에 불법유통도 막을 수 있을 것으로 보인다. 또 인도네시아 사람들의 취향을 고려할 때 공포, 코미디, 액션, 멜로 등 주제를 다룬 드라마와 영화가 흥행에 성공 할 가능성이 높으며, 대장금, 선덕여왕의 인기가 의외로 높았음을 고려할 때 사극, 대하드라마 등도 적극 공급할 필요가 있다.

또한, 상업적 공연을 할 경우 동포사회만을 겨냥한 공연은 한계가 있음을 염두에 두고 현지인들을 사로잡을 수 있는 특단의 마케팅 전략과 홍보 방안을 철저히 연구해야 한다. 아울러 전반적인 경제 여건과 현지인의 문화적 수준을 고려, 저렴한 입장료 책정이 고려되어야 한다. 특히 사회적 여건상 안전 대책이 강구되어야 하며 이에 따른 경비를 사전에 충분히 고려해야 한다. 한류에 편승한 지나친 상업적 접근이나 단번에 대박을 터트린다는 자세는 바람직하지 못하다.

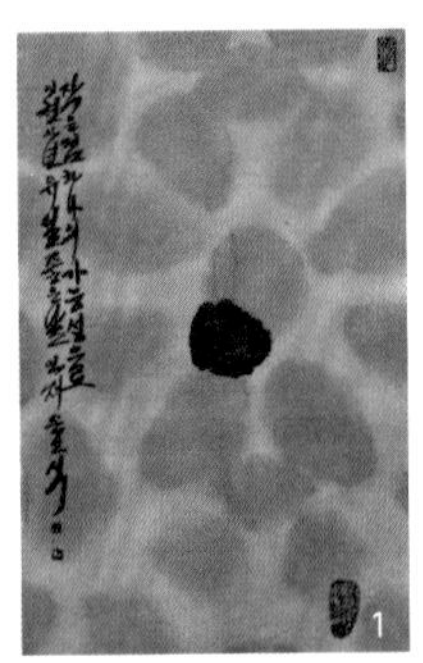

시간을 두고 문화시장 개척정신으로 접근

다른 문화 콘텐츠도 마찬가지이다. 대한민국 미술대전 특선작가 손인식 씨의 자카르타 진출 동기나 그 후 활동에서 슬기로움을 터득할 수 있다. 인재 손인식 작가에 따르면 "자카르타에 진출한 계기는 인도네시아의 거대인구와 한자 문화권 사람들 즉, 화교나 일본인들을 겨냥한 서예보급과 교류였다. 그래서 정착하자마자 현지 화랑의 초청전 또는 기획전을 준비하고 시도했다. 그러나 외국의 화교 정서나 일본인들의 한국인에 대한 정서는 결코 우호적이 아니었으며, 특히 한국인 작가의 작품을 소비해 줄 만한 소비자는 절대 아니었고, 현지인과 서구인들도 마찬가지로 관람객으로서 호기심만 표출할 뿐 그 이상은 아니었다."라고 말한다. 그래서 그는 현지에서의 실질적 문화교류가 매우 어려운 일이며 시간을 두고 풀어야 할 문제라고 강조하고 있다.

한국의 서예 문화가 뿌리내리기에는 아주 척박한 나라에 와서 애초 계획이 벽에 부딪힌 인재 손인식작가는 포기할 수 없다는 생각에 발상의 전환, 행동의 전환을 시도했다. 그는 무엇이 필요한 사회인가를 생각하게 되었고, 기왕에 몸담은 사회에서 필요한 사람이 되자고 생각을 바꾼 것이다. 자신의 예술작품의 상업적 접근보다 자신의 예술세계에 대한 공유와 저변확대에 주력한 것이다. 이역만리 타향에서 우리 문화를 심고, 우리 교민들에게 자신의 예술기법을 전수해 가면서 예술가로서 보람을 찾고 있다.

손인식 작가가 행동으로 보여주듯 성급함보다도 시간을 두고, 2억 4,000만 명에 이르는 거대 인구를 가진 문화시장을 개척한다는 자세와 함께, 다소 이질적인 문화적 토양 위에 우리 문화의 기반을 공고히 하고, 한류의 지속적인 확산에 일조한다는 자세로 접근해야 할 것이다.

현지인의 감성과 취향에 맞는 구성

우리 고유문화의 씨를 뿌리고 가꾸기 위해서는 현지인의 감성과 취향에 맞는 프로그램 구성이 필요하고, 현지인의 참여를 통해 높은 호응을 이끌어 낼 수 있어야만 효과적이라 할 수 있다. 아무리 아름다운 꽃이라도 토양과 기후가 맞아야 싹이 트고 줄기가 자라 꽃이 필 수 있는 것과 마찬가지로, 우리 고유문화도 우선 토양과 환경에 맞게 가꾸어 나가야 하는 것이다. 예를 들면 해외공연 시 고전과 현대의 조화, 정(靜)과 동(動)의 조화 등을 고려하고 시대적 트랜드를 적절히 반영하는 것이 바람직한 것 같다.

1. 손인식 작, 사랑의 훈민정음 (점)

2. B-boy 공연(한국 문화주간 축제)

혐한류(嫌韓流)를 경계하면서

월드컵 4강 신화와 함께 동남아시아에 불어 닥친 한류가 한때 열풍으로 변했다가 지금은 다소 소강상태이다. 최근 들어 중국 등에서는 혐한류 현상도 나타나고 있음을 참고하여, 인도네시아에서도 한류의 관리에 노력을 기울여야 한다. 중국에 한류 바람이 불기 시작한 것은 1997년이며, 그 이후 한류영향으로 중국인의 한국에 대한 호감이 굉장히 늘어나게 되었다. 하지만, 한류가 확산하고 한국의 경제성장과 국민소득의 증가가 부각되면서 시기심이 발동된 것 같다. 일부 중국인 또는 조선족 노동자들의 한국 내에서의 차별받은 사실 등이 퍼지면서 혐한류가 생기고 반한 감정으로 발전하기도 했다.

예를 들면 지난 2005년 중국에서 대장금이 중국인들의 안방을 독차지할 정도로 인기리에 방영된 후, 대중문화를 위시한 한국문화가 중국인들에게 많은 영향을 끼치게 되었다. 그러자 중국인들의 견제와 질시가 시작된 것이다. 중국의 국가 1급 배우인 장궈리가 "대장금이 역사를 왜곡해 한국문화를 지나치게 미화했다."라고 하면서 "중국에서 한류 바람이 부는 것은 매국노 같은 언론 탓"이라고 주장하여 반한(反韓) 파문을 일으켰다. 또한, 그는 2007년에도 자신이 출연한 영화 기자간담회에서 중국방송이 "한국드라마를 방영하는 것은 자원 낭비이다."라고 발언하여 혐한류를 조성한 적이 있다.

인도네시아의 한류는 중국과 비교하면 강도가 약하기는 하지만 인도네시아 사람들도 중국인 못지않게 나름대로 민족적 자존심이 강한 나라임을 명심하여 잘 관리해 나가야 할 것이다.

이미지 관리로 국가브랜드가치 높여야

국가브랜드가치 제고해야 한류 지속

한 나라의 국가 이미지와 국가브랜드 가치는 물질적인 측면만으로는 확보되지 않고, 국민 개개인의 삶에 대한 만족감과 자긍심 등 정신적 측면이 반영되며 그 나라의 경제규모를 넘어 역사적 전통과 문화를 통해 완성된다고 생각한다. 상품브랜드의 가치가 해당 기업의 규모, 기업의 이미지, 사회적 기여도, 고객에 대한 서비스의 질, 그리고 상품 자체의 품질과 성능에 의해 결정되는 것과 마찬가지로 국가브랜드 가치도 그 나라의 국력, 경제규모, 역사와 문화 이미지, 국민의 삶의 질, 국제사회에 대한 기여도 등이 종합되어 결정됨을 알 수 있다. 따라서 대한민국이라는 브랜드 가치도 현재 우리의 국력과 세계 속에 반영된 우리 국민의 이미지와 더불어 우리의 유구한 역사와 전통문화, 민족의 얼이 어우러진 종합 이미지의 결정체라 할 수 있다. 21세기는 문화를 중심으로 한 소프트 파워 시대임을 명심하고 소프트 파워를 육성하여 국가브랜드 향상을 꾀해야 한다. 그런 의미에서 한류도 한국과 한국인의 이미지를 고양하고 한국의 상품과 문화의 가치를 높여야만 종합적으로 국가브랜드가치를 제고할 수 있으며 오래오래 지속되고 경제적 효과를 얻을 수 있다.

재외동포사회도 마찬가지로 현지인들에게 한국인에 대한 좋은 이미지를 구축하여, 대한민국의 국가브랜드가치를 제고해야 한다. 한국인의 좋은 이미지는 코리아 브랜드의 모든 상품에 호감을 주게 되고 현지에 진출한 우리 기업들에게 호감을 주기 때문이다. 필자가 재임하는 동안에 인도네시아 각계 각층 인사 500명을 대상으로 '월드컵 개최 후 대한민국 이미지 변화' 관련 여론 조사를 해본 적이 있다. 여론 조사 결과 월드컵 개최 효과로 한국이나 한국 상품에 대한 인지도 및 신뢰도, 호감도는 양호했지만, 한국인에 대한 호감도는 낮았었다. 한국기업 활동의 부정적 요인 평가와 관련, 응답자 500명 중 과반수 이상이 '한국기업들은 인도네시아 노동자에 대하여 차별대우하고 인색하며, 불공정하게 대우한다.'고 응답했다.

1. 검무-한국 문화주간 공연, 청주시립무용단 (2006.5)

현지인들에게 좀 더 부드럽게 대해야

우리 교민사회는 현지인들에게 좀 더 부드러운 이미지를 보여주도록 노력해야 한다. 단순히 표정 관리가 아니라 현지인과 현지 문화를 이해하고 베푸는 모습을 보여 주어야 할 것이다. 빈부격차에 대한 견제와 질시로 지난 1987년 인도네시아 내의 일본인들이 수난을 당했고, 1998년에는 인도네시아 내 화교들을 상대로 폭력과 약탈, 방화가 자행되었던 사실을 염두에 두고 살아야 할 것이다. 우리 한인사회도 인도네시아 내 최대 외국인 사회로 부상했고, 우리기업의 진출이 늘어나고 현지 진출 기업들의 규모도 커지고 있다. 따라서 현지인들과의 빈부격차에 따른 갈등이 표출될 가능성을 미연에 방지하기 위한 다각적인 노력이 필요하다. 특히 우월의식을 가져서는 안 되며 인도네시아의 문화와 언어를 배우고 이해해야 한다. 인도네시아는 현재는 비록 후진국 대열에 있고 국민소득도 낮은 편이지만 여러모로 볼 때 성장잠재력이 몹시 큰 나라임을 염두에 두어야 한다.

다문화시대에 걸맞은 글로벌 포용정신 키워야

전통적인 순혈주의 관념 과감히 버려야

바야흐로 글로벌 시대가 도래한 지도 오래되었다. 물품교역과 인적 교류가 빈번하고 실시간으로 정보가 흐르면서 지구촌 전체가 하나의 공동체로 발전해 나가고 있다. 국외로 나가는 사람도 많고 외국에서 들어오는 사람도 많아, 삶의 방식이 국제화된 지도 오래되었다. 우리나라에도 126만 명이 넘는 외국인이 거주하고 있고, 서울에 사는 사람 100명 중 2명이 외국인이다. 한국인이 좋아서 결혼하는 결혼이민자가 18만 명을 넘어서고 있어, 다문화 가족이 급증하는 추세다. 2011년 2월 현재 6세이하 아동 중 다문화 가정 출신 아동 비율은 2.9%이며 약 10만명에 이른다. 한편, 일자리를 찾아서 한국의 농어촌과 산업현장에서 땀을 흘리는 외국인도 많고, 결혼상대를 못 구해 전전긍긍하는 우리 농어촌 총각들에게 기쁨과 때로는 슬픔을 안겨준 결혼 이민자도 급증하고 있다. 또한, 국내 기업이나 대중문화계에도 외국인의 등용이 눈에 띄게 늘어나면서 전통적인 순혈주의 사회구조가 다문화주의로 급속하게 전환되어 가고 있다.

다문화 사회로 나가는 과정에서 차별대우를 받거나 빈부격차의 고통을 겪었던 외국인도 있었던 것 같다. 그래서 몇 년 전부터 우리 정부도 다문화 가정에 대한 지원 정책을 강화하고 인도네시아를 포함 각국 노동자들에 대한 권리신장을 위해 노력하고 있다. 하지만, 2009년 국제사면위원회(Amnesty International)보고서에 의하면 아직도 우리나라에는 외국인 노동자들에 대한 인권 침해 사례가 상당히 있는 것으로 지적되고 있다.

2

필자는 인도네시아에 근무할 당시, 지구촌이 안고 있는 양극화 문제와 관련 인도네시아의 양극화와 다문화, 다민족 사회를 이끌어가는 지혜를 소개하기 위해 '글로벌시대의 숙제, 양극화'란 제목의 글을 국정브리핑, 한인뉴스, 한타임즈 등에 기고했다. 그 글에서 인도네시아에 두드러지게 나타나는 지역 간, 종족 간, 계층 간 빈부격차 등 경제적 양극화를 지적하기도 했지만, 다문화 사회의 양극화 문제를 슬기롭게 대처해가는 인도네시아 정부의 노력을 소개하는 한편, 다양성 속에서 조화와 통일을 유지한 인도네시아에 주목한 바 있다. 아울러, 단일민족을 자랑스럽게 여기면서도 민족분단의 아픔을 겪고 있고, 좁은 영토 내에서 지역 간 분열이 심각하고 혼혈아에 대한 차별의식이 만연한 그 당시의 우리 사회에 대한 변화 필요성을 제기하기도 했다.

1. 인도네시아 전통 목각 공예품

2. 글로벌시대의 숙제 양극화 (한인뉴스)

국토연구원의 최근 보고서를 보면 2050년엔 우리나라 인구 10명 중 1명이 외국인인 다문화 사회로 진입한다고 한다. 이제는 다문화시대에 걸맞은 '글로벌 포용정신'을 키워나가야 한다. 그래서 상대방의 문화를 이해하고 존중하며 상호 교류해야 할 것이다. 이를 위해 우리 모두 다문화 사회의 어두운 면을 돌아보고 각종 제도적 미비점을 보완해 가는 데 힘을 보태야 한다. 2011년 7월 노르웨이에서 93명의 인명 피해를 낸 바 있는 반인륜적인 테러사건은 다문화 시대를 살아가는 전 세계인에게 충격을 주었고 많은 경각심을 불러일으키고 있다. 이 사건은 극우 인종주의를 신봉하는 기독교 근본주의자가 저지른 반 이슬람 테러 행위였다. 다문화를 포용하고 서로 다른 인종·종교를 존중할 때 인류 평화는 지속할 수 있을 것이다.

한-인니 친선협회의 '다문화 어린이 글로벌 캠프' 각광

최근 민간단체인 한-인도네시아 친선협회(회장: 윤해중)가 다문화 사회를 선도하고 상호 문화교류증진을 위한 활동을 전개하고 있다. 필자 재임 시 주인도네시아 한국대사로 근무하면서 한류확산 및 문화교류에 많은 관심을 보였던 윤해중 회장은 정년퇴임 후 사단법인 아시아문화발전센터를 설립하고 (사) 한인니친선협회를 결성하여, 인도네시아는 물론 중국 등 동남아국가들과의 문화교류활동을 활발히 하고 있다.

2008년 10월 제1회 한국-인도네시아 문화교류 전을 자카르타에서 개최하여 한국도자기 천 년의 신비를 보여주면서 예술단 공연 등 다채로운 문화행사도 했다. 또한 최근 급증하고 있는 동남아 출신 다문화 가정을 위한 문화사업을 전개하고 있다. 2008년 10월에는 '한-인니 다문화 어린이캠프'행사를 남산골 한옥마을에서 개최하여 한국에 있는 인도네시아 다문화 가족과 한국 어린이들이 참여하여 상호 교류와 이해를 증진하고 양국의 문화와 음식 체험을 하게 했다. 윤 회장은 "지금 다문화 가정의 취학아동이 전국적으로 2만 5천여 명에 이르고, 2020년이면 다문화 가정 자녀 비율이 20%를 차지할 정도로 급속하게 다문화·다민족 국가로 변화하고 있다. 그러

나 안타깝게도 다문화 가족에 대한 사회적 인식이나 제도적 장치가 성숙하지 못한 실정이다."고 말하고, "이러한 우리 사회의 과제를 풀어가려는 방안의 일환으로 '한-인도네시아 다문화 가족 어린이 캠프'를 실시하게 되었다."라고 필자에게 밝혔다.

또한, 2009년 8월에는 '다문화 어린이 글로벌 캠프'를 주최하여 인도네시아인 다문화 가정 어머니와 자녀 9명과 한국의 일반 가정 청소년 9명을 선발하여 인도네시아 현지 체험행사를 한 바 있다. 다문화 체험단은 8월 12일 부터 22일 까지 자카르타, 족자카르타, 반둥, 수라바야 등 주요도시를 순회하였는데 가는 곳마다 열렬한 환영행사와 다양한 교류 프로그램을 준비하여 다문화 가족을 흐뭇하게 만들었다. 따라서 이번 행사는 한국에 결혼 또는 이주한 인도네시아 여성과 자녀들에게 소외감을 극복하게 하고 자긍심도 키워주면서, 어머니 나라에 대한 정체성도 확인시켜주는 좋은 기회가 된 것으로 평가되고 있다. 또한, 이번 행사는 동행한 한국 어린이, 청소년들에게 다문화 가정 어린이들에 대한 이해를 증진시키고 인도네시아 문화를 체험토록 함으로써, 양국 청소년 간의 대화와 문화교류의 장이 되었다는데 큰 의미가 있다. 윤해중 회장은 "서로가 다름을 인정하고 차이를 존중하는 사회를 만들기 위해 우리는 충분히 소통하고 나누며 이해하고자 노력해야 한다."라고 강조했다. 아울러 "한-인도네시아 다문화 어린이 캠프를 시발로 아시아 각 국가별 다문화 캠프가 열리길 기대한다."라고 밝혔다.

1. 가자마다대학 학생들의 한국전통공연을 본 후
2. 인도네시아 한국 친선협회(IKFA)의 환영만찬
3. 현지언론도 관심갖고 취재
4. 인도네시아 에너지자원부 장관이 학생들에게 선물증정
5. 다문화 어린이의 외할머니댁을 찾은 윤해중 회장과 학생들
6. 인도네시아 전통악기연주 등 문화체험
7. 족자카르타의 초등학교 학생들의 열렬한 환영받아

이 책에서도 여러 차례 언급되고 있지만, 인도네시아는 대표적인 다문화 다민족 국가이다. 그러면서도 종족 간 소통이 원활하고 국가적 통일을 유지하며 평화롭게 살고 있다. 바로 이점을 주목해야 한다. 한국에 살고 있는 인도네시아 다문화 가족들은 이미 자기 나라에서 다민족, 다문화 사회에 익숙해 있기 때문에 한국에서 차별을 받는다면 이해하려 하지 않을 것이며, 과거 우리 이민 1세들이 외국에서 겪었던 것과 같은 설움을 마음속으로 소화하고 있을 것이다. 지금 인도네시아에 사는 한국인이나 한국인 다문화 가족은 전혀 차별대우를 받지 않는다는 사실에도 주목해야 한다.

우리 정부와 민간단체 그리고 우리 국민들의 다문화 가정에 대한 포용노력이 지속되어야만 우리나라에도 성숙한 다문화 사회가 빠르게 정착되어 글로벌시대에 우리의 경쟁력을 확보할 수 있고, 한편으로 외국에 뿌리를 내린 우리 민족과 문화도 번창하게 될 것으로 생각한다.

쌍방향 문화교류 바탕 위에 한류확산

이슬람문화 수용과 우리 문화 심고 가꾸기

1

한류확산은 반드시 쌍방향 문화교류를 바탕으로 이루어져야 한다. 우리 민족 입장에서 볼 때 우리 문화가 독창적이고 우수하게 보이는 것은 당연 하듯이 외국인의 입장에서는 자기 나라 문화가 우수하게 느껴질 것이기 때문이다. 특히 인도네시아에는 우리 문화와는 매우 이질적인 이슬람 문화가 지배하기 때문에 먼저 상대방 문화를 이해하고 존중하면서 우리 문화를 심고 가꾸어야 할 것 같다. 또한, 한국 내에서도 이슬람 문화를 수용하고 존중하면서 인적 물적 교류를 강화해 나가야 한다.

문화는 문화 상품을 통해서 서로 유통되고 교류하여 국가 간에 상호 인식의 폭을 넓히면서 국민 간에는 서로 의미를 공유하고 소통하는 매개체 역할을 해야 한다. 혹자는 제비 한 마리가 날아왔다고 봄이 온 것이 아닌 것처럼 가수 한 명이 와서 노래 부른다고 문화산업이나 한류문화와 직결시키는 것은 만용이라고 지적하기도 한다. 상품수출에서 보듯 물건의 샘플 정도야 얼마든지 보내지만, 소비자들이 지속적으로 애용하고 사가야 만이 상품의 유통 범위도 지속적으로 확대되는 것과 다를 바 없다. 바로 우리의 문화와 문화상품을 소비자인 인도네시아 사람들이 공감하여 지속적으로 좋아하도록 만들어야 한다. 그러기 위해서는 특히 재외 교민사회에서는 우리문화에 대한 관심과 애정을 가지고 적극적으로 우리 문화를 심고 가꾸어야 하고, 동시에 국내에서도 세계적인 축제를 개최하여 우리의 고유문화를 세계에 알리면서 다른 나라 문화도 적극적으로 수용해야 한다.

양국 간 문화교류와 관련하여, 2004년 양국수교 31주년 기념 '한국미술 전시회'에서 당시 인도네시아 문화부 이그데 아르디카 장관이 축사를 통해 의미 있는 말을 했다. "지리적으로 한국과 인도네시아는 멀고먼 나라이지만 양국의 문화가 공간적 국경을 넘나드는 데는 아무런 제약이 없을 뿐만 아니라 상호교류 정신을 가지고 활발히 교류하는 것 또한 아무런 제약이 없다."고 양국 간 문화교류의 필요성을 강조했다. 이그데 아르디카 장관의 축사 중 상호 교류정신을 가지고 교류하는 것은 아무런 제약이 없다고 한 말은 상호 교류정신이 없는 일방적 문화전파는 제약이 있을 수 있다는 의미도 내포하고 있다. 그 당시만 해도 한국과 인도네시아의 문화적 상호 교류는 불균형 상태였다. 그래서 우리 대사관에서도 쌍방향 교류에 신경을 쓰면서 한류확산을 위한 노력을 병행 했던 것이다. 또한, 그 무렵 자카르타는 연쇄적인 폭탄테러의 영향으로 공포 분위기가 감돌기도 했었다. 이에 따라 필자는 당시의 상황을 고려하여 동포사회에 주의를 환기시키고, 이슬람 문화의 일부라도 이해하자는 의미에서 자카르타의 동포언론 매체인 한인뉴스와 한타임즈에 '라마단과 이(異) 문화의

2

1. 바틱과 한복 교류 패션쇼(한복을 응용한 바틱패션) 2. 라마단과 이 문화의 이해 (한인뉴스)

이해'라는 제목의 글을 기고한 바 있고, 대한민국 정책포털 국정브리핑에는 '쌍방향 문화교류 확산이 폭탄 테러 막는다.'란 제목의 글을 올린 적이 있었다.

문화로 하나 되는 한국과 아세안

1

이런 면에서 우리 정부도 쌍방향 문화교류를 위해 노력하고 있다. 얼마 전 '2009 아세안 문화축제'가 9.23일부터 27일까지 서울과 경주, 용인에서 순회 개최되었는데, 이 행사는 외교통상부와 한-아세안센터가 공동 주최하고 문화체육관광부가 후원한 규모 있는 국제 문화교류 행사였다. 이번 축제의 주제는 '문화로 하나 되는 한국과 아세안'이다. 아세안 10개국이 참석한 이번 행사에 각국은 자기 나라의 특색을 보여주는 전통 무용이나 음악을 선보였다. 화려한 전통의상이 빛나는 가운데 각국 공연단은 관중과 호흡을 함께하며 즐거운 분위기를 만들어 냈다. 필자도 인도네시아에서 우리 공연단이 공연할 때마다 관중과 호흡을 함께하는 공연이야말로 말이 필요 없이, 뜻이 통하고 마음이 하나가 되는 것을 보아왔다. 이번 한국에서 개최한 아세안 문화축제 역시 각국무용단과 관중이 하나가 되어 함께 춤을 추고 노래도 부르면서 그야말로 문화로 하나 되는 한국과 아세안의 모습을 보았다.

춤 동작을 보면서 아세안과 한국이 문화적 동질성이 있음을 인도네시아가 아닌 한국에서 다시 확인하게 된 것이다. 덩실덩실 어깨춤을 추는 모습이나 손놀림, 발놀림 하나하나가 우리 전통춤과 탈춤 등에서 볼 수 있는 동작들이 많았고, 여자 무용수의 손에 들려진 부채는 역시 동양적 동질감을 느끼게 했다. 말레이시아 공연단이 아리랑을 연주하자 관중이 하나 되어 합창했다. 인도네시아 공연단은 전통개량악기로 인도네시아 전통음악과 한국음악을 연주했다. 아리랑과 고향의 봄 등을 연주하여 관중에게 친근감을 느끼게 했고, 함께 합창을 하며 문화로 소통하는 모습을 보여준 것이다. 이번 축제는 쌍방향 문화교류였다는데 큰 의의가 있으며 특히 외국 공연단이 한국음악을 연주함으로써 문화교류의 의미를 더해주었다. 앞으로 우리 공연단

2 3 4 5

도 동남아 각국의 노래를 현지어로 익혀 현지관중을 즐겁게 해주고, 관중과 호흡을 함께하는 것이 문화교류에 도움이 된다는 사실을 염두에 두고 실천하면 좋겠다. 이러한 교류를 바탕으로 우리 한류는 더욱 뻗어나갈 수 있는 추동력을 갖게 될 것이다.

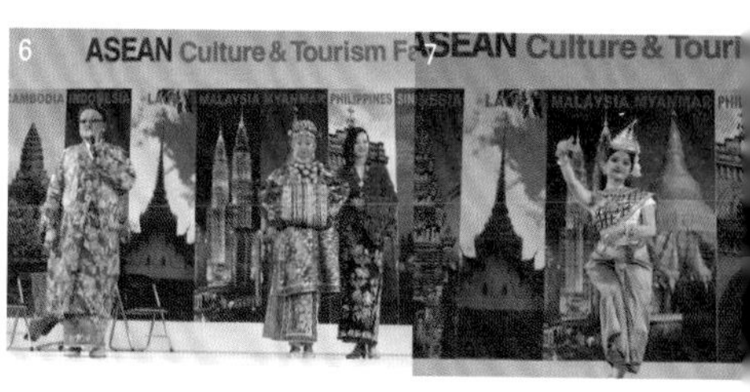

드라마 『발리에서 생긴 일』 과 문화교류 효과

8

인도네시아의 한류 정착에 있어서 일종의 촉진제 역할을 한 것이 바로 한국에서 인기리에 방영된 '발리에서 생긴 일' 드라마의 인도네시아 현지 촬영이다. 2003년 말 발리 섬 현지 촬영 시작과 함께 발리에서 국내외 주요매체 기자단 30여 명이 참석한 가운데 기자회견이 있었다. 당시 필자는 자카르타에 있는 주요 신문에 보도 자료를 배포하고 인도네시아 주요 신문 방송의 문화담당 기자들을 초청하여, 국내에서 동행취재차 온 기자단 10명과 함께 내외신 합동기자회견을 주관했다. 기자회견장에서는 드라마와 관련된 내용, 작가의 시나리오 작성 배경과 하지원, 박예진, 조인성, 소지섭 등 스타들에 대한 관심과 질문이 주를 이루었다.

질문 가운데 한 인도네시아 기자가 발리에서 폭탄 테러가 발생한 사실을 적시하며, 그럼에도 한국대사관이 발리에서의 드라마 촬영을 지원한 배경에 대해 물었다. 이에 대한 답변으로 필자는 "기본적으로 한국 사람은 용감하다."라고 하여 분위기를 누그러뜨린 뒤, "발리 폭탄 테러사건에도 불구하고 한국인의 발리 여행자는 전년과

1. 인도네시아 공연단
2. 말레이시아 공연단
3. 브르나이 공연단
4. 태국 공연단
5. 핀리핀 공연단
6. 싱가포르 공연단
7. 캄보디아 공연단
8. 발리 해변에 위치한 호텔 수영장

비교할 때 더 늘었다. 그 이유는 발리가 자연이 잘 보존된 아름다운 관광지이기 때문이다. 드라마 촬영을 지원한 이유는 한국사람이 즐겨 찾는 아름다운 섬 발리를 한국 사람들에게 더 많이 알리기 위해서다."라고 말했다. 이어서 "요즘 한국드라마가 인도네시아 국민의 사랑을 받는 만큼 인도네시아 문화도 한국인들에게 잘 알려져야 서로 문화적 이해와 교류를 증진시킬 수 있기 때문이다."라고 언급하여, 양국 간 문화교류의 필요성도 강조한 바 있다.

뜨리마 까시 꼬레아(Terima kasih Korea)

APA & SIAPA

Kagum Bali Ha Ji-won

NAMA Ha Ji-won tak asing lagi di blantika perfilman Asia. Cewek Korea berusia 25 tahun ini pernah mendapat gelar aktris pendatang baru terbaik di ajang Festival Film Internasional Busan 2002. Plus sejumlah penghargaan film bergengsi di negerinya sendiri. Sejak pekan lalu, perempuan yang punya nama asli Jeon Hye-lim ini berada di Indonesia. Bukan untuk berwisata, melainkan syuting serial produksi televisi swasta Korea, *SBS—Seoul Broadcasting System*—berjudul *Bali Holiday*.

Pengambilan gambar sinetron 20 episode ini sebagian dilakukan di Jakarta dan Bali—Pantai Kuta, Uluwatu, Besakih, dan Denpasar. "Inilah pertama kalinya saya mengunjungi Indonesia," ujar Ha Ji-won kepada Marya Onny dari GATRA. Ia mengaku begitu menikmati pemandangan alam Bali, terutama Pantai Kuta. Tapi, yang paling membuatnya terkagum-kagum adalah kehidupan masyarakat Hindu di Bali.

"Di mana-mana banyak pura. Entah kenapa saya begitu tertarik dengan gaya hidup para penganut agama Hindu," kata Ha Ji-won lagi. Sayang, ia tak punya banyak waktu untuk jalan-jalan ke berbagai tempat wisata. "Syuting di Bali sangat ketat. Kasihan, ya, saya?" nadanya memelas. Meski begitu, ia punya niat kembali ke Bali dalam waktu dekat. "Maret depan saya akan syuting film lagi. Kalau ada kesempatan, saya ingin mempromosikan film saya di Indonesia." Sekalian singgah di Bali, kan?

JI-WON: BEGITU MENIKMATI

3

이와 관련 인도네시아 언론은 호재를 만난 듯 앞 다투어 보도했었다. 그 이유는 2002년 발리에서 생긴 일(나이트클럽 폭탄 테러 발생)로 그동안 세계적 휴양지로 각광을 받았던 발리에 찬바람이 불고 있었기 때문이다. 현지 언론들은 이 드라마의 발리 현지촬영에 대해서 세계 최고 휴양지 발리가 드라마, 영화 촬영지로 주목받고 있다고 크게 보도하면서, 협조해준 한국대사관에 감사한다고 하면서 '뜨리마 까시 꼬레아'(감사합니다. 대한민국)란 표현도 썼다. 그뿐만 아니라 현지 언론은 주연배우들과의 인터뷰를 방영하는 등 드라마 내용과 스타들에도 많은 관심을 보였다. 특히 시사 정론지 GATRA는 사회 저명인사들을 주로 소개하는 주요 인물난에 하지원 씨를 소개하기도 했다. '발리에서 생긴 일' 드라마 촬영 및 지원은 한-인니 양국 간의 문화교류 의미와 연계하여 부각됨으로써 2002년부터 서서히 밀려오기 시작한 우리 드라마의 지속적인 방영 등 한류확산의 촉진제 역할을 했던 것이다.

그 당시 드라마 촬영 지원문제와 관련 필자는 한류확산을 위해 한국에서도 인도네시아를 소개하고 인도네시아 문화를 배워야 한다는 의미의 쌍방향 문화교류 필요성을 설파했었다. 그리고 발리 촬영 지원을 위해 현지에 내려가 발리한인회와 함께, 인도네시아 문화부, 발리 관광청, 발리 주정부 기관들의 협조를 얻어 원활한 촬영을 지원한 바 있다. 그 결과 이 드라마가 국내에서 인기리에 방영되어 발리가 한국인에게 더 잘 알려지게 되었고, 인도네시아에서도 인기리에 방영되어 한국문화가 인도네시아 사람들에게 홍보되었으며, 드라마와 관련된 현지언론의 호의적 보도를 이끌어 냄으로써 쌍방향 문화교류의 효과를 보게 되었다.

문화교류의 불균형 해소

쌍방향 문화교류는 말처럼 쉬운 일이 아니다.

한국과 인도네시아는 양국 간 문화적 토양이 다르고 문화적 이질감이 너무 크기 때문에 상호 교류가 쉽지 않고 선뜻 나서기도 어렵다. 지금까지의 문화교류의 양상을 보면 초기에는 한국문화가 거의 일방적으로 흘러들어갔던 것이 사실이다. 초기의 문화 보급은 문화산업적 측면이 아니라 문화홍보 차원에서 대한민국의 인지도를 높이고 한국에 대한 호의적인 이미지를 인도네시아 국민에게 각인시킨다는 차원에서 정부주도로 추진되었다. 내용선정에 있어서도 우리문화의 독창성과 우수성에 초점을 맞추고, 주로 한국적인 전통문화를 선정하여 현지인과 우리 교민들을 초청하여 무료로 보여 주는 방식이었다. 문화보급 목적은 외국인에게 알리는 것도 있지만, 문화를 통해 우리 교민들의 정체성을 확립하고 애국심을 고양하기 위한 것도 동시에 고려되었다.

이러는 동안 우리 문화의 씨가 동포사회에 뿌려져서 어느덧 싹이 트고 자라나기 시작 했다. 현지인들에게 우리문화의 노출빈도가 높아지면서 우리 문화에 대한 관심이 늘어나게 된 것이다. 또한, 국제화 과정에서 국가 간 교류가 빈번해 지면서 자연스럽게 우리말을 하는 사람도 늘었고, 우리 음식을 좋아하거나 한국드라마에 열중하

1. 발리 절벽해안
2. 발리 타나롯 사원과 석양
3. 발리에서 생긴일-하지원(GATRA)

는 사람들도 많이 생겼다. 이제는 우리 문화를 상품화해서 상업적으로 접근하는 사업가도 등장했고, K-POP등 한류스타 콘서트가 성황리에 열리는 등 정부가 개입하지 않아도 문화교류가 경제논리에 따라 자연스럽게 흐르는 단계에 이르렀다. 그러나 자본주의 논리에 따라 흐르는 문화적 유통은 강대국에서 약소국으로 일방적으로 흐르기 쉽고 때로는 문화적 종속을 초래하기도 한다. 그것이 도가 지나치면 문화적 충돌을 일으킬 수도 있다. 쌍방향 문화교류는 상대방의 문화를 존중하는 것에서 비롯된다. 2006년 덴마크 일간지 울란츠 포스텐 지가 이슬람교 창시자 마호메트에 대한 풍자만화를 게재하여 지구촌 곳곳에서 무슬림의 항의 시위가 촉발되면서 지구촌이 문화 충돌의 위기를 모면한 채 몸살을 앓았던 적이 있었던 사실을 참고하여야 한다.

이제는 문화교류의 불균형 시정에 초점을 맞추어 한류를 확산시켜야 한다.

세계 어느 나라, 어느 민족을 보더라도 고유의 문화나 고유의 풍습이 있고 자기 나라 것을 사랑하고, 또 보존하려고 하는 것은 철칙이다. 마찬가지로 인도네시아 민족도 당연히 고유의 문화를 지키고, 자랑하고, 국외에 보급하려고 할 것이다. 단지 경제적 형편에 따라 우리보다 적극적이지 못한 것뿐이다. 국제 간에 교역할 때도 무역수지를 따지게 되고 불균형이 지나치거나 장기화되면 무역 불균형에 대한 시정을 요구하게 된다. 이를 해결하기 위해 국가 간 외교적 노력이 이루어지듯, 문화교류에 있어서도 불균형 시정 문제가 대두할 수 있으며 반대기류가 형성될 수도 있다. 이런 의미에서 문화교류의 불균형 해소는 중요한 의미를 지닌다.

또 다른 차원에서 우리나라에 진출한 외국문화를 살펴볼 필요도 있다. 미국을 비롯한 서구문화가 이미 영화, 음악, 무용, 음식, 서적 등 우리 생활 곳곳에 말없이 스며

1. 덴마크 울란츠포스텐지 기사에 항의하는 시민들

2. 한복과 바틱의 만남 (한국 문화주간 축제에서)

들어 지배적일 정도로 위력을 보이고 있다. 그러나 우리 고유문화의 서구사회 진출은 비교도 안 될 정도이다. 최근 가수 몇 명이 미국에 진출하여 많은 인기를 얻는 것은 문화산업적 측면에서 매우 바람직하고 경제적 효과도 크다. 하지만, 순수 문화적 측면에서 보면 한국 고유문화의 확산이라기보다는 서구화된 음악에 서구화된 춤을 한국인이 보여주고 박수갈채를 받고 있는 것이다. 한국 전통음악이나 춤을 외국인들이 만들어 외국에서는 물론 한국에서도 공연을 하여 박수갈채를 받는 것이 진정한 의미의 문화적 불균형 해소가 아닐까 싶다. 그런 의미에서 우리 고유의 판소리 「수궁가」를 세계적인 오페라 연출의 거장 독일의 아힘프라이어가 판소리 오페라 형태로 연출한 것은 한류확산의 의미 있는 시도였다. 수궁가는 제5회 세계 국립극장 페스티벌 개막공연에 이어 독일 부퍼탈 오페라극장 무대에 오르는 것을 시작으로 창극의 세계화를 향해 발돋음 했다. 그리고 영화나 드라마의 경우도 외국에서 한국의 원작을 다루고 한국을 배경으로 촬영하거나 우리 배우의 출연 빈도를 높여나갈 때 불균형이 해소 될 수있다. 중국이나 일본 문화도 우리 생활 속에 많이 스며들어 있다. 중국이나 일본에 확산된 한류가 과연 우리 문화에 스며든 '중국 류'나 '일본 류'와 균형이 맞는지도 생각해 볼 일이다. 균형을 맞추려면 아직도 갈 길이 먼 것 같다.

인도네시아를 지배하지 못한 네덜란드 문화

필자는 인도네시아를 340여 년간이나 지배한 네덜란드의 문화적 유산이 인도네시아에 그다지 많지 않은 이유를 곰곰이 생각해 보았다. 가는 곳마다 유럽풍 문화가 지배할 만도 하고, 많은 사람이 네덜란드어를 쓸 법도 한데, 현실은 전혀 그렇지 않다. 그리고 식민 지배기간이 340여 년이나 되어 인도네시아 국민 중 백인 혼혈 비율이 높을 만도 한데 생각보다 혼혈이 많지 않았다. 또한, 기독교가 지배할 만도 한데 이슬람교가 지배적이다. 필자의 주관적 시각인지 몰라도 네덜란드는 인도네시아에서 경제적 이익에 초점을 맞추어 식민통치를 했고, 인도네시아 고유의 전통과 언어, 문화를 인정하면서 지배했기 때문에 그만큼 저항이 약하고 장기간 지배할 수 있지 않았나 생각한다. 여기에서 중요한 사실은 피지배자인 인도네시아인의 외래문화에 대한 동화태도도 중요한 변수로 작용했을 것으로 생각한다. 이슬람 특유의 배타

성으로 인해 다른 언어나 문화, 종교를 받아들이지 않은 것 같다. 하지만, 문화적 배타성은 자기 문화를 지키는 과정에서 생겨났고, 장기 지배를 받는 동안 더욱 강해진 것으로 추측된다.

한편, 일본으로부터 36년간 지배를 받은 우리나라도 마찬가지이다. 우리 민족은 일본식 성명 강요와 일본어 교육에 각종 제도까지 일본식으로 강요받았고, 일본은 경제적 수탈뿐만 아니라 역사를 부정하고 민족혼까지도 말살하는 민족문화 말살 정책을 썼지만, 우리 민족의 강렬한 저항에 부딪혀 우리 문화는 지켜질 수 있었다. 따라서 인도네시아 사람들이 네덜란드 문화를 배척한 중요한 이유는 쌍방향 문화교류가 아닌 일방적 침투에 대한 저항 때문이다. 우리가 일본문화를 거부했던 것도 일본이 일방적이고 강압적으로 문화이식을 하려 했기 때문이다. 그래서 국가 간 문화교류는 상호교류정신에 근거하여 쌍방향으로 추진해야 한다. 이 기회에 인도네시아 문화를 수용하는 우리의 자세도 점검해 볼 필요가 있다.

영화를 통한 문화교류 촉진 기대

영화인 간 교류나 합작영화 필요

문화교류의 불균형 해소차원에서 필자는 재임 시 양국 간 영화교류를 추진한 적이 있다. 그러나 영화교류는 단기간 내 이루어지는 일은 아니었다. 그 후 여러 해가 흘러간 지금까지도 한국과 인도네시아의 영화배우 교류나 합작영화 등이 나오지 않았고, 인도네시아 영화가 국내에서 개봉된 적이 없다. 비록 결실은 맺지 못했지만, 아직도 진행 중인 사례를 소개해 본다.

2005년 어느 날 갑자기 풍채가 좋은 중년의 남성이 대사관 홍보센터를 노크했다. 인사하고 얘기를 나눠보니 30여 년간 영화 사업에 몸을 담아 그간 [나신들] 등 10여 편의 문화영화를 남기기도 했던 나영균 감독 이었다. 나 감독은 한글과 인니어로 된 '식스 문(Six Moon)'이

1. 코코넛으로 갈증을 달래는 나영균 감독
2. 동남술라웨시 모라메 폭포
3. 북부 수마트라 시피소-피소폭포

라는 영화 시나리오를 손에 들고 있었다. 나 감독의 이야기를 들어보니 인도네시아를 무려 5년간이나 드나들며 이 영화 시나리오를 손수 썼다는 것이다. 내용을 들여다보니 스토리 구성이 흥미가 있었고 배경이 양국을 넘나들며 다채로웠다.

드라마 '발리에서 생긴 일'의 인도네시아 현지 촬영 지원요청을 받고 시나리오를 검토하면서 성공 가능성을 예견했던 당시의 느낌과 비슷했다. 영화제작동기를 알아보니 그동안의 영화인생을 총결산하는 의미에서 국제영화제를 겨냥해 작품성 있는 영화를 꼭 한번 만들어 보려고 5년간 인도네시아 천 섬, 발리, 롬복, 술라웨시 섬의 천혜의 경관과 수마트라 섬의 풍광이 수려한 폭포와 계곡들을 찾아 헤매었다고 한다.

왜 하필이면 인도네시아를 선택했는지 궁금하지 않을 수 없었다. 세계 여러 나라를 가보았지만, 인도네시아처럼 자연이 아름답고 지역마다 고유의 풍습과 전통 무용이 보존된 곳이 드물다는 것이다. 바로 이러한 것들을 작품 속에 잘 살려내면 예술성이 돋보이고 세인의 주목을 끌기에 충분하다는 것이었다.

또한, 한국과 인도네시아의 전통문화와 풍습의 조화를 통해 인도네시아의 토속신앙과 우리의 전통무속과의 동질적 이미지에 대한 공감대를 형성하고자 한다는 것이었다. 아울러 때 묻지 않은 인도네시아의 천혜의 자연환경 등에 착안하여 2억 4천만 명에 이르는 거대인구를 가진 인도네시아 시장을 발판으로 삼아 세계시장의 문을 두드리면 승산이 있다는 것이다. 그럴듯한 시나리오다. 무엇보다도 양국 간 문화교류를 촉진한다는데 큰 의의가 있었다.

영화는 인적·물적 교류를 수반하는 종합예술

이 무렵 필자는 인도네시아에 한국영화를 보급하려고 노력을 해오고 있었다. 이미 인도네시아국립박물관 야외에서 개최된 달빛영화제에 '엽기적인 그녀'(마이 세시걸)를 상영하여 한국영화에 대한 좋은 반응을 이끌어 낸 적이 있고, 자카르타 국제필름페스티벌에 매년 참가하여, 한국 문화부가 선정·보급하는 올해의 영화 6편 내외를 자카르타 시내 주요극장에서 상영해 오면서 한국영화에 대한 공감대를 넓혀가고 있었다. 따라서 한국영화의 자카르타 극장개봉을 촉진하고 안방극장을 공략하기 위해서 양국영화의 상호교류를 촉진할 방안을 강구해 오던 중 반가운 손님이었다. 왜냐하면, 영화는 종합예술이므로 영화를 통한 문화교류는 인적·물적 교류를 수반하고 음악 미술 분야까지도 교류를 촉진하게 되어, 한류확산에 결정적 기여를 할 수 있다고 판단하여 영화에 많은 관심이 있었기 때문이다.

그 후 필자는 인도네시아 문화관광부 필름국을 방문하여 영화시나리오를 전달하고, 인도네시아 영화계의 참여와 인도네시아 현지 세트장 설치 장소 협의, 현지 촬영지원 등 협조, 인도네시아 배우출연 및 교섭 등에 필요한 정보제공을 요청한 바 있다. 이와 관련 문화관광부 필름국장은 우리 측 제안에 동감하고 이 영화의 시나리오가 인도네시아의 자연환경과 다양한 문화를 한국에 소개할 좋은 기회라고 환영했다. 아울러 세계문화 유산이 풍부한 족자카르타나 자카르타 인근 풀라우 스리브(천 섬), 발

리와 롬복, 술라웨시 등을 추천하고 적극적으로 지원하겠다고 밝혔다. 특히 그는 이 영화를 계기로 인도네시아 전통공연이나 관광명소가 한국인에게도 많이 소개되기를 희망하면서 앞으로 합작영화 진출 방안도 추진되었으면 한다고 말했다.

영화산업의 교류는 생각처럼 쉽거나 신속히 이루어지지 않는 것 같다. 영화제작을 위해서는 엄청난 투자가 뒤따라야 하고 제작 후 흥행에 성공할 수 있는 확신이 서야 하기 때문일 것이다. 또한, 국내에서의 세트장 준비, 촬영지 물색 등 세부추진계획을 수립하는 과정에서 여러 가지 행정 절차가 필요하기 때문인 것 같다. 그러한 가운데 한국영화 장동건 주연의 '태풍'이 자카르타에서 개봉하는 단계에 이르렀고 이를 계기로 양국 간 영화 교류의 필요성은 더욱 커지는 시점에서 필자는 가시적인 교류성과를 보지 못한 채 한국으로 귀임하게 되었다.

1. 롬복 승기기 해변
2. 롬복의 길리 해변
3. 롬복의 석양
4. 발리의 힌두사원

제주도 비양도에 영화세트장 개발추진

1

최근 나영균 감독을 만나 그간의 진행과정과 앞으로의 계획 등을 알아보았다. 이제부터 교류사업이 본격적으로 시작된다는 것이었다. 나 감독에 따르면 그동안 국내 세트장 건설 부지확보 및 사업계획 확정 과정에서 많은 시간이 소요되어 2008년 4월에야 비로소 제주도로부터 한림읍 비양도에 해양 리조트를 포함한 영화세트장 개발사업 시행 승인을 받게 되었다고 한다. 그는 인도네시아 분위기를 연출할 장소를 물색하다가 그동안 잘 알려지지 않은 제주도의 부속 섬 비양도를 최종 선정하게 되었다고 말하고, 영화세트장을 통해 제주도의 민속을 소개하면서 인도네시아를 포함한 동남아국가들의 문화교류의 섬으로 조성하여 비양도를 국제적 해양 리조트로 발전시켜나갈 계획이라고 밝혔다. 구체적으로 영화세트장 주변에는 잔교와 노천해수욕장, 돌담길 등도 함께 조성하며, 영화 세트장에는 영구시설인 영화영상박물관과 공연시설도 설치하여 영화촬영 후에도 동남아국가들과의 문화교류증진에 이바지하게 될 것이라고 말했다. 또한, 영화 영상박물관에는 영화관련 소도구와 1895년까지 거슬러 올라가는 초기 영화촬영 기법의 귀중한 수집물을 상설 전시하고, 아울러 이 영화의 인도네시아 현지 촬영 시 사용한 각종 소품과 의상, 세트장 미니어쳐 등과 함께 인도네시아 특별전시회도 개최할 계획이라고 말했다. 그리고 동남아 영화영상관도 개설하여 시즌별 기획전시와 각국 영화를 상영할 계획이라고 소개했다.

2

양국 배우출연, 두 나라 오가며 촬영

영화'식스 문(Six Moon)'의 시나리오는 비양도 출신 한 여기자가 '세계자연유산'이란 특집 다큐멘터리 인도네시아 편을 취재하던 과정에서, 우연히 20년 전 인도네시아에서 살해된 국회의원 피살의혹 사건의 실마리가 되는 한국어로 쓰여진 일기장을 발견하면서 벌어지는 일을 다룬 영화다. 나영균 감독은 "이 영화는 제주도 비양도에 마련될 제주도의 민속을 소개하는 세트장을 중심으로 하여 인도네시아 자카르타와 풀라우 스리브(천 섬), 발리, 롬복, 술라웨시, 이리안자야 섬 등의 명소를 오가며 촬영할 계획이다. 이 영화에 동원될 인원은 한국의 톱 클래스 배우들을 포함, 국내 인간문화재와 전수자들, 무속인 등 300여 명에 이르고, 그 속에는 인도네시아 전통 예술단과 배우들도 포함되어 있다." 라고 밝혔다. 이 영화제작의 의의와 관련하여 "이 영화의 촬영이 시작되면 배우들이 양국을 오가며 문화적 간격을 좁히고 문화교류가 활발해 질 것이다. 또한, 촬영 후에도 영구시설물인 세트장을 활용 다양한 민속자료를 전시하고, 한국 전통무용과 인도네시아를 비롯하여 동남아시아의 전통무용 공연 계획도 준비 중이므로 제주도의 관광산업 활성화에 이바지할 수 있고, 동남아 국가들과 문화교류도 촉진하게 될 것으로 보인다."라고 말했다.

제주도와 발리의 인연

인도네시아 발리가 드라마 '발리에서 생긴 일'과 '황태자의 첫사랑'을 통해 한국인에게 깊은 인상을 남겼던 것처럼 영화 '식스 문(Six Moon)'을 통하여, 제주도가 인도네시아 국민은 물론 전 세계인에게도 아름다운 인상을 남기기를 바란다. 더구나 제주도가 세계 7대자연경관에 선정되어 세계인의 관심이 집중되고 있기 때문에 더 많

1. 제주도 – 비양도
2. 발리댄스
3. 영화의 한장면을 떠올리게 하는 할머니의 모습

은 노력이 필요한 시점이다. 제주도는 발리와 자매도시 결연을 하고 교류협력을 해오고 있다. 2003년 PATA 총회가 발리에서 열렸을 때 차기 총회 개최지였던 제주도가 도지사를 단장으로 대규모 사절단을 구성하여 발리를 방문하면서 두 도시 간 우의는 더욱 돈독해졌던 것 같다. 영화 식스 문(Six Moon)을 계기로 제주도와 발리 간 교류와 협력이 한층 강화되었으면 하는 바람이다. 또한 이 영화의 촬영지인 인도네시아의 발리나 롬복, 천 섬과 함께 제주도와 비양도가 세계인의 사랑을 받는 관광지로 함께 도약하여 양국 주민들 간의 교류와 왕래도 이어졌으면 한다. 아울러 이 영화가 신속히 제작되어 한국과 인도네시아의 벽을 넘어 흥행에 성공하여 전 세계인들에게 한국과 인도네시아의 아름다운 풍광과 전통문화를 널리 알리는 데 큰 역할을 해 줄 것으로 기대해 본다.

최근 우리 영화와 드라마에 외국의 배경과 외국인 배우의 출연이 늘어나고 있는 점은 문화교류증진과 한류확산을 위해 바람직한 방향이다. 이런 의미에서 영화 '식스 문(Six Moon)' 제작 방향은 이러한 추세를 충분히 반영하고 있고, 필자가 감독과 만난 자리에서 강조한 바 있는 쌍방향 문화교류를 발전적으로 실천하는 것이다. 향후 점진적으로 우리의 영화 드라마 등 우리 문화가 외국인에게 사랑받는 만큼 그 나라의 드라마 영화도 우리의 안방과 스크린에 소개되어 우리 국민으로부터 사랑을 받아야 할 것이다. 한국에서 인도네시아 영화와 공연을 볼 수 있는 날이 빠르면 빠를수록, 인도네시아에 확산 중인 한류는 더욱더 만발할 것이다.

1. 서부 자바 UMANG섬의 해상 리조트
2. 비양도 유채꽃밭
3. 수마트라 잠비 원주민과 조우하게 된 나 감독

인도네시아의 한국동포사회 4부

Indonesia

날로 성장하는 한인사회

최대 외국인 커뮤니티로 성장

인도네시아 내의 우리 동포사회는 한국과 인도네시아 양국 간 수교 훨씬 이전부터 형성되어 오다가, 1973년 상주대사관 설치 후 동포사회의 규모가 점점 확대되면서, 지금은 인도네시아 내에서 화교 사회를 제외하고 최대의 외국인 커뮤니티로 성장했다. 한인사회의 규모는 3만 5천 명을 넘어서고 있고, 유동인구를 감안 하면 그 숫자는 훨씬 늘어날 것으로 보인다.

처음 한국인들의 인도네시아 진출계기는 인도네시아에 풍부한 원목개발 및 수입, 선교활동, 유전개발 참여 및 건설공사 참여, 장학 프로그램에 의한 현지유학 등이었다. 머나먼 남쪽 하늘아래 태양이 작열하는 밀림에서부터 우리 교민들의 피와 땀이 여물어 한인사회가 점점 자리를 잡았던 것이다. 우리 교민 1세대 중 원로들을 보면 대부분 밀림을 헤치며 야생동물, 풍토병과 싸우고, 원주민을 설득해가면서 현지화에 성공하여 사업을 키우고 교회를 개척하고, 사업규모와 분야를 확장해 나가면서 한인사회를 양적 질적으로 발전시켜 왔다.

그 후 양국 간 경제교류 및 협력이 늘어나면서 80년대 한국의 섬유산업과 신발산업 등 노동집약산업에 대거 진출하였고, 95년 이후 전자 자동차 등 기간산업 분야까지 진출하였으며 그 후 플랜트 건설, SOC 기반확충 부문, 2003년 이후에는 무선통신 분야와 IT 기업의 진출이 활발했다. 최근에는 에너지·자원개발 부문과 원자력 분야, 산림, 바이오산업 분야의 투자가 활발하다. 경제교류규모 확대와 비례하여 교민사회도 급성장하였으며, 기업체 지·상사 주재원으로 왔다가 그대로 눌러앉는 경우도 많고, 기회의 땅이라 생각하고 새로이 도전하는 사람도 늘어나고 있다. 현재 진출한 기업은 1,300여 개에 달하는데 삼성전자, LG전자, SK에너지, 대상, CJ,

1. 나무와 깊은 인연이 있는 한국 동포사회
2. 한국의날 기념 리셉션

포스코, 롯데 등 국내 대기업의 현지법인들과 코린도 그룹을 비롯한 현지 진출기업들이 날로 팽창하고 현지화에 성공하여 인도네시아 사회와 경제에 이바지하고 있다. 양국간의 교역 규모는 2010년 말 230억불에 육박했고, 머지않아 500억불에 달하게 될 것으로 보인다.

종교계 인사들은 한인사회의 정신적 지주가 되어 머나먼 이국 땅 인도네시아에서 사랑을 실천하고 희망을 심어줌으로써 교민들의 결속을 강화해 나가고 있다. 이와 함께 국내 대학에서 마인어를 전공한 학생들의 현지 취업 및 진출로 교민사회 구성이 질적으로 더욱 강화되고 있다. 또한, 한인사회 규모가 확대되면서 인도네시아에서 한국인의 위상도 더욱 높아지고 있다. 벌써 삼 사십여 년 전에 인도네시아에 진출한 원로인사 중에는 이미 세상을 떠났거나 사업 일선에서 물러나기도 했으며, 이제는 현지에서 자라서 그동안 현지교육과 선진국 유학을 통해 지식과 인맥을 쌓아온 교민 2세들의 활약상이 나타나고 있다.

높아진 한인사회의 위상

한인사회가 양적·질적으로 성장하면서 인도네시아 정부나 국민으로부터 인정받고, 한국인의 위상이 높아진 것은 우리 정부의 외교적 노력도 있지만, 무엇보다도 교민 1세대의 현지화 노력과 우리 교민들의 주재국 민과의 융화노력 덕분이 아닌가 싶다. 실례로 지난 98년 경제위기 후 폭동이 일어났을 때 한국 기업인들이 이곳을 떠나지 않고 끝까지 어려움을 함께한 것에 대해 인도네시아 외교부장관이 한국대사를 만나 감사를 표했던 사실에서 잘 드러난다. 또한, 필자가 2005년 인도네시아 문화관광부장관을 예방하는 자리에서 이그데 아르디카장관은 "발리 폭탄 테러 이후 발리 관광산업이 큰 타격을 입고 있을 당시, 한국인 방문자가 테러 발생 전해보다 오히려 늘어난 데 대해 한국인들에게 진심으로 고맙게 생각한다."라고 말하기도 했다. 최근 한국을 방문한 인도네시아 의

1

회 지역대표회의(DPD)이르만 구스만 의장은 조선일보와의 인터뷰('09.12.17자)에서 "인도네시아 사람들은 한국에 대해 좋은 기억이 많기 때문에 어떤 측면에서는 일본이나 중국보다 한국을 더 환영한다. 인도네시아 사람들은 한국에서 생각하는 것 보다 한국 문화를 더 좋아한다."고 밝혀 인도네시아 사람들의 한국문화에 대한 호감도를 대변해 주었다. 이런 사례만 가지고도 인도네사아 내의 한국인에 대한 호감도를 확인할 수 있다.

지난 2004년 반다아체를 휩쓸어버린 쓰나미와 2006년 족자카르타 반툴을 강타한 지진, 2009년 수마트라 파당을 무너뜨린 강진으로 말미암은 피해가 발생하자 한국정부와 한국교민들이 보여준 긴급 구호활동 및 온정의 손길은 인도네시아 국민에게 한국인의 이미지를 고양하는데 많은 도움이 되었다. 특히 쓰나미 발생 후 우리 정부는 USD 1,520만$을 지원키로 약속하고 인도네시아정부와 MOU를 체결하여 아체 재건 복구사업별로 지원한 바 있으며, 쓰나미 1주년 추모행사에 당시 건교부장관을 특사로 파견함으로써 인도네시아 국민에게 신뢰를 심어주었고, 이를 바탕으로 양국 간 우호협력이 가속화되었다. 또한, 반툴 지진 피해 당시 한국 정부는 시멘트 30만t과 긴급 구호식량 지원, 의료 지원 팀을 파견하였고, 재인도네시아한인회는 이곳에 초등학교를 지어 기증하였다. 2009년 9월 수마트라 파당 지진피해 시에도 정부는 43명의 긴급 구호대를 파견하여 구호활동을 폈고 총 50만 달러 상당의 긴급 인도적 지원을 제공한 바 있으며 민간차원에서도 성금과 구호활동을 활발히 전개했다.

한국정부와 한국동포사회가 보여준 따뜻한 구호의 손길은 현지언론에 자주 소개되어 현지인에게 잔잔한 감동을 불러일으켰다. 특히 쓰나미 재앙이 발생한 지 얼마 안 되어 개최한 아체구호성금마련 전시회는 모금액이나 전시작품의 양과 질을 떠나 동포사회 내 온정의 물결을 주도하고 자발적인 동참을 이끌어 냈다는데 큰 의미가 있었고, 전 세계가 쓰나미 구호에 경쟁하는 분위기 속에서 한국동포사회에서 처음으로 시도했던 특이한 구호활동이었기 때문에, 현지 주요언론으로부터 스포트라

1. 쓰나미 1주년 추모 행사에서 유도요노 대통령이 한국정부 특사에게 감사패 증정

이트를 받을 수 있었다. 인도네시아 최대 일간지 KOMPAS를 비롯하여 자카르타포스트, 수아라 품바루안 등 주요 신문과 METRO-TV, RCTI, SCTV 등 주요 방송이 호의적으로 집중하여 보도함으로써 인도네시아 사람들에게 한국과 한국인에 대한 좋은 이미지를 심어 주게 된 것이다.

양국간 관계가 전략적 동반자관계로 격상되고 경제와 문화교류 및 협력이 더욱 증진됨에 따라 인도네시아에서 한국의 위상도 날로 높아져 가고 있다. 또한, 우리정부와 한인사회의 이미지제고 노력으로 인해 인도네시아 내의 한국인의 위상도 함께 높아지고 있고, 현지언론의 보도 경향도 매우 우호적이며 한국동포사회에 대한 관심과 보도비중이 늘어 가는 가운데 한인사회도 안정적으로 성장해 나가는 특징을 보여주고 있다.

성질이 급하고 거칠다는 평판도 있어

우리정부와 동포사회의 노력으로 한국인의 위상이 높아진 것은 사실이지만 한편으로 현지인들에게는 한국인에 대한 부정적 이미지가 남아 있는 것 같다. 한국인은 성질이 급해 너무 서두르고, 화를 많이 내며 거칠게 대한다고 현지인들에게 인식되고 있다는 점이다. 이와 관련, 인도네시아 이슬람대학(UIA)의 안선근 교수는 그 원인을 우리 기업인이나 교민들의 인도네시아어 구사능력에서 찾고 있다. 안 교수는 "기업 현장이나 문화적 충돌현장을 찾아가 그 원인을 자세히 분석해보면 언어문제에서 발생한 오해로 빚어진 경우가 많았다."고 말한다. 그리고 "한국 사람들은 동남아국가 사람들에 대한 우월의식이 강한 경향이 있고, 특히 과거 십여 년간 한국에 인력 송출된 인도네시아의 수많은 노동자 중 한국인도 싫어하는 3D업종에서 일하면서 푸대접을 받은 경험이 있는 노동자들은 한국과 한국인에 대한 좋지 않은 이미지를 가지고 있다."라고 밝혔다.

1. 인니 주요신문 편집국장단 초청 한국 홍보 브리핑 개최 (2005.물리아 호텔)

2. 한인회에서 인도네시아어를 강의하는 안선근 교수

3. 가루다상

Indonesia
왜 인도네시아를
좋아하게 되는가?

자녀교육을 위한 기회의 땅

한인사회를 안정적으로 성장시킨 배경 중 하나는 바로 인도네시아 특히 자카르타의 자녀교육환경이 세계 어느 나라의 그것보다 좋다는 점과 한국인 부모들의 높은 교육열 덕분이 아닐까 한다. 사실 이곳에 정착한 교민 중에는 자녀교육을 위해 한국의 치열한 입시경쟁과 비싼 사교육비 부담 등을 피해 이곳에 일부러 온 경우도 많다고 한다. 그래서 그런지 인도네시아 한인 2세들의 교육수준은 매우 높고 국제 감각을 겸비한 인재들이 많이 배출되고 있다. 그들은 타국에서 단순히 한인사회만을 위하여 활동하는 것이 아니라 인도네시아는 물론 세계 각국 젊은이들과 네트워크를 확장해 가면서 재외 한국인의 차세대 주역으로서 철저한 준비를 하고 있다. 대부분의 한인 2세 젊은이들은 부모들이 일궈놓은 사업장에서 경영수업을 하고 있거나, 독립하여 사업체를 경영하기도 하고 외국계 회사의 중역을 맡기도 한다. 또한, 변호사, 의사, 교수 등 전문 직종에서 명성을 떨친 인재들이 많다. 이들의 장점은 최소 3개국 이상의 언어를 구사할 수 있는 교육을 받고 자랐기 때문에 글로벌 사회에서 큰 무기가 된 것이다.

인도네시아에서 자라면서 현지에서 공부하거나 유학을 하고 돌아와 기업 일선에 뛰어든 한인 2세들의 인도네시아 사랑은 남다른 것 같다. 그들은 자카르타가 시골 고향집과 같은 포근함을 느낀다고 서슴없이 말하고 있고, 인도네시아의 미래와 관련 최근 인도네시아의 민주화 속도나 컴퓨터 보급 속도, 인터넷 보급률 등을 볼 때 어느 순간 도약시기에 들어서면 급성장 가도를 달릴 것으로 예측하고 그 변화 시기도 10년 이내로 내다보고 있었다.

---

1. 자카르타 한국국제학교(JIKS)
2. 자연, 인간 그리고 낭만
3. 자유스럽게 물놀이 하는 어린이(롬복해안)

한국여성들은 인도네시아 생활에 만족

이곳 한인사회의 또 다른 특징은 이곳에 사는 한국여성들이 이곳 생활에 만족하고 있다는 점이고, 많은 한국여성이 어떤 계기로 인도네시아에 왔다가 눌러앉기를 희망하는 나라라는 점이다. 다시 말해서 인도네시아가 좋아서 인도네시아를 선택한 사

3

람들이 많다는 것이다. 그 이유는 앞에서 언급한 한국국제학교와 각종 인터내셔널 스쿨 등 자녀들을 위한 교육시설이 잘 되어있고, 다양한 문화와 언어가 있으며 과거와 첨단이 공존하고 있기 때문에 아이들이 기죽지 않고 커다란 꿈과 폭넓은 사고력을 키워나갈 수 있으리라고 생각해서 일 것이다. 부모들로서는 분명히 한국에서 느껴보지 못한 다양성의 가치를 높이 평가하고, 왠지 좋은 예감을 하게 되며 자녀의 개성을 살릴 수 있다는 희망을 품게 된다고 한다. 이런 면에서 인도네시아는 자녀를 위한 기회의 땅이다.

왠지 이끌리는 나라

어떤 사람은 인도네시아가 날씨도 덥고 계절변화도 없으며, 교통이 편한 곳도 아닐 뿐더러 생활환경도 낙후된 나라이지만, 왠지 모르게 이끌린다고 말한다. 필자도 왠지 모르게 이끌렸기 때문에 그곳에서 4년간이나 살았다. 귀국 후에 그 이유를 곰곰이 생각해 본 적이 있다. 인도네시아는 인류의 발상지로서 만물이 소생하고 새 생명이 잉태하기에 적합한 환경을 갖춘 곳이 아닐까 하는 생각도 해보았다. 인종이 다양하고 인구가 많은 것이 그렇고, 사람과 비슷한 오랑우탄이 살고 있고 원숭이들이 번성하는 곳이라던가, 동식물이 다종다양하며 해초류, 어류도 풍부한 것도 이를 뒷받침 해주기에 충분하다. 그래서 그런지는 몰라도 필자가 인도네시아에 머무는 동안만 해도 우리 대사관 직원 몇 분이 그동안 고대하던 늦둥이를 본 적이 있고, 교민 중에도 그런 사람이 더러 있다. 인도네시아의 물은 수질도 안 좋은데 희한한 일이다. 나름대로 판단해 보면 이곳에 오면 부부 금실이 좋아지는 것이 주원인이 아닐까 싶다.

필자의 경험으로도 인도네시아에서는 한국과 비교하면 부부가 함께 참석하는 행사도 많고 함께 운동할 시간도 많았던 것 같다. 그러다 보니 부부간에 대화할 시간도 많아지게 되고 자연스레 가정이 화목해지는 것 같았다. 다른 사람들도 필자와 같은 이유로 왠지 모르게 이끌려 인도네시아에 살고 있는지도 모른다.

2

1

노후 안식처로 고려해 볼만

3

현지 물가가 한국에 비해 대체로 싸서 생활비가 저렴하게 들고, 값싼 노동력이 풍부해 각 가정에 현지인 생활도우미를 두거나 운전기사를 고용할 수 있어, 자기개발이나 사회활동을 하기가 쉽다는 장점이 있기 때문에 인도네시아를 노후 안식처로 고려해볼만하다. 그래서 최근에는 정년퇴직 후 연금 생활자들의 관심이 늘어나고 있고, 동남아 다른 나라들과 함께 비교하며 자주 거론 되는 곳이기도 하다. 필자가 근무할 당시에도 국내 모 월간지에서 노후 생활 특집을 취재한 적이 있는데, 당시 필자는 은퇴 후 안식처로 적합한 곳으로 픈착(Puncak), 반둥, 발리를 추천하면서 기후가 서늘해서 노후 생활을 즐기기에 좋은 곳이라고 소개했다. 한국에 돌아오고 나서는 주위의 많은 분으로 부터 인도네시아 사회와 은퇴이민 등에 관한 질문을 받은 바 있다. 그때마다 필자는 돈만 많이 있으면 한국처럼 좋은 나라가 없긴 하지만, 육체적 정신적 요양을 위해 조용히 쉬고 싶다거나, 오염되지 않은 천혜의 자연환경 속에서 골프나 해양레포츠를 마음껏 즐기고 싶다면, 한국보다는 저렴한 비용으로 편하게 살 수 있는 곳이 인도네시아라고 말해준다. 그러나 인도네시아에서 투자를 해보고 싶다는 사람들에게는 인도네시아는 분명히 기회의 땅이라는 말을 반드시 한다. 다만, 투자를 위해서는 신중에 신중을 기해야 한다고 당부한다. 자칫하면 사기를 당하는 사례가 많다는 것도 귀띔하여 준다. 국외 어느 나라나 마찬가지이겠지만 남의 말만 듣고 사전연구나 준비 없이 무작정 진출하면 실패하기 쉽다. 따라서 사전에 이곳에 관한 충분한 지식을 습득한 후 전문가와 상의하여 진출하는 것이 좋다. 특히 진출하기 전 현지 여행도 해보고 기초언어를 배워서 가는 것이 바람직하다.

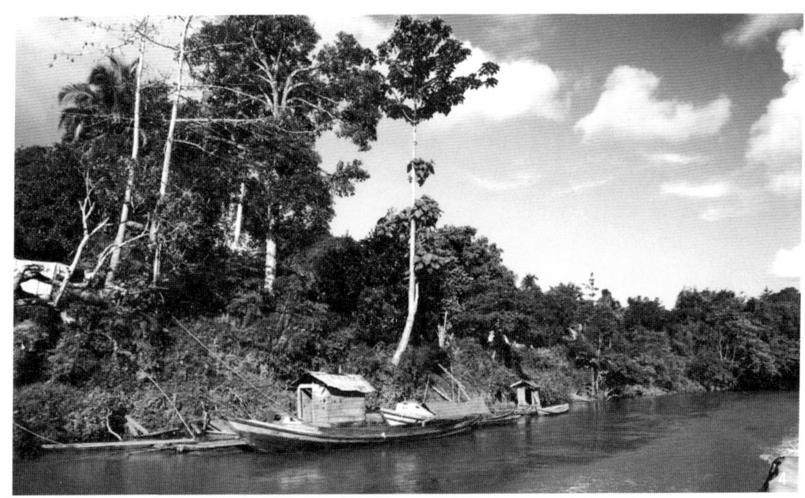

1. 발리에서 구입한 목각 공예품
2/3. 인도네시아 골프장에서는 골퍼 1인당 캐디 1명씩 배정된다
4. 강가에 매어놓은 나룻배

Indonesia

자녀 교육환경과 국제학교

다양성을 배우고 창의력을 기른다

취학 중인 자녀를 가진 사람이라면 누구나 외국진출 시 최우선적으로 자녀의 교육환경을 고려할 것이다. 누차 언급하지만, 교육환경 때문에 인도네시아에 사는 교민도 상당한 것 같다. 물론 자녀를 인도네시아 현지학교에 보내는 사람은 그리 많지 않다. 교육환경을 고려해 체류한 분들은 외국계 국제학교나 자카르타한국국제학교(JIKS)에 자녀를 취학시키고 있다. 대학생의 경우 인도네시아 대학에 진학하거나 교환학생으로 유학 중인 학생들도 많다.

자카르타에는 외국인을 위한 국제학교가 많이 있어 세계 각국의 주재원이나 현지 거주 외국인 자녀가 많이 다닌다. 한국 교민들을 위해서는 자카르타 한국국제학교가 있어 자녀교육을 위해서는 더없이 좋은 곳으로 알려졌다. 이곳의 한국국제학교나 외국계 학교의 교육환경은 한국과는 달리 주입식교육이 아닌 사고력과 창의성을 길러주는 교육방식과 각종 체험학습을 통한 능력개발에 중점을 둔다. 또한, 다양한 외국인과 외국문화에 대한 친근감과 이해력을 높여줌으로써 국제 감각을 익히게 하고, 국제적으로 인적 네트워크를 구축하는데 도움을 주게 된다.

인도네시아의 교육제도는 우리나라와 같이 6-3-3-4제를 가지고 있고, 초등학교과정(7세-12세)과 중학교과정은 의무교육 제도를 시행하여 아동취학률이 90%가 넘고 중학교 진학율은 약 60% 수준이다. 인도네시아는 1994년부터 중학교까지 의무교육 제도를 확대 시행하고 있다. 국립대학은 51개 학교가 있고 사립대학은 1,262개이며, 매년 25만 명 이상 대학 졸업생을 배출하고 있다. 대표적인 국립대학으로는 국립인도네시아대학교(자카르타), 가자마다대학교(족자카르타), 디포네고로대학교(중부자바), 아이르랑가대학교(수라바야 말랑), 파자자란대학교(반둥), 하사누딘대학교(마카사르), 반둥공과대학교, 보고르농과대학교, 수라바야공과대학교, 트리삭티대학교(자카르타)등이 유명하다. 또한, 기술교육을 위한 5개의 훈련센터도 설립되어 있다. 인도네시아 대학의 학사일정은 4학기 4년제이며 매년 8월 학기가 시작된다.

1. 자카르타 한국국제학교 학생들
(초등학생부터 고등학생까지)

2. 자카르타 국제학교(JIS)학생들

글로벌시대 성공 조건: 다문화, 다민족 이해와 소통

1

글로벌시대에 성공을 하기 위해서는 반드시 다문화와 다민족을 이해할 줄 알아야 하고 다양한 사람들과 소통을 해야 한다. 다양성은 창의적인 결과물을 만들어 내기 때문이다. 다국적기업이 늘어나고 다문화 사회가 급속히 확산하는 시대환경에 적응하기 위해서도 다양한 민족과 문화교류를 하면서 그들의 문화와 관습을 배워야 하기 때문이다. 버락 오바마 미국대통령의 경우를 보자. 그의 몸 속에는 다문화적 피가 흐르고 어린 시절(6세~10세) 인도네시아에서 자라면서 다양한 문화집단과 교류를 하여 다양성과 창의성을 터득했던 것이다. 이러한 성장배경이 오늘날 다문화시대를 이끌어 갈 글로벌 리더로서의 자질을 키워 주었고, 다문화사회가 정착된 미국 시민은 바로 그런 사람을 원하고 선택했기 때문에 오바마 후보가 당당히 세계를 이끌어가는 미국 대통령에 등극하게 된 것이다.

뉴 밀레니엄 시대와 함께 우리나라 기업들도 글로벌시대에 발맞춰 이미 글로벌 경영체제를 구축하고, 국제경쟁력을 갖춘 인력을 충원하고 있다. 따라서 글로벌 경쟁력을 갖추기 위해 다양한 언어능력, 다문화 친화력, 국제적 매너, 도전정신과 창의력 등을 배워야만 한다. 글로벌 매니저가 되기 위해서는 다문화 적응력과 협상능력을 키우면서 인종과 문화에 대한 편견을 버리고 세계인의 가치체계를 공유해야 한다. 그래서 요즈음 우리나라 초·중학교 학생들이 세계 각국에 조기 유학하는 사례가 증가하고 있고, 특히 최근 들어 동남아 유학생 수의 증가율이 미주나 호주, 뉴질랜드보다 높게 나타나고 있다. 세계적으로 볼 때 인도네시아가 자녀교육의 최적 장소는 아닐지라도 적은 비용으로 자녀로 하여금 그러한 환경을 경험하게 하는 데 있어서 충분한 조건을 갖춘 곳이라는 사실을 강조하고 싶다.

자카르타 주변의 국제학교들

재외 한국인학교 중 최대 규모인 자카르타한국국제학교

자카르타한국국제학교(JIKS)는 1,500여 명의 학생을 수용할 수 있는 규모의 시설을 갖추고 초등학교, 중학교, 고등학교(6-3-3)과정을 교육하고 있다. 현재 재외 한국인학교로는 가장 큰 규모이며 국내 주요대학 진학률도 매우 높은 수준이다. 자카르타에 JIKS가 있기에 한인사회가 발전하고 있고 이곳에 사는 교민들은 늘 감사해 하고 있다. JIKS는 인도네시아 교민사회의 초중고교 학생 50%를 수용하고 자카르타 학생의 70%를 수용하고 있기 때문이다. 그 배경에는 늘 든든한 학교재단과 이사회가 뒷받침해 주고 있기에 더욱 그렇다.

우수한 외국계학교도 많아

자카르타 주변의 외국인학교는 미국계, 영국계, 인도계, 호주계, 싱가포르계, 독일계, 뉴질랜드계 등 학교들이 있는데 각기 본국의 커리큘럼에 따라 교육을 한다. 대표적으로 미국계 학교인 자카르타국제학교(JIS)는 전 세계적으로 수준 높은 외국인학교 반열에 올라있다. 교육수준뿐 아니라 이 학교 출신 학생들 가운데는 미국 상위권대학 등 외국대학 진학도 많이 하고 있다. 한국학생들은 고2 때 한국으로 전학 또는 졸업 후 서울에 있는 상위권 대학에 많이 진학하고 있다. 또한, 영국계 국제학교(BIS)도 좋은 편이고 인도계 간디 스쿨도 공부를 많이 시키는 학교로 정평이 나있어 한국인 학생이 많이 다닌다. 이 밖에도 호주국제학교, 독일국제학교, 북자카르타국제학교, 싱가포르국제학교, 몬테소리국제학교 등이 있다. 호주국제학교를 제외한 외국계 학교는 대부분 우리나라와 달리 7-8월에 학기가 시작된다. 자카르타 이외 지역에는 한국국제학교가 없고, 외국계학교는 반둥, 발리, 바탐, 롬복, 수라바야 등 주요도시에 있긴 하지만 규모나 시설이 자카르타보다는 작은 편이다. 자세한 정보는 지역한인회에 문의하면 자세히 안내해 준다.

1. 간디스쿨의 한국학생들과 외국인학생
2. 자카르타 한국국제학교 전경
3. 자카르타 한국 국제학교 어린이 합창단

Information

주요 국제학교 홈페이지

자카르타한국국제학교(Jakarta International Korean School, JIKS)
홈페이지 : www.jiks.com (844-4961, 844-4958)

자카르타국제학교(Jakarta International School, JIS)
홈페이지 : www.jisedu.org

간디학교 (Gandih Memorial International School, GMIS)
홈페이지 : www.gandhijkt.org

영국국제학교(British International School, BIS)
홈페이지 : www.bis.or.id

호주국제학교(Australian International School, AIS)
홈페이지 : www.ais.or.id

북자카르타국제학교(North Jakarta International School, NJIS)
홈페이지 : www.njis.or.id

몬테소리국제학교(Jakarta International Montessori School, JIMS)
홈페이지 : www.kiefschools.org

독일국제학교(Deutsche International School Jakarta,DISJ)
홈페이지 : www.dis.com

싱가폴 국제학교 (Singapore International School , SIS)
홈페이지 : www.sisjakarta.com

ACG 국제학교 (뉴질랜드계 ACG International School Jakarta)
홈페이지 : www.acgedu.com/internationalschooljakarta/

주인도네시아 한국대사관

재인도네시아 한인회

한국동포사회의 화합과 발전 이끌어

인도네시아에 거주하는 한국동포사회를 대표하는 단체가 재인도네시아 한인회이다. 한인회는 1972년 7월 대한민국 거류민회 결성을 시발로 최계월 초대회장이 취임하여 이끌어 오다가, 1986년 제2대 신교환 회장이 부임하여 한인사회의 기틀을 다졌고, 1990년 제3대 승은호 회장이 취임하여 현재까지 20년 동안 한인사회의 화합과 발전을 이끌어 가고 있다.

한국대사관과 긴밀한 협조

한인회는 인도네시아에 체류하는 모든 한국인을 대상으로 대사관과 긴밀한 협조하에 거류민이나 방문자가 겪게 되는 어려운 점이나 애로사항을 해결해주며, 동포사회의 권익신장 및 보호, 동포사회의 친목과 단합도모, 동포사회의 문화활동 지원, 인도네시아 내에서 한국과 한국인에 대한 이미지 제고 노력 등을 해오고 있다. 그 일환으로 한국대사관과 긴밀히 협조하여 교민사회의 선행을 주도하고 주재국에 지진, 쓰나미 등 크고 작은 재난 재해 발생 시 동포사회의 모금을 통해 현지인들을 위로하고 고통을 나누어 오고 있으며, 매년 보육원 등 불우시설을 찾아가 어린이들에게 용기와 희망을 불어 넣어 줌으로써 현지인의 한인사회에 대한 호의적 이미지를 조성해 오고 있다. 한인회는 매년 광복절을 기념하여 모든 교민이 참여한 가운데 조국광복의 의미를 되새기는 친목과 단결의 경축한 마당 행사를 개최해 오고 있다. 이 행사는 매년 자카르타한국국제학교에서 개최되는

데 광복절 기념식에 이어 민속놀이, 달리기, 축구경기와 행운권 추첨을 통한 경품잔치가 열린다. 또한, 기념식에 앞서 매년 골프대회가 인근 골프장에서 열려 교민사회의 화합과 단결을 도모하기도 한다.

동포사회에 온정의 물결 일으켜

2005년 1월 쓰나미가 휩쓸고 간지 불과 얼마 안 되어 주인도네시아 한국대사관과 한인회는 동포사회와 함께 모금을 전개하고 코리아센터에서는 구호기금 마련 미술품 전시회를 열었다. 이 미술전시회는 쓰나미 전에 기획되어 준비해오다가 쓰나미가 발생해 취소 위기에 있었다. 필자는 심사숙고 끝에 전시 작가들(한양여자대학 송미림교수, 박정례교수, 정용재교수)과 협의하여 전시회 명칭을 '아체구호성금마련전시회'로 전환했다. 작가들의 적극적인 협조로 작품 판매액의 50%는 구호성금으로 기부하기로 하고 전시회장에 모금함도 설치했었다. 한인회와 한인사회의 적극적인 호응 속에 전시회와 모금이 성공리에 끝나, 동포사회의 성금을 모은 한인회와 함께 유력 Metro-TV방송과 인도네시아 최대일간지 콤파스 신문사에 각각 전달하여, 한인사회의 주재국민에 대한 관심과 지원을 언론에 크게 부각시키기도 했다. 그리고 한인회는 2006년 3월 족자카르타 지진으로 반툴(Bantul) 지역이 큰 피해를 입고 슬픔에 잠겨 있을 때도 구호의 손길을 뻗쳤다. 특히 많은 학교가 파괴되어 학생들이 수업을 받지 못하는 상황에서, 한인회는 한인사회의 온정을 모아 족자카르타의 현지 초등학교 1개를 건립해 주기로 약속하고, 2006년 착공하여 2007년

1. 이명박 대통령 국빈방문 시 동포간담회에서 건배하는 승은호 한인회장
2. 한인회, 매년 현지 고아원 방문 격려
3. 광복절 기념 행사(JIKS운동장)
4. 아체구호성금 마련 미술전시회에서 현지언론과 인터뷰하는 윤해중 대사(2005.1.)
5. 반툴지역 초등학교 준공식에 참석한 이선진 대사와 승은호 회장 등 한인회 간부(2007.5.)

5월5일, 승은호 회장과 이선진 주인도네시아대사가 참석한 가운데 준공식을 하고 인도네시아에 기증한 바 있다.

한인사회의 현지사회에 대한 온정의 물결은 2009년에도 이어졌다. 지난 7월 3일 자카르타에서는 인도네시아 불우아동 돕기 후원의 밤 행사가 열렸다. 이 행사는 '아시아 사랑 나눔 인도네시아'(ACC, 공동대표: 최이섭 전 반둥한인회장)주최로 한국의 70-80년대 가수들이 참석한 가운데 성황리에 개최되었는데, 1천여 명의 교민들이 참석해 인도네시아의 불우어린이 돕기에 적극적으로 동참하기도 했다.

교민들의 애로사항 해결

한인회 주요활동으로는 교민들을 위한 <민원업무>가 대표적이라 할 수 있다. 세부 민원업무는, 사건·사고 관련 상담, 대사관 동포안내문 배포 및 홍보, 인도네시아 진출 희망 업체의 투자환경 안내, 영사업무 관련 서류 번역(혼인증명, 호적 등본 등), 경찰서 등 관공서 통역 및 번역 업무, 언론기관 취재협조 및 자료제공, 구인, 구직, 색인 문의 상담 등이 있다. 특히 한국인 여행객에 대한 현지 정보제공과 한인회 사무국에서 처리하는 민원업무와 관련하여 현장 자원봉사를 하는 특별 민원 반을 운영하고 있다. 또한, 한인회는 <무료 법률 상담실 운영>을 통해 교민이나 진출 기

1. 한인회 회장단 및 운영위원들(2009.한인회 총회)
2. 해피 자카르타 송년 음악회
3. 한국대사와 송창근 한인회 수석 부회장(좌)
4. 인니 경총회장(좌)과 자리를 함께한 한인회장 등 간부

업 임직원은 누구나 법률에 관련된 사항 전반에 걸쳐 무료 법률 상담을 받을 수 있도록 하고 있다. 그리고 재인도네시아 한인회원의 의료혜택을 위해 국내 유수의료기관과 의료협정을 체결하여 의료보험 수가로 혜택을 받을 수 있는 회원증 발급 업무를 행한다.

한인회 조직으로는 회장단과 사무국이 있고 7개 분과위원회(상공, 문화 체육, 섭외홍보, 재무회계, 교육사회, 기획행정, 경제정책)가 있으며 사무국에서는 월간 한인뉴스를 발행하여 각 지역 한인회와 한인사회에 무료 배포하고 동남아 한인사회에도 보내고 있으며 홈페이지(www.innekorean.co.id)를 운영하여 한인사회에 신속한 정보제공과 소통을 돕고 있다. 그리고 한인회는 문화탐방반을 운영하여 우리 교민들로 하여금 현지문화에 대한 적응을 돕고 친근감을 갖도록 하고 있으며, 교민들의 인니어 향상을 위해 어학교실 운영을 지원하며, 송년음악회 개최 등 많은 문화행사 지원활동을 통해 동포사회의 단결과 화합을 위해 노력하고 있다.

2

한인상공회의소 동포기업 발전에 기여

인도네시아에 거주하는 한인 상공인의 개선 발전과 성장을 도모하고 아울러 재인도네시아 한인사회의 경제 발전에 이바지하기 위하여 한인회 산하기관으로 한인상공회의소가 설립되어 있다. 한인상공회의소는 인도네시아 국제상공회의소(International Business Chamber)의 특별회원이며, 한인상공회의소 송창근 수석부회장이 주로 한인상공인들의 목소리를 대변하면서 인도네시아 국제상공인 사회에서 우리의 위상을 높이고 있다. 한인상공회의소는 타국 상공회의소와 활발한 교류 및 협력, 동포 투자기업인의 건의사항을 인도네시아 정부 및 한국대사관 등 관계기관에 전달하여 투자환경 개선을 촉구하고, 동포기업들을 대상으로 세무 설명회와 노무관리 간담회 등을 개최하여 기업들의 운영에 참고할 정보를 제공해주고 있다.

3 4

한인상공회의소는 KOTRA 자카르타 무역관과 함께 인도네시아의 대표적인 경제인 단체인 경총(APINDO)과의 긴밀한 협력을 통해 인도네시아 내 우리기업들의 기업 환경을 개선하는 데 노력하고 있다. 그뿐만 아니라 우리나라를 국빈 방문하는 인도네시아 대통령의 방한 시 동포기업인들을 조직해 방한 수행하면서 양국 간의 경제 협력증진에 앞장서고 있으며, 재외에서 활동하는 동포기업인들이 참여하는 세계 한상대회에도 매년 참가하여 우리 동포기업인들의 국제적 네트워크를 강화해가고 있다. 한인상공회의소에는 봉재, 금융, 상사, 완구, 에너지, 건설, 관광, 유통, 모발제품, 악기, IT, 전자, 신발 등 업종별 협의회가 있다

재인도네시아 한인회 사무국과 한인상공회의소는 주인도네시아 한국대사관(신축중) 바로 옆에 있는 코리아 센터 내 별관 2층에 있다.

지역별 한인회 활동 활발

이밖에 한인들이 많이 거주하는 인도네시아의 주요 도시에는 지역 한인회가 별도로 구성되어 있다. 지역한인회는 수라바야, 반둥, 족자카르타, 수까부미, 스마랑, 발리, 메단, 보고르, 바탐 팔렘방, 버까시, 땅그랑에 있는데 각 한인회별로 회장단을 구성하여 지역 한인사회의 단합과 친목도모는 물론 동포들의 권익보호와 민원 해결을 위해 노력하고 있다. 지역 한인회는 한글학교 운영 및 우리 전통문화행사를 통해 교민들의 우리 문화에 대한 정체성 확립과 한류확산에도 노력하고 있다.

재 인도네시아한인회 연락처

|인니(자카르타)|	(62-21)521-2515	|스마랑|	(62-24)658-0200
|수라바야|	(62-31)568-8690	|보고르|	(62-21)7782-2959
|반둥|	(62-22)200-6880	|바탐|	(62-778)720-6111
|발리|	(62-361)769-124	|팔렘방|	(62-711)358-217
|족자카르타|	(62-274)376-741	|버까시|	(62-21)890-2485~8
|메단|	(62-61)821-1588	|땅그랑|	(62-251)610-0001
|수까부미|	(62-266)226-985		

재인도네시아한국부인회

뜨거운 치맛바람으로 교민사회 발전 내조

적도에 내리쬐는 태양열만큼이나 뜨거운 열정을 뿜어내는 단체가 있으니 바로 재인도네시아 한국부인회이다. 세계 어디를 가도 한국인 여성들의 치맛바람의 위력은 대단함을 부인할 수 없을 것이다. 하지만, 이곳 부인회의 치맛바람은 이곳 기온이 높아서인지 더욱 뜨거운 것 같다. 자녀를 위한 어머니들의 치맛바람은 서울의 강남을 능가할 정도이다. 이곳 부인들의 치맛바람은 자녀교육에 대한 헌신적 열정에서 뿜어 나오는 미래의 에너지원이며, 자기계발을 위한 취미활동을 위해 바쁘게 움직일 때 일어나는 생산적인 풍력자원인 것이다.

자카르타는 대중교통이 발달하지 못해 아이들의 등교와 하교를 승용차로 해결해야 하기 때문에 바쁘게 움직인다. 더구나 방과 후에는 아이들을 각종 학원에 보내거나 과외를 시키면서 데려갔다 데려오고 하기 때문에, 대부분 어머니들은 온종일 자녀 관리에 많은 시간을 빼앗기게 된다. 그러면서도 틈틈이 개인의 취미활동은 물론이고 사회봉사활동, 교민사회를 중심으로 한 문화활동에 참여하기 때문에 승용차 엔진이 뜨거워지는 만큼 치맛바람도 뜨거워지는 것이다. 물론 오래전에 이곳에 오신 분들은 이미 자식들 뒷바라지 코스를 마치고 지금은 여유로운 취미생활과 교민사회를 위한 봉사활동 및 문화활동을 주도해가고 있다. 바로 이러한 활동 때문에 재인도네시아 한국부인회 회원들의 치맛바람이 열기를 더해가는 것이다.

1. 한국부인회 간부들이 국립 인도네시아대(UI)에서 한국음식 시범교육을 한 뒤 학생들과 기념촬영(2009년)

교민사회의 발전은 각 가정의 내조의 힘에서 비롯된다. 인도네시아의 교민사회가 지금처럼 성장해오는 과정에서 땀과 눈물이 있었다면 밖으로 표출되지 않았던 내조의 땀방울과 부인들이 남모르게 소매 깃으로 훔쳐낸 눈물도 많았으리라 생각된다. 남편을 따라 자식을 위해 사업차 멀리 인도네시아에 왔던 한국여성들이 한국부인회를 결성한 것은 1972년이다. 재인도네시아 한국부인회는 초기에는 대사관 부인들 주도로 활동해 오다가 1982년부터 교민대표가 회장을 맡기 시작하여 현재까지 12명의 회장을 배출했다. 초대회장은 김정순, 2대 송복순, 3대 강정자, 4대 백방자, 5대 박은주, 6대-8대 한정자, 9대 박은주, 10대 김영자, 11대 박은경, 12대 정은경, 13대 이래은, 14대-15대 채영애, 16대 홍미숙, 현재는 박미례 회장이 인도네시아 한국부인회를 이끌어 오고 있다.

취미활동반 운영, 사회봉사활동 다양

한국부인회는 회원 간의 친목도모는 물론 교민사회의 단합과 결속력을 다지는 각종 생활정보 공유, 다양한 문화 활동 및 사회봉사활동을 전개해오고 있다. 특히 낯선 인도네시아에서의 생활에 활력을 불어 넣고 자기계발의 기회를 부여하기 위하여 미용강좌에서부터 서예, 유화, 장식공예, 클라리넷연주, 재즈발레, 영어회화 등 다양한 취미활동반을 운영하고 있다. 사회봉사활동으로는 교민을 위한 고충 상담실 운영, 한국국제학교 장학금지급, 노인을 위한 효도잔치 행사 등 많은 일을 하고 있다. 특히 한국부인회의 한국계 혼혈아에 대한 사랑은 모성애를 느끼게 한다. 밀알 학교를 2001년 부인회 부설로 개설하여 5년 동안 운영지원을 통해 우리가 뿌린 씨를 우리가 거둔다는 책임감 있는 한국인의 모습을 보여준 것이다. 2006년 4월부터는 세계 한민족여성네트워크 인니지회가 주관하여 밀알 학교를 운영해오고 있다. 세계 한민족여성네트워크 인니지회 회원들도 모두 재인도네시아 한국부인회 회원들이다. 그동안 우리 교민사회에서 정성껏 보살펴준 어

1

린이들 중에서 제2의 오바마가 나오기를 기대하며 지속적인 관심과 사랑이 이어지길 바란다.

필자가 근무할 당시 한국부인회는 자카르타에 있는 나시오날 대학(UNAS) 한국어과에 장학기금 1만 불을 지원하여 한국어과의 조기 정착과 활성화에 기여하였으며, 우리 교민들의 한국문화 계승 발전과 인도네시아 내 한류 확산을 위한 다양한 문화행사 주관 및 지원을 하는 등 소리 없이 한인사회를 내조해 온 바 있다. 특히 2006년에 개최한 한국부인회의 효도잔치 한마당은 수준 높은 문화행사였다. 어린이합창단, 해금연주, 고전무용, 라 뮤즈 합창단 합창, 피아노연주, 패션쇼 등 프로그램이 다양했고, 인도네시아 한인사회의 문화수준이 상당함을 보여주었던 행사였던 것 같다. 또한, 2009년 국립인도네시아대학교(UI)에서 개최된 한국 음식 축제에서 부인회 회원들이 보여준 우리음식 만들기 시범은 현지인들에게 우리 음식에 대한 이해를 높여 주었고, 한식대중화를 통한 한류확산에도 이바지한 것으로 보인다. 이것이 재인도네시아 한국부인회의 치맛바람의 위력이요, 한인사회의 변화를 이끌어가는 원동력이 되고 있다.

1. 밀알학교 입학식 (한인뉴스)
2. 한국부인회 정기 총회(2006년)와 채영애 회장(중앙 좌)
3. 재인니 한국부인회, 효도잔치 한마당
4. UI대 학생들에게 음식시범 및 강의

민주평화통일정책자문회의 인도네시아지회

한인사회발전에 솔선수범

우리나라의 헌법기관인 민주평화통일자문회의(이하 민주평통)는 대통령의 통일정책 전반에 대한 자문·건의 기능을 적극적으로 수행하기 위해, 초당적·범국민적 차원에서 국내외 지도급 인사 1만 6천여 명의 자문위원을 위촉하여 운영하고 있다. 평통자문위원의 임기는 2년으로 대통령이 위촉한다. 민주평통은 267개 국내외 지역협의회를 두고 있는데 그 중 재외지역별로 35개 지역협의회가 있으며, 인도네시아지회가 소속된 서남아 협의회(회장 김광현)는 인도네시아, 인도, 태국, 싱가포르, 방글라데시, 파키스탄, 말레이시아, 스리랑카, 미얀마, 네팔 등 서남아 10개국으로 구성되어 있다.

민주평통 인도네시아지회는 1981년 6월 제1기 출범을 시작으로 현 15기에 이르고 있다. 인도네시아의 민주평통 위원들의 구성을 보면 지난 11기까지는 승은호 한인회장 등 인도네시아 내의 한인사회를 이끌어 왔던 원로들이 장기간 임무를 수행해왔다. 그 후 12기부터 일부 세대교체가 이루어지면서 동포 2세들도 참여하기 시작했다. 특히 14기 부터는 위원이 9명이 늘어 24명(남 19, 여 5)으로 구성되었다. 따라서 위원들의 업종과 지역이 다양하고 연령대도 30대에서 60대 중반까지 다양하다. 지역적으로 보면 자카르타를 비롯해 보고르, 버까시, 스마랑, 그리고 발리까지 분포되어 있고, 업종도 봉제, 금융, 법률, 교육, 광업, 에너지, IT, 언론, 건축 등으로 다변화되었다.

민주평통 인도네시아지회는 1981년이래 현재까지 한국대사관과 긴밀한 협력 하에 교민사회의 다양한 의견수렴을 통해 교민사회의 이익을 대변하는 자문기관 역할을 충실히 해왔다. 또한, 인도네시아에서 한국인의 위상을 높이고 우리 문화를 가꾸어 나가는데 솔선수범하여 교민사회 발전에 기여해오고 있다. 김광현 서남아협의회장은 지난 13기에 이어 15기에도 회장직을 맡아 지역협의회의 결속을 강화하고, 인도

---

1. 이명박 대통령과 악수하는 김광현 민주평통인니지회장
2. 민주평화통일자문회의 인도네시아지회 위원들과 김호영 대사
3. 이기택 민주평통 수석부의장 강연회

네시아를 포함 서남아 지역 한인사회의 의견을 수렴하여 정책건의를 해오고 있다. 특히 2008년에는 광복절 기념행사의 일환으로, 서남아 7개국 중고등 학교 한국 학생들 대상 말하기 대회 및 글짓기 대회를 인도네시아, 싱가포르, 말레이시아, 스리랑카, 태국에서 동시에 개최하여, 해외에 사는 우리 청소년들에게 애국심과 자긍심을 심어주었다. 2009년 2월에는 이기택 민주평통 부의장을 모시고 '상생과 공영의 대북정책과 민주평통의 시대적 역할'주제의 강연회를 개최하여, 우리 교민들의 대북정책에 대한 이해 증진은 물론 애국심 진작을 도모하면서 한편으로는 동포사회의 단결을 도모한 바 있다.

평화통일 공론화에 앞장

제15기 서남아협의회는 김영선 주인도네시아 한국대사가 참석한 가운데 2011년 8월 22일 출범 회의를 열고 공식 활동에 들어갔다. 서남아협의회는 '평화통일 역량강화'를 목표로 자문건의 역량 및 품질제고, 참여와 통일공감 확산, 글로벌 통일환경 개선과 국익제고, 나눔·봉사 참여와 선진 일류 국가 기반조성을 위해 재외국민과 함께 구체적인 활동을 하게 된다.

한인사회 단합과 협동을 위해 모범 보일터

김광현 서남아협의회 회장은 제15기 출범회의에서 "서남아 지역은 자원보고로서 한국 경제에 지대한 영향을 미치는 중요한 지역이며, 북한 역시 지속적인 외교활동을 펴고 있는 지역"이라고 소개하면서 민주평통 위원들이 한인사회의 단합과 협동을 위한 봉사활동에 앞장서고, 조국의 통일과 발전을 위해 전 교민의 힘을 모을 수 있도록 모범을 보여야 한다고 강조했다.

녹색 사막에 핀 꽃 '코린도'

코린도의 성공 신화

인도네시아 하면 떠오르는 한국기업과 그 기업을 일궈낸 입지전적인 기업총수가 있다. 인도네시아를 잘 모르는 사람이라도 웬만하면 언론매체를 통해 한두 번은 들어 보았을 것이다. 바로 인도네시아에서 꽃피운 자랑스러운 한국의 기업 코린도(KO-RINDO)와 그룹총수 승은호 회장이 그 주인공이다. 코린도와 승은호 회장은 우리 동포사회가 인도네시아 내 최대의 외국인 커뮤니티로 성장해 오는 과정에서 한인사회를 이끌어왔고, 지금도 이끌어 가고 있으며, 앞으로도 이끌어간다 해도 과언이 아닐 정도로 동포사회와 인도네시아 재계에서도 그 비중이 높다. 따라서 인도네시아와 인도네시아에 사는 한인사회를 소개하면서 코린도 그룹과 그룹총수를 살펴보지 않을 수 없었음을 밝혀둔다.

코린도 그룹은 1969년 인도네시아에 진출하여 칼리만탄 섬에서 원목 개발 사업을 시작으로 합판공장, 포르말린과 합성수지 공장, 신문 용지 제조공장, 스포츠화 공장 등을 건립하여 사업 분야를 넓히며 높은 성장세를 보여 왔다. 90년대에 와서는 인도네시아 최대 컨테이너공장 건립에 이어 금융서비스업, 운송, 창고, 물류서비스업, 증권, 보험업에도 진출하여 현재 30여 개의 계열사를 둔 기업집단을 일구었다. 직원은 2만여 명에 이르고, 연간 그룹 총 매출은 약 8억 달러에 이른다. 최근에는 바이오 대체에너지로 각광받고 있는 '팜유' 사업에서 큰 성과를 거두고 있고, 신규 사업인 중공업 및 풍력 사업에도 공을 들이고 있다. 또한, 2007년부터 현대자동차와 합작을 통해 버스와 트럭을 조립·생산하는 중공업 사업에도 진출해 매년 생산 규모를 늘려 나가고 있으며 미래 성장사업인 팜유와 풍력 등 대체에너지 사업에 박차를 가하고 있다. 코린도가 칼리만탄과 이리안자야 지역에 일구어낸 산림은 녹색 사막을 이루고 있다. 지구 온난화가 인류를 위협하는 시대에 대비하여 탄소흡수 원을 길

1. 녹색사막을 이룬 코린도의 칼리만탄 조림지
2. 하늘을 가리는 아름드리 나무
3/5. 묘목장과 산림
6. 코린도 조림지를 방문한 인니 까반 산림부장관과 이선진 대사, 승은호 회장(좌측두번째 부터 순서대로)

1

러낸 코린도의 선택은 과히 미래를 통찰하는 선견지명이 있었다고 할 수 있다. 교토의정서 1차 공약기간이 만료되는 2012년 이후 기후변화 체제에 따른 저 탄소 사회를 앞두고 세계가 고민하는 친환경 녹색산업을 키워나가고 있다. 코린도는 중부 칼리만탄 빵깔란분 및 라만다우군에 걸친 약 10만 헥터에 이르는 광활한 지역에 산림개발 허가를 받아 98년 부터 꾸준히 조림사업을 통해 숲을 가꾸어 오고 있다. 이를 바탕으로 코린도는 2009년 인도네시아 전체 종이 생산량의 68%, 합판 생산량의 30%를 생산해 수출 했다.

입지전적인 그룹총수의 경영철학

코린도 그룹은 인도네시아에 진출한 한국기업 중 최대 규모이며 인도네시아 재계그룹 서열 20위권에 랭크 되어 있어 인도네시아의 고용창출 및 수출신장에도 커다란 기여를 하고 있다. 오늘의 코린도 그룹이 있기까지는 지난 40여 년간 이역만리 타향에서 숱한 도전과 난관을 극복하며 그룹을 일궈낸 입지전적인 승은호 회장의 경영철학이 돋보인다. 승 회장은 선견(先見), 선점(先占), 선행(先行)의 도전정신과 개척정신으로 기업의 현지화 전략에 성공했고, 임직원의 현지인화를 통해 공동체 의식을 강화하여 조직의 화합을 성공적으로 이끌어 온 것이다. 그뿐만 아니라 코린도는 1997년 장학재단을 설립 인도네시아 현지 중고생과 대학생을 선발하여 장학금을 지급해 오고 있다. 대학생은 국립인도네시아대학(UI) 학부 학생 10명, 보고르 농과대학부 학생 10명, 반둥 빠자자란대 학부 학생 5명 등 25명을 매년 선발 1년간 수업료에 해당하는 장학금을 주고, 매년 한국대학의 MBA 과정에 유학할 장학생 3명을 선발 2년 동안의 수업료 및 기숙사비, 체재비 일체를 지급하고 있다. 또한 각종 복지사업과 기부활동을 통해 기업의 사회적 책임도 다하고 있다. 또한, 승은호 회장은 현지 한인사회에 대한 봉사활동으로 1990년부터 2010년 현재까지 20여 년간 한인회장직을 수행해 오면서 한인사회의 통합과 발전에 기여한 바 있으며, 1989년 이래

자카르타 한국국제학교재단 이사장직과 후원회장을 맡아 동포사회의 정체성 확립과 동포 2세 교육에 심혈을 기울리고 있다.

세계 동포기업인의 본보기

인도네시아에는 1,300개가 넘는 동포기업이 진출하여 제2의 코린도를 꿈꾸며 현지화에 박차를 가하고 있다. 코린도의 성공스토리는 인도네시아뿐만 아니라 세계 각국에 진출한 많은 동포기업인에게 본보기가 되고 있다. 사실 인도네시아에 정착한 기업인 중 코린도를 거쳐 독립한 기업인들이 많다. 그들 중에는 코린도의 기업 정신에 익숙해진 사람들이 많고 제2의 코린도를 향해 나날이 성장해 가고 있다. 많은 사람이 말하듯이 인도네시아는 기회의 땅인 것만은 부인할 수 없다. 넓은 영토, 풍부한 자원, 그리고 저렴하고 풍부한 노동력 등이 바로 투자자의 구미를 당기는 요소이기도 하다.

1

하지만, 인도네시아에 진출했던 많은 한국기업이 지난 1997년 IMF 경제 위기 후, 문을 닫은 기업도 있었고 살아남은 기업들도 많은 경영상 어려움을 겪은 바 있다. 우리나라와 정치·경제·문화적 환경이 다른 인도네시아에 진출해 현지 정부, 기업, 개인을 대상으로 성공적인 기업을 일궈내기가 쉬운 일이 아님을 보여준 것이다.

3

2

현지화 성공이 곧 경쟁력

승 회장은 한 세미나에서 '현지화 성공이 곧 경쟁력이다.'라는 주제로 강연하면서 인도네시아에 진출한 외국기업에는 적자생존의 원칙이 철저하게 적용됨을 강조한 바 있다. 이와 관련하여 승 회장은 "오늘의 코린도를 일구어 내는데 가장 큰 바탕이 된 것은 우리 한국인 임직원들의 눈물겨운 현지화 노력"이었다고 소개하면서 "생활풍습, 종교, 현지인들의 사고체계가 달라서 발생하는 문제는 코린도가 아니더라도 누구나 나름의 대응방식을 찾아 해결해 낼 수 있지만 시행착오를 얼마나 줄이느냐가 관건이며, 특히 기업을 하겠다고 뛰어들었으면 그들의 문화, 풍습을 존중하고 적응하려는 현지화 자세가 대단히 중요하다."고 강조했다.

인도네시아는 참 매력 있는 나라

인도네시아 진출과 관련 승 회장은 "인도네시아는 참 매력 있는 나라"라며 "블루오션을 찾으러 가겠다거나, 우리보다 뒤처진 후진국의 신기한 모습을 구경하러 간다

1. 코린도 장학생 (연간 25명 수혜)
2. 정성으로 키운 묘목이 숲이 되는 동안 코린도는 인니내 20대 그룹으로 성장했다.
3. 정무웅 장학재단이사장이 장학금 수여

는 생각이 아니라 우리와 다른 문화와 그 문화를 대대손손 일구면서 살아온 그들의 생활상을 배우러 간다는 겸손한 마음을 가지고 온다면 언제든지 환영한다."라고 밝힌 바 있다. 또 필자 재임 시에도 기회가 있을 때마다 "인도네시아는 모든 자원이 다 있다는 점이 가장 큰 매력이며, 각종 자원이 풍부하고 여기에 인구가 2억 4,000만 명에 달해 인력도 풍부할 뿐 아니라 땅도 넓은 데다 개발이 덜 돼 있다는 점은 한국 기업 진출 여지를 매우 넓혀주는 부분"이라고 강조했다. 투자 분야와 관련해서도 기회 있을 때마다 "인도네시아는 모든 분야가 발전 과정에 있기 때문에 노동집약적인 산업만이 아니라 발전소나 제철소 같은 분야가 잠재력이 풍부하기 때문에 큰 기업들이 이곳에 진출하면 더 좋을 것이다."라는 조언을 한 바 있다. 필자가 보기에도 인도네시아는 여러 측면에서 동남아 종주국이며 인도와 중국을 제외하면 성장 잠재력이 가장 큰 나라이기 때문에 승 회장이 말하는 '참 매력 있는 나라'라는 데 공감이 간다.

승은호 회장의 평소 조언대로 발전소나 제철소, 조선소, 철도 등 SOC확충 분야에 우리 기업들의 진출이 최근 늘어나는 추세다. 인도네시아에 진출한 많은 동포기업이나 앞으로 진출할 기업들은 코린도 그룹의 성공 신화와 승 회장의 현지화 경영 전략을 눈여겨 보아야 할 것이다.

1. 코린도 이리안자야 현지사업장을 방문한 윤해중대사 (뒷줄 중앙 우)와 승은호 회장(뒷줄 중앙 좌)
2. 칼리만탄 코린도숲 감시초소
3. 아체 웨(We)섬의 풍경

2

Indonesia

한인사회에 대한 좋은 이미지 심고 가꾸기

좋은 일하는 동포사회단체와 기업들

재외동포사회가 다 그렇듯 인도네시아 한인사회도 이역만리 타국에서 고국의 부모·형제와 친지들을 그리워하며 외로움을 달래가면서, 서로서로 의지하고 어려움이 있을 때 서로 돕는 비공식 조직이 많이 있다. 신앙이 같거나 취미가 같거나 서로 마음이 통할 경우 함께 뭉치는 것은 사람 사는 곳이면 어디나 똑같다. 따라서 인도네시아 한인사회에도 재인도네시아 한인회와 재인도네시아 한국부인회, 각 지역 한인회, 평화통일정책자문회의 인도네시아지회, 자카르타국제부인회 등 공식 조직 외에 종교, 문화, 사회단체 등이 있다. 종교단체로는 자카르타 연합교회, 주님의 교회, 한마음 교회, 늘 푸른 교회 등 크고 작은 기독교 교회, 성요셉 성당, 해인사 인니포교원 등 각종 종교단체가 있고, 문화단체로는 예술단체총연합회를 중심으로 다양한 문화활동을 하는 여러 단체가 있다. 그 중 월화차문화원, 인니한인미술협회, 자카르타한인음악회, 라 뮤즈합창단, '내 마음에 한 노래 있어'합창단, 풍물사물놀이 동호회인 '한바패' 등이 있다. 그 밖의 사회단체로서 동포사회의 결속을 다지고 현지인들과의 스포츠 교류를 통해 우의를 다지고 있는 재인도네시아 한인축구회와 노인들의 외로움을 달래주고 건강을 돌봐주는 단체인 '한마음 노인대학'이 있으며, 현지인과 국제 결혼한 여성들의 모임인 '사누회'가 있다.

1

앞에서 언급한 여러 단체의 활동을 보면 우리 교민 간의 친목과 화합을 도모하는 것은 물론이고 인도네시아 내에 한인사회의 존재를 알리고 우리 문화를 소개하는 활동을 한다. 또한, 현지 불우시설을 돕고, 빈민촌을 돌아다니며 현지 어린이들의 배고픔을 해결해 주고, 공부도 가르친다. 그리고 가난한 환자를 치료해 주기도 하고, 쓰나미, 지진 등 재난 발생 시마다 구호품 전달이나 구호활동 등을 하면서 우리나라와 한인사회에 대한 좋은 이미지를 심고 가꾸어 나가고 있다. 인도네시아에 진출한 우리 교민들은 머나먼 타향살이의 고난과 역경을 딛고 철저한 현지화 노력을 통해 현지인들과 유대관계를 돈독히 하면서 나누고 베푸는 선행을 꾸준히 해오고 있다.

동포사회에 구호의 물결 이루어

인도네시아의 동포사회를 이끌어가고 있는 한인회를 비롯하여 자카르타의 여러 종교단체는 인도네시아에 빈발하는 자연재해(쓰나미, 지진, 홍수)발생 시 동포사회에 온정의 물결을 주도하여 구호활동 등 선행을 함으로써 인도네시아 정부와 현지인들을 감동시켰다. 특히 쓰나미 재해가 발생하자, 이곳 한인 투자기업들은 크고 작은 구호성금 전달, 교회들은 구호품 전달, 한인회는 한인사회 모금활동 및 전달, 대사관은 구호성금 마련 전시회 개최 및 성금 전달을 하는 등 우리 동포사회의 온정이 끊이지 않았다.

사회단체 외에 현지진출 기업이나 개인들도 한국인의 좋은 이미지를 심어 주는데 많은 기여를 해오고 있다. 인도네시아에 진출한 대표적인 한국기업인 코린도 그룹의 현지인 장학사업은 지한파 인사를 양성하여 호의적 여론조성의 기반을 강화해주고 있고, 삼성전자나 LG전자, 대한항공, 대상, CJ, SK 등 대기업의 현지법인이나 지사들도 한국대사관이나 한인회 등 교민단체들과 협조하여 각종 문화행사를 지원하는 등 한인사회의 이미지 개선에 이바지하고 있다. 그 밖의 여러 진출기업도 크고 작은 선행과 온정을 베풀어 오면서 현지인들에게 한국기업에 대한 믿음을 심어주고 있다.

필자가 인도네시아에 살면서 실제 보고 들어왔던, 한인사회에 대한 좋은 이미지를 심고 가꾸어 나가는 몇 가지 사례를 소개하고자 한다. 물론 남의 눈에 띄지 않게 조용히 좋은 일을 하는 사람과 단체, 기업들도 많이 있지만, 필자의 노력이 부족해 일일이 발굴하여 소개 해드리지 못함을 송구스럽게 생각한다. 특히 이 책 편집이 마무리되는 시점에 접하게 된 최원금 선교사가 운영하는 '밥퍼해피센터' 이야기는 하마터면 놓칠뻔하기도 했다. 밥퍼해피센터는 자카르타 시내 빈민촌 기차역과 무료 공민학교를 방문하여 무료급식 사역을 하면서 공부도 가르치고, 교복을 지원하기도

1. 자카르타 국제 부인회 간부들

2. 코린도 장학재단 장학금 수여식 (UI대)

하고 장학금도 주는 등 굶주린 어린이들에게 배고픔을 해결해주고 용기와 희망을 심어준 것이다. '밥퍼해피센터'의 운영은 인도네시아 내 한인 종교·사회단체, 한국부인회, 한국국제부인회 및 뜻있는 교민들의 후원과 자원봉사활동으로 1주일에 약 1,000명분의 음식을 만들어 나누어 준다고 한다. 밥퍼나눔 사역이야말로 한인사회의 이미지 제고를 위한 또 하나의 아름다운 축제라 할 수 있다.

평소 베풀고 나누면서 한인사회 신뢰구축

일찍이 인도네시아에 진출한 무궁화 유통의 김우재 회장의 철저한 현지화 전략은 어려움에 부닥친 현지인들에게 사랑을 베풀고, 가진 것을 나누면서 꾸준히 현지 인맥을 쌓아오는 것에서 비롯된다. 이는 모든 진출기업이나 개개인의 생존전략이기도 하지만, 한인사회 전체의 이미지 관리에 도움이 되며 특히 사회적으로 혼란하거나 치안이 불안한 때에는 보호막이 될 수 있다. 지난 98년 5월 자카르타 등 주요도시에 폭력과 린치가 난무하던 폭동이 일어나자, 교민들의 대피와 공항으로 탈출이 쇄도하면서, 매우 어렵고 위험한 상황이 전개되었다. 그 당시 김우재 회장은 남다른 동포애를 발휘하여 평소 관리해온 인도네시아 군인 고위층 등 인맥을 동원, 무장된 군인을 탑승시킨 셔틀버스를 운행하여 동포들을 안전하게 공항으로 이동시켰고, 대피 중인 동포들을 위한 비상식량을 한인회에 전달하였다. 그 후에도 헌병 사령관을 2회에 걸쳐(1998, 1999) 방문, 비상시에는 전국 어디에서든 한국 교민들의 안전을 위해 헌병대에 도움을 요청하면 협조해주기로 약속을 받아내기도 했다. 또한, 한인 사업장에 떼강도

가 난무하던 1999년에는 자카르타 수도경비사령관을 만나 한인 동포사회에 위급상황이 발생할 때는 수도경비사가 긴급 출동한다는 약속을 얻어내어, 교민들이 안심하고 생업에 종사할 수 있도록 동포사회를 위해 헌신했다.

이국만리에서 동포들이 어려울 때 서로 돕는 것은 당연한 일이다. 하지만, 김우재 회장이 평소 현지화 노력을 통해 어려울 때 도움을 받을 수 있는 여건을 조성하고, 한인사회를 현지인들로부터 보호받을만한 가치가 있는 외국인 집단으로 인식시켜 왔다는 점이 높이 평가받을만하다. 인도네시아 내 한인사회가 성장하는 과정에서 인도네시아 정부, 군부, 현지인들에게 한인사회에 대한 신뢰를 구축한 것은 우리 정부와 한국대사관의 노력과 함께, 김 회장을 위시한 교민 1세대 원로들의 눈물겨운 현지화 노력이 뒷받침되었음을 알 수 있다.

심장병어린이들에게 새 생명 찾아주어

김우재 회장은 인도네시아 심장병어린이재단과 함께 생활이 어려운 심장병어린이들의 수술비를 지원하여 이들에게 새 생명을 찾아주고 있다. 1995년부터 2009년까지 15년 동안 꾸준히 지원을 해오고 있는데 그동안 수술을 통해 새 생명을 얻게 된 어린이들이 무려 42명에 달한다. 김우재 회장은 사업으로부터 얻은 이윤을 현지사회에 환원한다는 신념으로 이 사업은 앞으로도 지속할 것이라고 밝혔다.

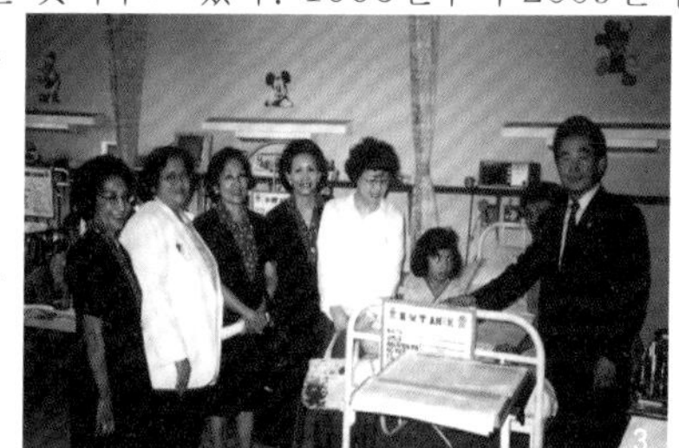
3

1. 밥퍼해피센터 최원금 선교사 부부와 어린이들
2. 통합군사령부 타룹중장(좌)과 수경사령관 자자수파르만 소장을 만난 김우재 회장
3. 수술을 마치고 새 생명을 얻은 Juliana(11세)를 찾은 김우재 회장과 박은주 사장

밤잠을 못 이루는 중부자바 사랑

The Daily Han Times
한타임즈
2006년 01월 24일 (음력 12월 25일) 화요일

충청북도,이재민에 구호품 600세트 전달

중부자바주 반자르느가라군 산사태 이재민 위로

1

목재 및 자원개발회사(PT. ASOKA PUTRA PERKASA) 대표이며 충청북도 국제자문관으로 활동하는 김광현 사장은, 지난 2006년 1월 중부자바주에 집중 폭우와 산사태가 발생해 102채의 가옥이 매몰되어 많은 인명피해와 587명의 이재민이 발생했을 때 충청북도와 함께 신속한 구호활동을 하여 두 자치단체 간의 우호와 협력을 증진시켰다. 당시 김광현 자문관은 밤잠을 설쳐가며 이재민을 위한 긴급 구호물품 600세트(담요, 매트, 치약, 칫솔, 비누 등)를 포장하여 트럭에 싣고, 자카르타에서 700km나 떨어진 중부자바주 '반자르느가라'군까지 가서 중부자바주 '마르디얀토' 주지사에게 이 구호품을 전달했다. 차로 이동하는 시간만 해도 왕복 3일이 걸렸다고 한다. 또한, 그 후에도 산사태 발생지역의 조림을 위해 4.0 Ha에 심을 특수 조림 목을 지원하기도 했다. 이에 따라 중부자바 주지사를 비롯한 반자르느가라 군수와 현지인들은 충청북도와 김광현 자문관에게 거듭 감사를 표명했다. 김광현 자문관은 민간외교관의 역할을 충실히 하면서 한국인에 대한 좋은 이미지를 현지사회에 심어나가는 솔선수범을 한 것이다.

이미지제고에 한인케이블방송도 기여

현지케이블 방송 K-TV의 박영수 사장은 우리 교민을 위한 케이블방송을 운영하면서 한인사회의 참여와 단합을 이끌어 내고 선행을 유도하는 등 한인사회의 이미지제고에 크게 이바지하고 있다. 특히 보고르 소재 '알 아씨리아 누를 이만' 이슬람 학교에 태권도체육관을 지어 기증하고 태권도 교육을 지원하여, 태권도 정신에 담긴 한

국인의 기상과 함께 좋은 이미지를 심어 오고 있다. 또한, K-TV는 일찍이 우리 교민사회가 성장해 오는 과정에서 국내외 뉴스 전달은 물론 교민소식과 공지사항 안내 등을 통해 한인사회의 단합과 문화발전 및 인도네시아 내 한류확산을 위해서도 노력해오고 있다. 인도네시아에 한류가 정착하는 과정에서는 대사관 문화홍보센터와 긴밀히 협조하여, 행사 전부터 행사내용을 교민사회에 널리 알리고 행사진행도 적극 협조했다. 행사 후에는 행사소식 및 공연내용을 교민들에게 보여줌으로써, 교민들의 우리문화에 대한 갈증 해소는 물론 관심을 제고시키는데 기여한 바 크다.

현지대학 한국어 교육 진흥에 앞장

제3부에서 소개한 바와 같이 인도네시아에 부는 한국어 열풍은 그동안 한국대사관이나 한국국제협력단(KOICA) 등 우리정부의 한국어 보급 노력에 힘입은 바 크다. 이는 당연한 국가적 의무에서 비롯된 것이다. 하지만, 그 과정에서 우리 동포사회와 동포기업인들의 한국어 교육 지원활동이야말로 한국어 붐 조성의 또 다른 수훈 갑이다. 그런 의미에서 재인도네시아 한국부인회의 자카르타 UNAS대학교 한국학연구소 장학금 지원과 재인도네시아 한국외국어대학교 동문회(회장 이호덕)의 가자마다대학교 한국학연구소 지원사업은 초창기 어렵사리 명맥을 유지해 오던 한국어 강좌를 지속할 수 있도록 힘을 불어넣어 주었고, 공식적인 한국어학과 신설의 촉진제 역할을 했다고 볼 수 있다.

1. 김광현 자문관 구호품 전달(한타임즈)
2. 체육관을 기증한 박영수 KTV사장
3. 박영수 사장과 하빕 사감 이슬람학교 교장
4. 가자마다대 한국어학과 장학금 수여식
5. 장학금을 수여하는 이호덕 회장

한국외대 동문회는 인도네시아 내에서 가장 먼저 한국어학과(3년제)를 설립(2003년 9월)한 족자카르타 소재 가자마다 대학교의 한국어학과 신입생 2명을 선발, 전액 장학금을 전달하여 신설된 한국학과에 힘을 실어 준 바 있다. 또한, 한-인니 문화교류 증진을 위하여 한국외대 우수학생 2명을 선발, 인도네시아 왕복항공료를 포함 연수비를 지원하고 2주간의 인도네시아 현지체험 프로그램을 지원했다.

한편, 이호덕 목림기업 회장은 한국어학과 설립을 준비해오던 국립인도네시아대학교(UI)의 인문대학 학장과 긴밀히 협조하여 한국어학과 설립을 촉진한 바 있다. 이호덕 회장은 2006년 국립인도네시아 대학교에 한국어학과가 출범하기 직전 한국어학과 신입생 30명에게 4년간 장학금을 지원한다는 약속을 하고 뜻을 같이하는 동포기업들을 모집하여 장학금을 지급함으로써 한국어학과의 순조로운 출범은 물론 한국어학과에 우수한 학생이 지원하게 하였다. 이 장학사업은 2009년까지 4년째 지속되고 있는데 인도네시아에 진출한 14개 동포기업이 참여해 입학생 30명에게 4년간의 전액 장학금을 수여하고 있다. 이 사업에 힘입어 2010년 첫 졸업생을 배출하는 한국어학과는 이미 인문대학내 인기학과로 자리 잡았다. 설립된 지 오래된 일본어학과를 물리치고 중국어학과 다음으로 입학 경쟁률이 높은 학과로 단기간 내에 부상하게 된 것이다.

이러한 동포사회의 관심과 지원에 힘입어 인도네시아 각 대학에 신설된 한국어학과는 불과 몇 년 만에 인기학과로 자리매김했다. 그 결과 우리 동포기업을 위한 유능한 인력을 공급하게 되고, 인도네시아 내 한류확산은 물론 친한 세력을 키워나가게 된 것이다. 동포기업인들의 장학사업이야말로 한국과 한국인에 대한 좋은 이미지를 구축하는데 크게 이바지하고 있다고 할 수 있다.

장애어린이를 위한 복지교육으로 이미지 선양

달란트 자립 농아학교를 운영하며 듣지도 말하지도 못하는 인도네시아어린이들을 대상으로 자립기능을 가르치는 선교사 부부도 있다. 20년 전에 파이디온 자립선교사로 인도네시아에 와서 불우청소년과 장애인들을 위한 봉사활동을 해오는 분들이 바로 석진용, 김금사 선교사 부부이다. 석진용 선교사 부부는 초기에는 빈곤한 청소년들에게 자립기술을 가르쳐서 인도네시아에 있는 한국기업에 취업시켜 오다가 10년 전쯤부터 장애아동을 대상으로 십자수를 가르쳐 작품전시회를 개최해 오고 있다. 필자 재임 중인 2006년에는 작품 250여 점을 전시하는 대규모 전시회가 열린 바 있다. 전시된 작품의 질도 수준급이었지만 장애인 청소년들의 온갖 정성이 집약된 작품이라는데 더 큰 의미가 있었다. 그리고 장애인에게 예술적 기능을 교육한 달란트 자립학교의 국경을 초월한 사회봉사활동은 높이 평가할 만하다. 아울러 전시회가 있기까지 인도네시아 내 여러 한인교회와 동포기업들의 격려와 관심이 이처럼 좋은 결실을 맺게 해준 것으로 알려졌다.

이 전시회는 인도네시아 사회복지부 박티아르 함자 장관 부부를 비롯해 유명인사들이 대거 참석하여 더욱 빛났다. 현지언론들도 한국인으로서 현지인에 대한 복지사역과 그 성과에 대해 높이 평가하고, 한국과 인도네시아 간의 사회복지문화교류의 의미를 부여하기도 했다. 석진용 선교사는 전시회에 앞서 장애인 복지사역과 관련 대통령궁에서 열린 세계 장애인의 날 기념식에 초청되어 유도요노 대통령으로부터 격려를 받기도 했다.

1. UI대 한국어학과에 장학금 지급
   이호덕 회장(좌), 국립인도네시아대학 인문대학장(중앙)
2. 좌로부터 석진용,이선진대사,
   함자 인니사회복지부장관 부부(2006.)
3. 십자수를 놓는 장애 어린이들
4. 세계 장애인의 날 행사에 초청되어
   유도요노 대통령과 악수하는 석진용 선교사

Indonesia

똘똘 뭉쳐 태극기 휘날리자

참여하고 소통하여 단합된 힘 보여주기를

2

필자가 근무할 당시 인도네시아는 IMF 경제위기를 겪고 나서 점진적으로 회복해 가는 과정이었기 때문에 한국기업들 사정도 어려운 형편이었다. 그러던 중 발리와 자카르타에서 수 차례 자살 폭탄 테러가 발생하고 설상가상으로 반다아체를 휩쓸어 버린 쓰나미 재해 등으로 사회적 불안이 지속되었다. 이에 따라 교민사회도 극도로 위축되어 갔고, 여러 해 동안 될 수 있으면 큰 행사를 자제하는 분위기였다.

하지만, 한류가 확산하고 우리 문화를 접할 기회가 늘어나면서 우리 교민들의 문화의식이 일깨워진 것 같다. 이에 따라 한인사회의 사회·문화단체를 중심으로 후세들에게 한인사회의 정체성을 확립하게 하고, 자긍심을 심어주자는 움직임이 있었다. 이러한 분위기가 무르익어 가면서, 교민사회 내에는 참여와 통합의 필요성에 대한 공감대가 이루어지기 시작했다.

3

이러한 분위기가 조성되면서 2006년부터 한인주간축제 개최 필요성이 대두하였다. 하지만, 한국대사관과 한인회, 문화관련 교민사회단체 간에 활발한 논의 끝에 마침내 분산 개최키로 하였다. 결국, 안전상의 문제 등을 고려해 행사주관 단체별로 정해진 기간에 자율적으로 실시하기로 한 것이다. 따라서 한국부인회의 효도잔치공연과 한국대사관의 한국전통무용단 초청공연, 라 뮤즈 합창단 공연 등 행사를 축제주간 동안에 주관단체별로 분산 실시했다. 비록 완전하지는 못했지만 1주일에 걸친 한인주간 축제가 우려와는 달리 아무런 사고 없이, 교민들과 현지인들의 적극적인 호응에 힘입어 성황리에 끝나게 된 것이다. 이를 계기로 한인사회에는 참여와 통합의 분위기가 한층 강화되어 갔다.

---

1. 아시안컵 응원(한국 vs 인도네시아전) 2007.7.11
2. 광복절 기념행사에서 만세부르는 교민들
3. 이선진 대사부부와 한인회 수석부회장 부인회 회장이 참석하여 단합을 다짐한 2006년 신년 하례회

한국문화주간행사에서 한국공연단을 격려한 김호영 대사 부부

그 후 양국정상 간의 국빈방문이 이어지면서 인도네시아와 문화교류가 활발해지고 경제협력도 긴밀해 졌다. 이에 발맞춰 인도네시아의 한인사회도 더욱 활기를 띠게 되었고 참여와 화합의 분위기가 무르익어 가게 된 것이다. 이러한 분위기 속에서 2008년 김호영 대사가 새로 부임하여 지속적인 한류확산과 문화교류 확대에 중점을 두고 그동안 여러 가지 이유로 미완성에 그친 한인문화주간축제를 2009년부터 매년 성황리에 개최한 바 있다. 2011년에는 김영선 대사가 부임하여 새로 개원한 한국문화원을 본격 가동함은 물론 다양한 문화행사를 통해 한류의 본격적인 확산을 위해 노력하고 있다. 한인문화주간 축제의 정착을 바탕으로 앞으로 교민사회 문화단체들의 자발적인 참여를 이끌어 내며 자카르타시가지에 태극기가 물결 치는 한국문화잔치가 더욱 풍성해지기를 바라는 마음이다. 그동안 한국정부와 한국대사관이 보여준 외교적 노력과 한국문화 확산을 위한 적극적인 뒷받침으로 인하여, 앞으로 인도네시아 내의 우리 동포사회는 참여와 화합의 분위기 속에서 가일층 도약할 것으로 전망된다.

다만, 교민사회가 커지고 유동인구의 증가와 함께 공동체의식이 약해지면서 교포사회에 미세한 균열이 생기기도 한다. 또한 개인 간 이해관계가 복잡해지면서 범죄가 발생하는 현상이 늘어나고 있는 것도 사실이다. 따라서 각 개인은 스스로 피해를 보지 않도록 특별히 유의해야 한다. 아울러 화기애애하고 건강한 교민사회를 지켜내기 위해서는 교민들 스스로 능동적으로 참여하고 서로서로 소통하여, 막힌 곳은 뚫고 단합하여야 할 것이다. 그리고 현지인과 화합하며 최대한 베풀고 살면서, 적도가 관통하는 인도네시아의 하늘 아래 태극기를 휘날리며, 자랑스러운 한국인들이 똘똘 뭉쳐 잘 살고 있음을 보여주었으면 하는 바람이다.

한국문화주간행사 한국/인도네시아 공연팀

삼빠이 줌빠 라기 인도네시아

필자가 인도네시아에 근무하던 4년 동안 주인도네시아 한국대사관이 중점적으로 추진했던 인도네시아 내의 한류확산과 우리나라 이미지 제고 홍보에 대하여, 동포신문 '한나프레스'와 '한 타임즈'에 보도된 특집기사를 소개하면서 『아빠 까바르 인도네시아』를 끝맺고자 한다.

역사는 긍정하는 사람으로 부터

- 주인니한국대사관의 홍보센터를 찾아서- 한 타임즈(2005.10.10)

사람은 누구나 역사다. 사람이 있는 곳에 역사가 창출되고 역사의 중심에 반드시 사람이 있다. 오늘 당신은 역사이고 그 역사의 주인공이 바로 당신이라는 의미다. 스스로가 역사임을 부정하는 것은 분명 겸손이 아니다. 자기 확신 부족이다. 그러기에 자기가 곧 역사임을 인식하는 사람의 삶과, 이를 터부시하는 사람의 삶의 방법과 모습이 다를 수밖에 없다.

이 코너는 인니 한인교민신문 한 타임즈가 교민사회의 역사를 긍정적 측면에서 찾아세우자는 것에서 출발했다. 역사와 그 현상은 늘 문화로 명명되느니만큼 그 문화현상을 기록함으로써 오늘 우리 스스로의 역사를 가늠해보자는 것이었다. 그동안 이 연재를 통해 우리는 참 많은 나와 내 이웃의 역사를 보고 또 만났다. 모든 것이 새로움이었고 존재의 재확인이었다. 전달자로서 필자의 즐거움이 컸던 것은 정보의 홍수시대의 구석에 도사린 무관심과 배타의 간극을 조금씩 줄여간다는 것이었다. 그리고 늘 확인할 수 있었던 것이 알리기의 필요성이었다.

그런 의미에서 우연히 참관하게 된 주인니한국대사관의 <수요토론회>는 고국에 산하를 넘나들 가을바람의 신선함 그 이상이었다. 지나다 들른 박물관에서 당당히 한 시대를 대변하고 있는 유물을 보는 뿌듯함 뭐 그런 것이었다.

설명하자면 지난 10월 5일 12시, 가톳 수부로토의 한국대사관(대사 이선진) 회의실에서는 <국가이미지 제고 및 한류 확산>에 관한 토론회(발표: 김상술 홍보관)가 있었다. 이 토론회는 주 인도네시아 한국대사관에서 정기적으로 실시하는 것으로서 이미 이십 수회를 넘기고 있었다. 지난 5월 이선진 대사 부임 후 시작된 것으로서, 필요한 사안들이 대사관 각 부처 담당자와 유관 정부파견기관의 관계자, 교민들에 의해 발표 토론되어 왔고, 사안에 따라 일반 교민 관계자들에게 공개하기도 하는 토론회다.

매주 수요일 점심시간에 외부에서 주문한 도시락을 함께 먹어가면서 열리는 이 토론회에 대해 이선진 대사는 "부임 후 업무 파악을 하는 가운데 혼자 듣기 아까운 내용이 많아 함께 하게 됐어요. 대사관 직원들의 유대관계, 부처는 물론 신구 직원 간

1. 발리의 석양
2. 주인니한국 대사관의 홍보센터를 찾아서 (한타임즈)
3. 주 인니한국대사관 도시락 토론회

지식 정보 나눔과 축적, 현지교민들과의 유대 증진도 고려한 것입니다. 누구나 점심은 먹지 않습니까? 이 시간을 이용하는 것이 가장 참석자들에게 부담을 주지 않을 같아서 선택을 했지요. 토론에 대해 부담을 덜고 편안하게 접근하자는 의미도 있습니다."라고 설명해 주었다. 의미 이상의 의미가 느껴지는 대목이다. 물론 "지식이나 정보의 나열에 앞서 자료의 정확성 현실성, 효율성에 대해 많은 공부를 해야 한다." 면서 "공부하는 토론회"임을 소개하는 지난 발표자의 말 속에는 자료준비와 발표에 대한 부담감도 언뜻 느껴진다. 하지만, "정치, 경제, 사회관련 이슈별 토론회는 그때그때 관련 분야의 전문가를 초청합니다. 현지와 연관이 깊은 각 사안에 대해 대사관이 좀 더 발전적이고 효율적 결론을 도출해 내기 위함이지요. 매우 건설적인 토론회입니다." 라는 말 속에는 스스로의 역사에 충실하고 있음도 확인된다. 특히 이날의 주제였던 <국가정책홍보와 한류 현상>은 '도시락 토론회'에 제출된 자료답지 않게 포괄적으로 준비된 내용과 발표로서, 홍보의 실체와 중요성을 재인식시키기에 충분한 것이었다.

이해하면 사랑스러워진다든가? 필자는 무엇이든 이해하면 쓰고 싶어진다. 앞뒤 가릴 것도 없이 알려야 한다는 생각이 들었고, 밤을 도와 오마이뉴스에 이 날의 사건(?)을 기사 송고했다. 따라서 이 글은 오마이뉴스에 실렸던 그 기사의 내용을 보완한 것이다. 오마이뉴스를 통해 얻은 의외의 반응에 의해 고무된 바도 있지만, 그날 발표되고 토론되었던 내용 모두가 <예술가가 만난 사람들> 코너의 취지에 매우 적절한 것이었기 때문이다.

홍보센터의 기능과 국가정책 홍보의 본질

필자가 대사관의 홍보센터를 찾은 것은 지난 7일 오후 4시쯤이다. <수요토론회>를 통해 이미 정리된 내용이 아닌 홍보센터의 기능과 실제를 더 보완하여 기록하고 싶었기 때문이다. 설명을 들은 홍보센터의 책임자 김상술 홍보관은 의외로 이모저모의 상황을 설명하며 거듭거듭 대담을 사양했다. 그렇다고 필자 또한 쉽게 물러설 수는 없었다. 앞에서도 언급한 바와 같이 알리기야말로 무관심과 배타를 치유하는 방법

임을 이미 절감한 바이기 때문이다. 특히 대 인니 국민을 향한 우리 정부의 홍보의 실제와 인니의 대 홍보 기반, 한류 현상 등은 밝게 드러낼 필요성을 누군들 반대하랴. 우연히 방문한 모 기업인의 도움까지 받아 준비해간 리코더에 버튼을 누른 때는 이미 찻잔이 비워지고 식은 다음이었다. 다시 채워지고 더워지기를 기다리는 찻잔에 홍보센터를 통해 잘 다듬어진 문화의 구슬들을 담기 시작한 것이다.

우선 홍보센터의 기능부터 좀 알려주시겠습니까?
"제가 하고 있는 모든 업무가 바로 홍보센터의 기능입니다. 대사관의 한 부서로서 우리나라를 소개하고 한국의 독창적인 문화와 국가정책을 주재국 정부는 물론 언론과 국민에게 적극적으로 알리는 역할을 합니다. 언론인을 비롯해서 정부부처 관계자, 지식인, 전문인 모두를 네트워크화해서 우리의 정책을 알리고 우리 국가의 이미지를 제고함으로써 궁극적으로 국익을 창출할 수 있도록 하지요. 업무분야는 국정홍보를 비롯해서 문화관광, 체육, 교육 관련 업무 등 매우 다양하고 많습니다. 단 홍보업무의 특성상 어떤 사안이든지 그것을 끊임없이 새롭게 창출하고 밝게 이끌어 내야 한다는 목적은 하나입니다. 지시된 업무를 실행하는 것은 물론 때로는 기획을 해야 하고, 진행을 해야 하며 그것을 외부로 알려야 하며, 성과도 파악하여 보고해야 합니다. 문제점에 대한 현상과 대안도 추출해내야 합니다. 이런 기능을 최선으로 수행하는 곳이 홍보센터고 홍보관의 업무입니다."

바로 이런 사실을 널리 알려야 할 필요성 때문에 제가 대담을 고집한 것입니다. 홍보센터가 홍보되어야 하는 것이죠.(웃음) 이 기회에 홍보의 본질에 대해서 묻고 싶습니다.
"한마디로 말해 '정책은 곧 홍보'라 할 수 있습니다. 모든 정책은 그 정책 고객으로부터 지지와 동의를 받지 못하면 표류하고 맙니다. 요즘 같이 문화적 국경과, 자유

1. 홍보센터 직원들과 함께

무역체제 확대로 인한 무역 장벽이 무너져가는 상황에서는 홍보가 반드시 수반되어야 한다는 것입니다. 해외홍보의 중요성과 관련하여 미국의 한 예를 들어 보겠습니다. 미국의 한 연구소가 여론조사기관(차니 리서치)을 통해 인도네시아 지식층을 대상으로 설문조사 했습니다. 그 결과 대다수가 이라크 전쟁관련이나 미국 내 유대인 비율에 대한 통계치, 최근 10년간 대 인니 원조액 등에서 미국의 기대치와 거리를 두고 있었다고 합니다. 인도네시아인들의 반미감정이 그대로 드러난 것입니다. 이에 동 연구소는 가장 큰 원인으로 홍보부실을 지적한 바 있습니다. 적극적인 홍보가 얼마나 필요한가 하는 교훈을 얻게 되는 부분입니다."

처음에 대담을 사양하던 것과는 달리 일단 말문이 터지자 그는 호흡이 길었다. 21세기 정보화시대 개념, 우리 정부의 정책홍보의 중요성을 강조와 정책홍보 시스템 혁신, 특히 해외홍보의 중요성이나 홍보 전략 등에서 열변을 토했다. 마치 필자가 붓과 먹 이야기만 나오면 밤을 지새워도 신이 나는 현상을 김 홍보관에게서 발견하면서 "그가 양질의 작품을 하고 있구나." 하는 동질성을 느꼈다.

아무래도 홍보센터의 많은 활동상황을 다 밝히기에는 이 지면이 너무 좁다. <수요토론회> 시 발표된 내용과 자료에 근거하면서, 우선 독자들의 이해를 위해 이미 오마이뉴스에 실렸던 기사를 다시 간추리겠다.

주인니한국대사관의 '수요토론회'

<수요토론회>의 주요 발표 내용은 크게 세 방향이었다. 첫째, 홍보여건, 둘째, 국가이미지 제고, 셋째, 한류 분위기 지속 확산을 위한 인도네시아의 한류 현황이다.

▶홍보여건으로서는 인도네시아의 일반여건과 언론현황, 언론정책, 매체현황 등이 다루어졌고,

▶국가이미지 제고를 위한 홍보에서는 국가 경쟁력 강화를 위한 국가 마케팅, 국가 브랜드「Dynamic Korea」에 대해서 인도네시아 내의 전략적 대처 방안과, 세부 실천 방안,

'국가이미지 제고 및 한류확산' 토론회

대사관 홍보실, "한류 정착 및 확산 노력"

이슬람 문화권인 인도네시아에서의 한류는 중국, 홍콩, 대만, 싱가폴, 베트남등 유교권 문화와는 달리 급속한 전파는 없는 상황이나, 2002년 이후부터 꾸준하게 한류가 확산되어오고 있는 상황이다.

이에 주인니 대사관에서는 어제 12시부터 대사관 회의실에서 '국가이미지 제고 및 한류 확산'이라는 주제로 김상술 홍보관의 발표와 참석자와의 토론이 있었다.

이번 주제발표에는 주 인도네시아 이선진 대사를 포함한 대사관 관계자 및 교민 언론업체등이 참석했다. 김상술 홍보관은 먼저 인도네시아 일간지 및 텔레비젼을 포함한 언론매체 현황을 설명한 후 국가 브랜드인 'Dynamic Korea'와 인도네시아 홍보를 위한 전략적 대처 방안과 실천 방안에 대해서 설명했다. 그리고 현재 아시아 전지역에 불고 있는 한류열풍을 인도네시아에서도 지속적으로 확산시킬 수 있는 방안에 대해 브리핑했다.

또한 인도네시아에서의 한류확산이 한국으로의 관광자수 증가, 한국상품과 음식등의 인기, 한국학 및 한국어 수요가 증가 등 긍정적인 영향을 미친다고 맺었다.

이날 참석자들은 한류 확산을 위해 인도네시아에 살고 있는 3만 교민의 관심과 동참이 필요하다고 주장하고, 이를 위해 교민의 자원봉사도 필요하다고 주장했다.

인도네시아에서의 한류는 2002년 월드컵 이후 한국의 인지도와 이미지가 급상승 하면서 형성되기 시작했으며, 2002년 7월 드라마 '가을동화'가 Indosiar TV에 방영되어 인기를 구가한 바 있다. 겨울 연가 등의 드라마를 포함 현재까지 30여편이 인도네시아 공중파 방송에서 방영되었으며 라마단 이후 '대장금'등이 방영될 예정에 있다.

드라마 보급확대와 더불어 주인니 대사관에서는 각종 문화행사 및 대언론 홍보를 병행하여 한류 정착 및 확산 유도에 노력하고 있다.

▶한류 분위기 지속 확산을 위한 인도네시아의 한류 현황으로서 한류의 정착 방안, 인도네시아 내의 한류의 특징, 한류의 지속 확산에 대한 방법론 등이었다.

이날 김상술 홍보관의 발표는 참석자들의 가만 가만한 담소가 익어가는 가운데 앞에 놓인 도시락이 바닥을 보일 때쯤 시작되었다. "발표는 짧게, 수치는 정확하게, 문제 제기와 대안 제시는 현실적으로 하라."는 이선진 대사의 멘트가 신호였다.

"인도네시아는 국익을 위해 홍보할 가치가 많은 나라"이며, "언론매체의 현황과 현지의 언론 정책, 한국에 대한 호의적 이미지로 인해 언론을 통한 홍보 여건은 양호한 편"이라고 평가하면서 이날 발표는 본 궤도에 오르기 시작했다. 이어 "중앙 일간지 37종을 비롯하여 지방일간지 147종, 공영 TV 1개 채널, 민영 TV 11개 채널, 라디오 방송 850개 등의 언론 매체 현황을 보고하면서 성향별 정보, 발행 부수, 종류" 등을 밝히고 아울러 "국영 Antara 통신으로서 세계 각국 통신사 및 한국의 연합통신과 북한의 중앙통신과도 뉴스공급 계약 체결이 되어 있음"을 밝히고, "질적인 면에서는 미약하지만, 더 틱콤 등 인터넷 신문과 주요언론의 인터넷판이 급증하고 있다"는 사실도 제공함으로써 발표는 구체성을 더해갔다.

국가이미지 제고를 위한 홍보

국가이미지 제고를 위한 홍보부분에서는 홍보관 다운 전문적 식견을 펴며 "국가 경쟁력 강화를 위한 국가 차원의 마케팅이 필요"하다고 역설하면서, 이 기반으로서 "첨단의 원천기술, 독창적인 콘텐츠, 글로벌 네트워크, 강력한 브랜드 파워"를 강조했다. 국가 브랜드 「Dynamic Korea」에 대해서는 "한국의 역동적인 경제 성장, 올림픽, 월드컵 성공적 개최를 통해 성숙한 시민 의식과 IT 강국의 면모를 과시하면서 월드컵직후 국가이미지 위원회에서 Dynamic Korea를 슬로건으로 사용하기 시작했다."고 밝히면서, "다이내믹 코리아에는 세계 어느 나라에서도 유래를 찾아

1. '국가 이미지 제고 및 한류 확산 토론회'(한타임즈 보도)

볼 수 없는 고속 성장과 전통예술과 문화의 힘, IMF 조기 탈출, 최근의 생명공학에 이르기까지 한국의 모든 것이 집약된 국가브랜드 네임"이라고 강조 했다.
인니 내의 전략적 대처를 위한 진단에서는 "한국이나 한국 상품에 대한인지도 및 신뢰도·호감도는 양호하나 한국 사람에 대한 호감도가 부족"하다는 점을 지적하면서 "한국인의 강성이미지를 제고해야 되지 않겠는가?"하는 의견을 제시하고 '국가이미지 여론조사 결과'를 자료로 첨부했다. 세부 실천 방안으로는 "국가 브랜드 홍보 강화를 위해 국가 브랜드와 국가 경쟁력 향상 요소들과 통합하여, 긍정적 이미지 확산 및 반한 감정을 차단해야 한다."고 밝히고 "주재국내에 한국소개 활동의 적극전개가 필요하다"고 역설했다. 또한 "한국 바로 알리기가 필요"함을 강조하고 "교과서 오류시정 사업, 인터넷 사이트 오류 사냥, 각국 지도에 동해 병기 적극 시정, 국·내외 홍보 네트워크 활용 한국관련 전문가 리스트 확충, 동질성 집단 네트워킹 강화"를 강조했다.

인도네시아의 한류 현황과 한류형성 배경

인도네시아의 한류 현황과 한류형성 배경에 대해서는 "인도네시아에서의 한류는 2002년 월드컵 이후 급상승했다"고 밝히고 "드라마 「가을동화」와 「겨울연가」를 통해 인니 젊은이들 사이에 한류스타 패션이 유행했으며, 가을동화, 겨울연가 등 드라마 주제곡도 애창" 되었다고 밝혔다. "현재까지 방영된 한국드라마는 30여 편에 이르고, 금년 들어 16편이 방영되었으며 현재도 4편이 방영 중이며, 가는 곳마다 한류 붐을 조성하고 있는「대장금」이 방영 준비 완료, 얼마 전 국내에서 인기리에 방송되고 막을 내린 바 있는「내 이름은 김삼순」이 수입 추진 중임"을 밝히면서 한류의 확산이 문화산업 분야로부터 관광산업으로 확대"되어야 할 것임을 강조했다.

이 밖에도 "한국 상품 및 음식의 인기, 한국어 배우기 열기 확산, 인니 대학들의 한국어과 증설, 한국대학과 현지대학의 교류사례들을 상세히 소개"했다. 그러나 한편 인도네시아내의 한류의 특징에 대해서는 "비교적 확고히 정착했다."고 하면서도, "부의 불균형으로 인해 87년 일본, 98년 중국계가 타격을 입은 적이 있음"을 상기 시키고, “한인사회의 규모가 커지고 한류가 점점 확산 되면서 한국인들도 견제와 질시의 대상이 될 수 있다”는 우려의 시각도 밝혔다. 한류 확산의 실제는 김 홍보관이 제시한 신문보도 현황에서도 엿볼 수 있었다. “최근의 보도건수를 보면 총보도 건수가 2003년에 1,905건, 2004년에 1,568건, 2005년 8월말 현재 1,088건” 등 인니 언론에 한국이 많이 다루어지고 있다는 증거를 통해서다. 분야별 보도 현황도 자료를 통해 볼 수가 있었는데 “전국일간지 13, 경제지 1, 시사 주간지 2개를 통계 대상으로 삼은 것으로, 경제 분야가 1,620건으로 가장 많아 언론이 관심을 두는 방향”을 알 수 있었다. 아울러 “정치관련 기사가 671건, 문화관련 기사가 607건이었으며, 북핵 관련이 1,139건인 반면 남북관계에 관한 보도는 482건”에 머물렀음도 알 수 있었다.

마지막으로 월드컵 이후 대사관이 직간접으로 치러냈던 문화행사 내역을 밝혔다. “공연관련 행사가 7회, 영화관련 행사가 4회, 미술전시 관련 행사가 4회, 음식관련 행사가 3회, 한류 가수 초청 3회, 기타 6회 등 총 27회의 문화예술 행사 내역”이 상세히 수록된 자료 제시가 그것이다.

발표를 마치고 나서 곧바로 질의응답의 토론시간이 이어졌다. 주로 외부에서 참석한 교민들의 질문이 줄을 이었는데, 이선진 대사 또한 몇 가지 구체적인 질문을 함으로써 적극 참여하는 모습을 보였다. 참석자들의 질문을 통해서 실감할 수 있는 것은 역시 한류였다. 한 참석자는 “이제 한류는 선택이 아니라 필수”라고 말하기도 했다. “체감된 한류의 경제적 가치”, “한국드라마의 TV 시청률, 한국식당을 찾는 외국인 통계치, 인도네시아관광객의 증가 추이” 등에 대한 구체적 질의와 응답이 이어졌다. 또한 “한류란 현장에서 심어지고 가꾸어지는 것도 매우 중요하다. 교민들을 잘 활용하는 방법은 없겠는가? 대사관에 앞장서서 방안을 세울 수는 없는가?” 등 교민참여와 관련 의견도 제안되었다. 그날 <수요토론회>에 참석한 사람들은 점심시간이 매우 짧다는 생각을 했을 것이다. 다시 시선을 홍보센터로 돌린다.

홍보센터의 작품 작품들

"업무상 저는 홍보현장에서 대한민국의 이미지 성장을 참 많이 체감합니다. 자료보급 상황, 홍보센터 방문자의 상황이 급변하는 것을 대하면서 당연히 하는 일이 즐겁죠. 국영 TV TVRI에서 무려 3개월 동안 1시간씩 13회에 걸쳐 한국을 소개한 것이나, Metro-TV에서 25분씩 9회에 걸쳐 한국이 소개될 때는 홍보관으로서 보람을 느꼈습니다. 또 한편 제가 관심을 많이 기울였던 부분이 한국소개, 국가이미지제고, 한류확산을 유도하기 위해 현지 고등학생과 대학생들을 대상으로 치르는 에세이 콘테스트 사업입니다. 2003년에 응모 학생이 1,430명이었는데 2004년에는 무려 2,092명으로 늘어났어요. 주제가 <양국의 문화, 경제 국민간의 특성비교>와 <한국의 기술발전과 한국 상품>, <드라마와 영화를 통해서 본 한국>이었으니 그들이 한 편의 에세이를 완성하기 위해 접했을 한국의 모든 것을 생각하면 마음이 뿌듯합니다. 그들은 더군다나 인도네시아 미래의 일꾼들 아닙니까? 그들이 한국을 이해한다는 것은 매우 큰 소득이 아닐 수 없습니다."

에세이 말이 나왔으니 김 홍보관의 글쓰기에 대해서 언급하지 않을 수 없다. 필자가 글을 쓰기 좋아하기 때문에 다른 사람의 글에 관심이 많다. 그의 글 또한 참 많이 보았다. 그의 글은 특징이 있다. 문학적 감수성에 의한 특징이라기보다는 공무원으로서 국가관이 서있고 홍보관으로서 사안을 꿰뚫고 있는 전문분야의 글로서 항상 일관되게 흐르는 관점이 있고 힘이 뚜렷하다. 이 관점이나 힘은 다소 촌스러운 듯한 그의 이미지와는 달리 그가 지닌 직관력과 날카로운 순간 판단력과도 무관하지 않을 것이다. 그의 이런 장점은 "2003년 4월 출범했다."는 홍보센터의 운영이나, 대통령 탄핵 사건, 영토문제, 줄기차게 이어진 대소 문화행사에 대한 접근과 해소 방법에 있어서 일관되고 빈틈없이 빛을 발휘해 왔다. 그의 부지런한 글쓰기는 그의 모든 업무에 있어 아주 훌륭한 무기가 되고 있는 것이다. 미안하지만 그의 이미지에 덧붙여 생뚱맞는 질문하나를 하지 않을 수 없다.

"저는 김 홍보관의 일하는 스타일이 '불도저' 같다는 생각을 하는데 밖에서는 별명을 의리의 사나이 '돌쇠'라고 하더군요.

"별명의 연유는 무엇이고 언제부터 그렇게 불렸어요?"

"의리의 사나이 '돌쇠'라는 별명은 어려서부터 지어진 것입니다. 공무원이 되어서도 그런 별명이 이어지더군요. 제 이미지 때문에 그런 별명이 지어진 것이겠지만, 저 또한 과히 틀린 별명은 아닌 것 같다는 생각을 합니다."

홍보, 현대를 지배하기 시작하다

언젠가부터 홍보가 역사를 지배하기 시작했다. 자연과학으로 인한 하이테크놀로지의 발달로 정보의 홍수시대를 맞이한 현대에 홍보를 필요로 했기 때문이다. 이제 평범 해져버린 "요즈음은 자기 PR 시대다."란 말도 그 소산이라 할 수 있다. 정보 범람이 창출한 홍보, 정보가 범람할수록 위의 "정책은 홍보다."라는 가치가 더욱 커지겠거니와 전개를 위한 핵심전략이 또한 절대성을 지니고 등장하고 있다. 따라서 이번 대사관의 수요토론회에 참여하고 홍보센터의 기능과 성과를 살펴보면서 필자는 다시 한번 사람이 역사이고 작품 아닌 세사(世事)가 없다는 생각을 하게 되었다. 사명감을 전쟁터의 투구처럼 착용해야 하고, 직업이 지닌 본질을 스펀지에 물이 스미듯 소화해야만 바른 역사를 창출할 수 있음도 새삼 인식을 했다.

민(民)이 느끼는 공관은 공(公)이 지닌 본래의 의미보다 관(官)의 이미지가 더 강하다. 물론 공관의 측면에서 보면 민이 요구하는 다양성에 대해 수용의 한계를 느낄 수 있다. 이것이 바로 공관과 민사이의 틈이라면, 해외공관은 부디 기억해주었으면 하는 것이 있다. 작은 정부인 공관에 거는 기대가 몹시 큰 것이 교민의 정서라는 점이다. 물론 교민들은 공관에 대한 참여와 관심 그리고 이해가 뒤따라야 할 것이다. 그런 의미에서 <수요토론회>와 같이 현장에 좀 더 구체적으로 다가가려는 공관의 노력을 교민들은 직시할 필요가 있다. 홍보센터의 기능, 보유한 정보 등을 바로 알고 함께 공유하는 것이 또 얼마나 큰 힘이 될 것인가! 국가와 국가를 대변하는 해외기관, 해외교민들이 바라는 소기의 목적이 모두 멋지게 달성되기를 바라면서 정리를 마친다.

글/서예가 손 인 식

1. 김상술 홍보관

2. 필자가 동포 언론에 기고한 기사들

김상술 주인니한국대사관 홍보관을 환송하며...

한나프레스(2006-06-02)

한류를 몰고 온 사나이 김상술

김상술 주인니 한국대사관 홍보관을 환송하며…

"saranghae" 인도네시아에서 연인들끼리 서로 주고받는 속삭임 중에 "사랑해"라는 말은 대중화되어 가고 있는지 오래되었다. 자카르타 중심부에 위치한 대형 스나얀 백화점에서 만난 젊은 연인은 "saranghae"를 묻자 "sarang-hae" 하면서 연인을 껴안아 주면서 폭소를 터뜨릴 정도로 연인들에게 인기 있는 로맨틱 퍼포먼스로 자리 잡아가고 있다. 주변 국가 싱가포르, 방콕, 쿠알라룸푸르에 비하여 자카르타의 냉랭 하기만 하던 한류가 가히 폭발적으로 저변에 확산된 데는 한 사람의 남다른 애증의 산고가 있었다. 그가 바로 김상술 홍보관이다. 김상술 홍보관은 2002년 8월 주인도네시아한국대사관 홍보관으로 부임

하여 자카르타 SEOKARNO HATTA 공항에 첫발을 내 디뎠다. 그의 머릿속에는 “어떻게 하면 한국을 인도네시아인에게 가장 한국적이고 감동적으로 전파할 수 있을까?” 하는 고민스러운 의욕으로 가득 차 있었다. 그때의 회고를 그는 이렇게 전한다. “그 당시 한일 월드컵이 성공적으로 개최되었고 한국 축구가 세계 4강 신화를 창조한 가운데 한국에 대한 국가 인지도가 높아지고 있는 시점이었습니다. 2002월드컵을 계기로 한국의 대중문화가 홍콩, 대만, 중국 등 중화권을 중심으로 확산되기 시작했던 때이기도 합니다. 제가 부임할 당시만 해도 인도네시아는 한국인에게 거의 알려져 있지 않았습니다. 출발하기 전에 만났던 사람들 중 인도네시아를 인도로 알고 있는 사람도 있었고 심지어는 세계 최대 무슬림 국가를 불교 국가로 잘못 알고 있는 사람도 있었습니다. 이와 비례하여 인도네시아인의 한국에 대한 인지도 및 한국문화에 대한 관심 또한 매우 적었던 게 사실이었습니다. 그래서 저는 부임 전부터 어떻게 하면 양 국민에게 서로를 바르게 알리고 문화 교류를 촉진할 수 있을 것인가에 대해 나름대로 고민을 하고 부임했습니다.” 라고 힘주어 말한다. 그는 부임하자마자 그 해 10월 개최된 부산아시안

1. 동부 칼리만탄(Tenggarong)
2. 한나프레스는 필자 귀임 인터뷰 기사를 특집보도(2006.6.2.)
3. 한류 체험 행사에서 개회인사를 하는 필자(치프트라 몰 2006.3.)

게임 계기 홍보계획을 수립하기 시작했고 첫 사업으로 국립무용단 공연을 기획하고 1달 만에 공연을 성사시켰다. "그 당시 현지 사정도 모르면서 평소 한국에서 일하던 습관과 의욕만으로 밀어붙였습니다. 어렵사리 장소를 타만 미니에 있는 따나 아이루크 극장을 잡았는데 시내에서 너무 멀어 과연 관객을 채울 수 있을까 고민을 많이 했었던 기억이 납니다. 다행히도 공연은 대성황을 이루었고 이곳 언론 매체가 집중 보도했고 '환상의 무지개가 뜨다'라고 제목을 달기도 했습니다. 이 공연의 성공이 제에게 힘과 자신감을 실어 주었고 인도네시아 내에 한류 형성의 가능성을 열어 준 행사가 아니었나 생각됩니다."라고 김 홍보관은 첫 사업의 의미를 부여했다. 그 후 그는 한류의 본격적인 보급과 한국문화와 한국의 이미지를 보급하기 위해 다양한 문화 이벤트를 기획하고 적극적인 홍보를 하게 되었다.

한류의 기획가이자 Dynamic Korea의 전도사

그는 무한한 공상가이면서 철저한 현실주의자로 잔뼈가 굵어 있었다. 수많은 문화의 흐름 변화와 이에 대한 대응 능력은 이미 문화 기획자로 전문가 수준을 내딛고 있었다. 한낮 꿈에 부풀어 있는 공상가이면서도 가장 현실적인 대정부 홍보 전달자로서 이중적인 호환을 적절히 적응시킬 줄 아는 문화홍보의 전문가이다.

그가 가는 곳에는 항상 Dynamic Korea가 나붙었고 그가 만들어 보낸 자료에는 어딘가에 Dynamic Korea 로고가 있을 정도로 그는 고집스러운 다이내믹 코리아의 전도사이기도 했다. 이처럼 그는 '한류 확산'과 '국가 이미지 제고'를 동시에 추구하면서 재임 4년 동안 36회의 크고 작은 이벤트를 개최했다. 김 홍보관이 기자에게 제시한 자료에 따르면 그는 그동안 전통 및 현대 무용공연 10회, 영화주간 행사 및 국제 필름 페스티벌 참가 5회, 한국음식 축제 5회, 미술 전시행사 5회, 한국이미지 소개 종합 행사 6회, 한류스타 초청 이벤트 5회를 성황리에 개최하여 인도네시아에 우리 문화의 독창성을 알리고 역동적으로 변모하는 한국의 이미지를 심으면서 한류를 확고히 정착시키는 데 결정적인 역할을 했다. 이러한 가운데 2002년 처음 방영된 드라마 '가을동화'를 필두로 대장금에 이르기까지 한국 드라마 50여 편이 방영되어 한국 드라마가 날로 인기를 더해가고 있는 것이나 한국 영화보급, 만화보급, 한국어보급의 활성화는 그의 한류 확산 노력의 결실이 아닌가 싶다. 이러한 한류 사업을 전달 받아 기사를 작성하는 기자는, 한없이 뜨겁게 전하여 오는 그의 심장 박동소리를 강하게 느낄 수 있었다.

그는 "왜 한류인가?"에 대하여 인도네시아 사람들에게 묻기 전에 "어떻게 한류를 보전할 수 있느냐"에 대한 자료를 준비해야 한다고 역설한다. 이에 대한 그의 대답은 시원스럽다. "지금 세계는 정보통신의 발달로 문화적 국경이 무너져 가고 있습니다. 달리 말하면 문화적 글로벌화가 촉진되고 있다고 봅니다. 이러한 시대에 살아가는 우리는 외국 문화를 이해하고 수용하면서 우리 문화의 세계적 가치 실현을 위해 부단한 노력을 기울여야 할 때라고 생각합니다. 한류는 문화적 글로벌화 과정 속에서 우리 문화 가치에 대한 인정 범위의 확대라고 표현 하고 싶습니다. 우리 문화가 세계인으로부터 인정받고 지속적으로 사랑받도록 하기 위해서는 한류의 근간이 되는 우리 문화와 예술을 우리 스스로 애정을 갖고 해외에 심고 가꾸어 나가야만 합니다."라고 힘주어 말했다.

그는 이와 관련하여 그간의 대표적인 사업 중에서 2004년 1년간 추진했던 '아름다운 축제'를 소개했다. "아름다운 축제는 인도네시아에 살고 있는 한국인의 정서를 한국의 전통 예술로 드러내는 축제였습니다. 교민들의 고아한 사상과 은근한 정취를 담은 가훈, 사훈, 공동체명, 상호, 좌우명 등을 우리의 전통 서예작품으로 제작하여 전시하고 책을 발간하여 널리 알리는 우리 문화 심고 가꾸기 운동이었다고 할 수 있습니다. 이는 인도네시아에서 시작된 작은 문화 실천운동이며 동포사회의 정체성 확립에도 기여한 문화 축제였다"고 말했다.

1. 장동건 팬사인회 행사

국영 TVRI 방송, 3개월간 한국 프로그램 방영

한국 문화행사가 빈번하게 개최되고 국영방송이 한국 소개 프로그램(TVRI, Jalan Jalan ke Korea) 3개월 동안 방영되면서 양국 간 문화적 인적 교류가 활기를 띄기 시작했고 동포사회의 문화 단체를 중심으로 우리 문화를 심고 가꾸는 노력이 어우러지면서 한류는 어느덧 뿌리를 내리게 되었다. 인도네시아의 한류 현주소에 관하여 김 홍보관은 "인도네시아에는 동남아 다른 나라에 비해 한류가 늦게 확산되고 있는 게 사실이나 문화적 특성상 뜨겁게 표출되지 않을지라도 서서히 지속될 것이다"고 진단했다. "대장금의 방영으로 한국 음식 및 한복에 대한 관심이 높아지듯 한류의 확산은 문화 산업 분야에서 관광산업 분야를 거쳐 한국 상품에 대한 관심 증대 및 한국어 배우기 열풍으로 이어지면서 효과가 나타나고 있다. 특히 지난해 연말에 개최한 난타공연은 11,000여 명의 관객을 동원하는 데 성공한 데 이어 금년 3월에 개최한 치프트라 몰의 한국 이미지 종합 소개행사 'From Korea with Love'는 현지인의 참여를 통해 한국 문화에 대한 사랑을 확인할 수 있는 행사였다. 영화 '태풍'과 함께 온 장동건은 젊은 팬들을 구름 떼처럼 몰고 다녔고 지난 5월9~10일 양일간 자카르타 발라이 사르비니에서 개최된 청주시립 무용단 공연 시 지방 공연단임에도 불구하고 연일 극장이 꽉 찼으며 특히 둘째 날에 현지인의 비중이 압도적으로 늘었던 것은 인도네시아의 한류가 이미 뿌리를 내렸음을 확인시켜 주는 행사였다."고 평가했다.

한류의 확산과 함께 한국어 및 대학들의 한국학 수요가 증가함에 따라 김 홍보관의 발 걸음은 더욱 바빴다. 그의 재임 기간 중 국립 가자마다 대학과 UNAS 대학이 한국어과를 공식 개설했고 국립인도네시아 대학이 설립을 준비 중이며 사립 최고 이슬람대학인 UII대와 칼리만탄의 반자르마신 대학이 한국학 연구소를 개설 한국어 강의를 하고 있다. 또한, 국립이슬람대와 UKI, UIA 대학들이 한국대학과 교류를 하기 시작했다.

인도네시아를 떠나면서

재임 4년 동안 온 정성을 기울여 심고 가꾼 한류의 기반을 남겨 두고 그는 떠나간다. 인도네시아 속담에 "인도네시아에 한 번 발 디디면 반드시 다시 돌아온다."는 말이 있다. 이별의 아쉬움 속에서 한나프레스는 그의 인도네시아 교민에 대한 진솔한 사랑을 담아 전해 본다. "정들었던 재 인도네시아 동포 여러분! 지난 4년간 저를 아껴 주시고 격려해 주시고 협조해 주시고 각종 문화 행사에 적극 성원을 보내 주셔서 감사합니다. 저는 나름대로의 소기의 목표를 달성하고 자카르타를 떠납니다. 제가 떠나더라도 우리 문화를 더욱 사랑해 주시고 이곳에 한국인의 긍지를 심고 한국의 이미지를 한 층 제고해 주실 것을 당부 드리며 언젠가 다시 반갑게 만날 수 있기를 바랍니다. 안녕히 계십시오.........."라고 말하는 그의 표정은 무언가 아쉬운 듯한 느낌이었다.

이역만리 떨어진 머나먼 남쪽 나라 인도네시아의 섬 구석구석까지도 한국을 알리는 홍보물을 보내고 전국의 고등학생, 대학생을 대상으로 수필 대회를 개최하였고, 현지 언론 인터뷰와 기고 활동을 통해 남겨진 그의 이름과 족적이 자주 눈에 띈다. 4년이란 짧은 시간이지만 그는 땀 흘리며 열심히 일했다. 올해 4월 "한국 이미지 종합소개 전" 준비를 위해 그는 직접 망치를 들고 새벽 4시까지 인니 인부들과 망치질하며 무대를 완성했고 성공적인 행사를 마쳤다. 땀 범벅이 된 그의 얼굴을 파노라마처럼 떠올리며, 우리는 그의 가는 길에 손을 흔들어 환송한다. "수고했습니다. 안녕히 가세요." 떠나가는 그의 모습은 임무를 완수하고 개선하는 장수처럼 발걸음이 한층 가벼워 보였다. 한류의 사명자 처럼...

리포터 정 선 / 한나프레스

---

1. 강강술래-청주시립무용단 공연

편집을 마치면서

자카르타 공항에 내리자마자 코끝에 다가왔던 공기는 어쩐지 정감이 가는 과히 싫지 않은 열대지방 특유의 곰팡냄새였습니다. 그래서 그런지 그동안 수많은 우리 동포들의 발걸음을 붙잡아 놓았거나 되돌리게 한 곳이 바로 인도네시아가 아닌가 합니다.

저는 나름대로 그 이유를 알아보기위해 인도네시아의 자연환경에서, 사회와 문화, 정치와 경제, 우리 동포사회와 한류까지 두루 살피고 정리해 보았습니다. 한마디로 답해 드리지는 못했지만, 이 책에 소개해 놓은 인도네시아 전반에 대해 두루 살피고 우리 동포사회를 들여다보면 그 이유를 나름대로 짐작할 수 있으리라 생각합니다. 아울러 그동안 몰랐던 인도네시아가 어떤 나라인지, 왜 우리나라와 날로 가까워지고 있고 우리 기업들의 투자가 늘고 있는지를 정확히 알게 될 것입니다.

제가 인도네시아 대사관에 근무하는 동안 쓰나미와 지진, 여러 차례의 폭탄 테러, 각종 한류 행사를 치르면서 그때마다 밀려드는 취재진과 방문자들에게 인도네시아를 소개하고 설명하기위해 인도네시아와 한인사회 전반에 대해 살펴보았습니다. 하지만, 간단하면서 쉽게 정리된 책자가 없어 많은 어려움을 느꼈던 게 사실입니다. 이것이 이 책을 쓰게 된 동기이자, 이 책의 편집 방향을 결정하는데 결정적인 영향을 미쳤다고 할 수 있습니다.

손자병법 모공편에 지피지기(知彼知己) 백전불태(百戰不殆), 부지피부지기(不知彼不知己) 매전필패(每戰必敗)라는 말이 있습니다. 상대를 알고 나를 알면 백 번 싸워도 결코 위태롭지 않으나 상대방의 실정과 자신의 전력을 모르고 싸우면 매번 반드시 패한다는 뜻 입니다. 해외진출을 희망하시는 분들에게는 무모한 도전 보다는 사전에 현지 상황파악과 준비를 철저히 해야 한다는 말입니다. 문제는 이를 실천하는 것입니다. 기회의 땅 인도네시아에 진출하고자 하는 사람들은 이 말을 교훈으로 삼아야 할 것입니다. 인도네시아에 투자하고, 현지공장을 운영하고, 교역을 하기 위해서는 철저한 현지화 전략이 필요하기 때문입니다. 현지화를 위해서는 인도네시아의 환경과 사회문화적 특성, 제도와 관습 등을 파악하고 현지언어도 익혀야 하며, 아울러 우리 동포사회도 파악하고 적극적으로 참여해야 합니다.

자카르타는 우리 교민사회의 규모가 큰 편이며 한인회, 한국부인회 등 교민단체들이 잘 구성되어 있고 활동이 활발하기 때문에 교민사회와 더불어 살다 보면 한국에서 사는 것과 큰 차이를 느끼지 못하고, 인도네시아에 대해 배우는데 다소 소홀해지기 쉽습니다. 인도네시아에 처음 진출하실 분들은 이 책을 통해 간략하나마 인도네시아의 역사와 사회, 문화 전반을 이해하고, 우리 한인사회를 파악하는 데 도움이 되었으면 하는 바람입니다. 한편, 이미 인도네시아에 정착하신 교민들에게는 우리 민족의 정체성을 확고히 하면서, 한국과 한국인의 위상을 드높이는데 다소나마 참고가 되었으면 합니다.

이 책이 나오기까지 많은 사람의 도움이 있었습니다. 그 중 주인도네시아 전임 대사였던 윤해중 대사님, 이선진 대사님의 격려에 감사드리며, 좋은 사진을 제공해주고 내용에 대해 조언해주신 인도네시아관광청 한국사무소에도 감사드립니다. 또한, 일부 사진을 제공해 주신 주인니한국대사관 김재훈 실장, 한인뉴스 김영민 편집장, 서예가 손인식 작가님에게도 감사드립니다. 특히 이 책의 디자인과 편집을 위해 열과 성을 다한 김도영, 서민정 씨의 노고에 감사드리며 그린누리 출판사 류영란 대표의 뒷바라지와 편집과 기획을 도와준 김보미양에게도 고마움을 전합니다. 그 밖에도 이 책을 만들기까지 음으로 양으로 도와주신 모든 분께 진심으로 감사드리며 아울러 이 책을 읽게 되신 저를 아는 모든 분에게 지면을 통해 인사드립니다.

뜨리마 까시(감사합니다.)

2010.2. 김상술 드림

"삼빠이 줌빠 라기 인도네시아!"

삼빠이 줌빠 라기(Sampai jumpa lagi)는 '다시 만날때 까지 안녕!'이란 인사말 입니다.

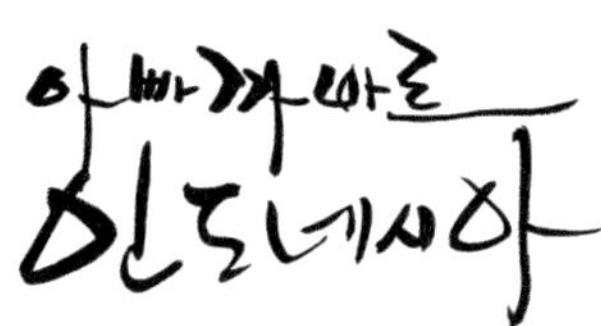

참고 자료

INDONESIA 2009, an official handbook, National Information Agency, INDONESIA

인도네시아 정부 홈페이지

아름다운 축제, 손인식, 도서출판 서예문인화

세계를 간다 발리, 인도네시아, 김영배, 중앙 M&B

아름다운 한국인, 손인식, 한타임즈

자카르타 박물관 노트, 사공경, 재 인니한인회 문화탐방반

인도네시아 사회와 문화, 양승윤, 박재봉, 김긍섭, 한국외국어대학교 출판부

상상의 공동체, 베네딕트 앤더슨/윤형숙 역, 나남출판

안선근과 함께하는 술술술 인도네시아어, 안선근, SIMI

도처고향, 손인식, 도서출판 서예문인화

인도네시아 개황, 외교통상부

주인도네시아 대한민국대사관 홈페이지

주한인도네시아대사관 홈페이지, 홍보자료

인도네시아관광청 한국사무소, 관광안내자료, 관광사진

재인도네시아한인회 홈페이지

코트라 자카르타비즈니스센터 홈페이지

(사)아시아 문화발전센터 홈페이지

대한민국정책포탈, 한인뉴스, 한나프레스, 한타임즈에 게재된

필자의 기고문 또는 인터뷰 기사

내용/인물 찾아보기

내용 찾아보기

인명 찾아보기

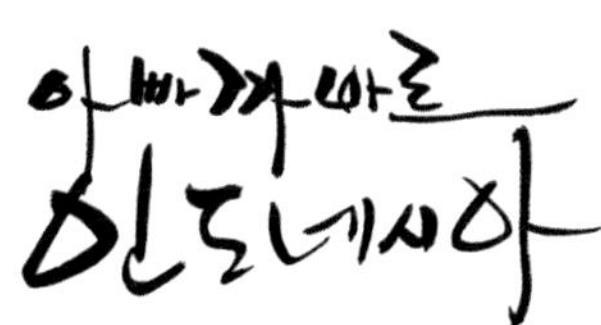

2010년 2월 25일 초판발행
2012년 1월 1일 증보판발행

지은이_김상술
발행인_류영란
편집/기획 총괄_김상술
편집기획_김도영 김보미
편집디자인_김도영 서민정
캘리그라피_안창회
인쇄_칼라포인트 (02.2277.8524)

발행처_그린누리
등록번호_제319-2009-39호(2009.12.4)
주소_(우) 156-748 서울특별시 동작구 상도2동 521
전화_02-6080-3678
팩스_02-814-8687
e-mail_ greennoori@naver.com

ISBN 978-89-963765-0-7
☞ 잘못 만들어진 책은 바꾸어 드립니다.

☞ 값은 뒷면에 있습니다.